つながる高校数学

見方をかえれば、高校数学の全体像がわかる

野﨑昭弘 監修　何森仁　伊藤潤一　下町壽男 著

序文

「うちの部員を数学であまりイジメないでください。」
職員室で、ある運動部の顧問からいわれた。
「宿題を督促しただけですよ？」
「あの子は、本当に数学が苦手で、嫌いなんです。」
「はあー、でも…。」
「私も、高校時代、数学は全くダメでした。」
「…。」
　数学嫌いは、生徒だけでなく社会人にも、なんと教師にまで広がっているらしい。どこにいっても数学教師は居心地が悪い。
　ところが、一人ひとりと膝を交えて話をするとたいていの人は、
「数学ができるようになりたい」
「数学をわかりたい」
と本心をもらす。なぜか、イソップの「すっぱい葡萄」の話を思い出してしまう。
　たしかに、今の高校数学は、検定教科書の足かせと受験プレッシャーの中で厳しい状況にある。楽しみながら、のびのび、ゆったりと授業したいが、なかなかそうはいかない。
　数学嫌いをつくる原因はいろいろあると思うが、一番は、

　　　　　　テスト対策のためのコマ切れのノウハウ

をひたすら頭に詰め込むことであろう。当然、テストが終わると雲散

霧消、無理して覚えた苦しい記憶だけが残る。

　数学は、いろいろな内容がつながり合っているから、コマ切れでは良さを実感できないのである。

　個人のことで恐縮だが、著者の1人は中学から高校2年まで数学が好きではなかった。好きになったきっかけは、数列と微積分の、次の性質である。

$$\sum_{k=1}^{n}(a_k+b_k)=\sum_{k=1}^{n}a_k+\sum_{k=1}^{n}b_k,\ \sum_{k=1}^{n}ca_k=c\sum_{k=1}^{n}a_k$$

$$\{f(x)+g(x)\}'=f'(x)+g'(x),\ \{cf(x)\}'=cf'(x)$$

この和と定数倍の性質と基本公式を組み合わせて、複雑な多項式の総和や導関数を求めるのである。

　　　　スゴイ、数学は真に学ぶ価値のあるものだ！

と思った。つながることによって意味や価値を感じることができたのだと思う。しかし、今ではΣ記号を見ただけで思考停止し、fが出てくると頭が真っ白という生徒が多い。

　　　　そうだ、思考停止はせず、少しは頭が働く高校数学を！

と思った。

　この本は、高校数学を素材にして、その再学習をするよう作られている。でも単なる再学習ではない。読み進めるにつれてその項目や分野にとどまらないで他とつながり、高校数学の全体像が把握できるように意図したつもりである。そのため、高校数学を超える内容も積極的に取り入れた。

教科書ではないので、順不同に興味をもったところから読んでほしいし、難しいところは飛ばしてもかまわない。

　いずれこの『つながる高校数学』であなたの高校数学のルネッサンスが実現できることを祈っている。

　原稿の執筆に当たっては、何森、伊藤、下町が分担執筆し、野﨑が全体を監修した。さらに、全員で原稿を読み、数度にわたって全員で協議して調整、訂正した。また、図やキャラクターなどの絵はできる限り筆者で用意した。

　編集の実務は、ベレ出版の坂東一郎さん、永瀬敏章さんにお世話になった。誠意あるお仕事でこの本を世に出すことができ、監修者と著者一同、深い感謝の意を表明したい。

　2012年2月

　　　　　　　　　　　野﨑昭弘、何森仁、伊藤潤一、下町壽男

つながる高校数学●目次

第1章　数と式

❶ 文字の発明 …………………………………… 12
  ● 数の世界・式の世界 …………………………… 12

❷ 方程式の技法 ………………………………… 17
  ● 方程式と解の公式 ……………………………… 17
  ● 組立除法と高次方程式 ………………………… 23

❸ 複素数の世界 ………………………………… 28
  ● 複素数平面 ……………………………………… 28
  ● 代数学の基本定理への道 ……………………… 33

❹ 順列・組合せ ………………………………… 38
  ● 順列・組合せ …………………………………… 38
  ● 集合 ……………………………………………… 45

❺ 整数 …………………………………………… 50
  ● 素数の魅力 ……………………………………… 50
  ● パスカルの三角形で遊ぼう …………………… 55

❻ エクスカーション …………………………… 62
  ● 代数学の基本定理 ……………………………… 62

第2章　三角比と幾何

❶ 三角比 ………………………………………… 68
  ● 三角比 …………………………………………… 68

❷ 正弦定理・余弦定理 ………………………… 74
  ● 正弦定理・余弦定理とその応用 ……………… 74

- ③ 図形の計量 …………………………………… 78
    - ● 相似な図形 ……………………………… 78
- ④ 図形の性質 …………………………………… 83
    - ● 三角形の性質 …………………………… 83
    - ● 円 ………………………………………… 87
- ⑤ エクスカーション …………………………… 93
    - ● 球面三角法 ……………………………… 93

第3章　関数

- ① 関数の発明 …………………………………… 100
    - ● 関数の歴史・関数の合成と逆 ………… 100
- ② 関数で見る世界 ……………………………… 105
    - ● 代数関数 ………………………………… 105
    - ● 三角関数 ………………………………… 109
    - ● 指数関数 ………………………………… 115
    - ● 対数法則 ………………………………… 120
- ③ エクスカーション …………………………… 124
    - ● 整数論的関数 …………………………… 124

第4章　座標

- ① 座標の発明 …………………………………… 130
    - ● 直交座標・極座標 ……………………… 130
- ② 図形と方程式 ………………………………… 135
    - ● 直線と円 ………………………………… 135
    - ● 円錐曲線 ………………………………… 141

❸ 不等式 …………………………………………… 145
- ● 1元不等式 …………………………………… 145
- ● 2元不等式 …………………………………… 149

❹ エクスカーション ……………………………… 154
- ● 座標変換 ……………………………………… 154

第5章　数列

❶ 数列 ……………………………………………… 160
- ● 等差数列・等比数列 ………………………… 160

❷ いろいろな数列とその和 ……………………… 166
- ● Σ記号とn乗和 …………………………… 166

❸ 漸化式 …………………………………………… 171
- ● 漸化式 ………………………………………… 171

❹ 数列の極限 ……………………………………… 176
- ● 無限級数 ……………………………………… 176

❺ エクスカーション ……………………………… 181
- ● 母関数で遊ぶ ………………………………… 181

第6章　微積分

❶ 微積分の発明 …………………………………… 188
- ● 微分学への道・積分学への道 ……………… 188

❷ 微分法の展開 …………………………………… 193
- ● 微分係数・導関数 …………………………… 193
- ● 微分を手作業で ……………………………… 197
- ● いろいろな微分法 …………………………… 202

❸ 最大・最小問題 …………………………………… 206
- ● 箱を作ろう ……………………………………… 206

❹ 関数のべき展開 …………………………………… 210
- ● 関数のべき展開 ………………………………… 210
- ● テーラー展開と近似値 ………………………… 215

❺ 積分法の展開 ……………………………………… 220
- ● 定積分 …………………………………………… 220
- ● 微積分学の基本定理 …………………………… 224
- ● 積分の計算 ……………………………………… 230
- ● いろいろな積分法 ……………………………… 235

❻ 求積法 ……………………………………………… 240
- ● 面積・体積 ……………………………………… 240

❼ エクスカーション ………………………………… 245
- ● 微分方程式 ……………………………………… 245

第7章　線形代数

❶ ベクトルの発見 …………………………………… 252
- ● 数ベクトル・矢線ベクトル …………………… 252

❷ ベクトルと幾何 …………………………………… 257
- ● 1次独立 ………………………………………… 257
- ● 内積 ……………………………………………… 262

❸ 行列 ………………………………………………… 266
- ● 行列・連立方程式 ……………………………… 266

❹ 1次変換 …………………………………………… 271
- ● 1次変換で遊ぼう ……………………………… 271

❺ エクスカーション ………………………………… 277
- ● 変換と幾何学 …………………………………… 277

第8章　統計・確率

- ❶ 統計 …………………………………………………… 282
  - ● 代表値 …………………………………………… 282
  - ● ちらばり具合 …………………………………… 287
- ❷ 確率 …………………………………………………… 293
  - ● サイコロに記憶力なし〜確率って何〜 ………… 293
  - ● 確率の計算 ……………………………………… 300
  - ● ベイズの定理 …………………………………… 306
- ❸ 独立試行の定理 ……………………………………… 311
  - ● 独立試行の定理と2項分布 …………………… 311
- ❹ 期待値 ………………………………………………… 315
  - ● 期待値と分散 …………………………………… 315

第9章　数学と論証

- ❶ 論理と証明 …………………………………………… 322
  - ● 論理 ……………………………………………… 322
  - ● 背理法と数学的帰納法 ………………………… 326
- ❷ 公理と定理 …………………………………………… 331
  - ● 幾何の公理と定理 ……………………………… 331
- ❸ エクスカーション …………………………………… 336
  - ● 数学とは何か？ ………………………………… 336

解答 ……………………………………………………… 345
資料(三角関数表) ……………………………………… 380

本書に記載されている会社名、および製品名などは、一般にそれぞれ各社の商標、登録商標、商品名です。

第1章
数と式

❶ 文字の発明
数の世界・式の世界

❷ 方程式の技法
方程式と解の公式
組立除法と高次方程式

❸ 複素数の世界
複素数平面
代数学の基本定理への道

❹ 順列・組合せ
順列・組合せ
集合

❺ 整数
素数の魅力
パスカルの三角形で遊ぼう

❻ エクスカーション
代数学の基本定理

第1章　数と式

 文字の発明

数の世界・式の世界

● **文字の発明**

　帰宅の電車にかけ込みほっとする。あれ！　妻からメールが届いているようだ。「今朝はごめんなさい(>_<)、今晩はすき焼きよ(^-^)」絵文字に思わず♪、がぜん元気が出てきた。

　私たちが日々使っている文字は、もともと絵文字だった。省略されて今のカタチになっても絵文字の効果は大きい。数学で使う文字も同様である。

　まず、いくつか小石を入れた袋を考える。大事なのは、この袋🛍にはいくつでも小石が入れられることである。つまり、🛍という絵文字を使うことによって、数一般を表現できるようになる。これは偉大な一歩である。

　小石の袋を使ったちょっとした"手品"を紹介しよう。

	（絵文字）	（省略された絵文字）
① 袋を1つ用意する 　―中味は不明―	🛍	🛍
② 小石を3個たす	🛍○○○	🛍 + 3
③ 2倍する 　―これが10に等しい―	🛍🛍○○○○○○ = ○○○○○○○○○○	2🛍 + 6 = 10
④ 小石を6個とる	🛍🛍 = ○○○○	2🛍 = 4
⑤ 2で割る 　―これが袋の中の石の数―	🛍 = ○○	🛍 = 2

12

このように袋も数と同じように"たす""ひく""かける""わる"の四則ができ、最初にどんな数の小石を入れたかキチンと求められる。

　また袋の使用には、とても重要なことが隠されている。それは、"計算結果の先送り"ということである。つまり右の式の"＋"は当面計算はストップし、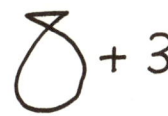
結果は袋の中味がわかってからすればいいという立場である。このことによって、文字式には計算の仕組みや手順の情報が残せるようになった。さらなる偉大な一歩である。

　この絵文字の袋を右のように変容させれば、普通の"代数"になる。絵文字から漢字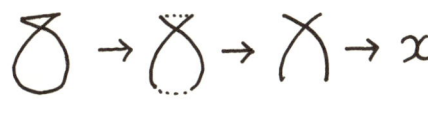
ができたことと似ている。実は"代数"とは、"袋の算数"のことだったのだ。

● **数の世界・式の世界**

　物理学者ファインマンは著書で「もしいま何か大異変が起こって、科学的知識が全部なくなってしまい、たった一つの文章しか次の時代の生物に伝えられないとしたら？」という問いかけをしている。彼の答えは「原子仮説」だが、数学の分野で残すべきたった一つの情報は何か？　それは

10進位取り記数法

ではないだろうか。これがあれば森羅万象のどんな数でも簡単に表現し、計算できるので、これにより失われた数学の多くを取り戻せるからである。

例えば、使い慣れた「２３４」(二百三十四)は、本当は

$$2 \times 10^2 + 3 \times 10 + 4 \cdots ①$$

を省略したものである。この数を右の絵で表現してみよう。グッとわかりやすくなるはずだ。

x についての文字式も同様である。例えば２次式 $2x^2 + 3x + 4$ は、右のように表される。

なんと、10進位取り記数法と同じではないか。つまり、係数だけを分離して、整数と同様に計算することができる。

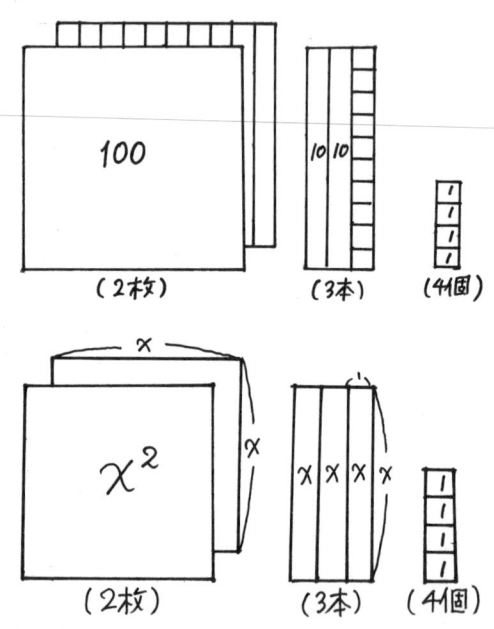

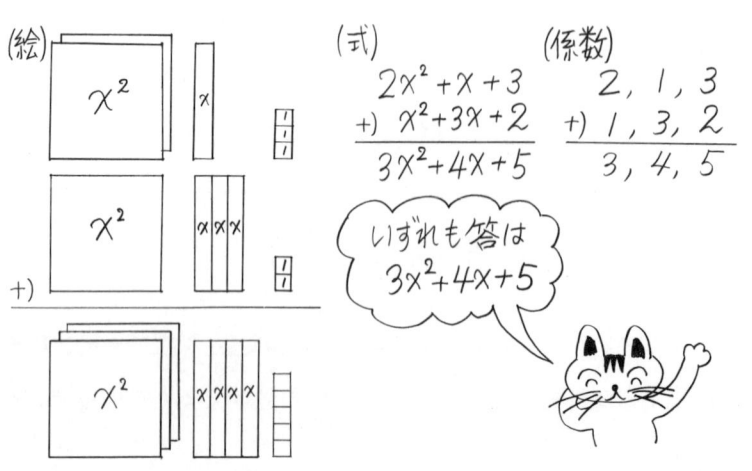

例えば、たし算 $(2x^2 + x + 3)+(x^2 + 3x + 2)$、かけ算 $(x + 2) \times (2x + 3)$、わり算 $(2x^2 + 5x + 3) \div (x + 2)$ は、図のように、絵でやることもできるし、2つの式を積んでやることもできるし、係数だけをぬき出して計算することもできる。

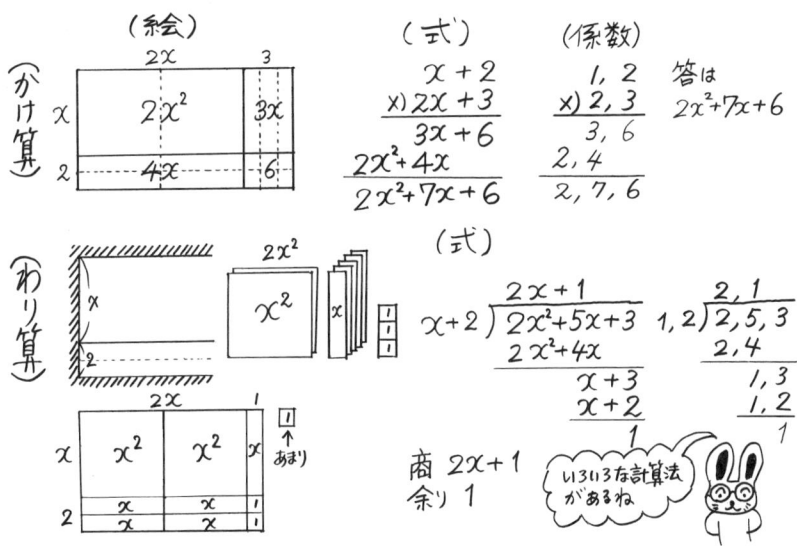

このように整式の計算は、整数の四則計算と驚くほどよく似ている。「整数の四則なんてへっちゃらさ！」といえる人は、誰でも「文字式の四則は万全だ！」といえるようになるはずだ。

そして、文字式の計算をマスターした人は、自信をもって数学の世界の探求に出かけられるだろう。

第1章 数と式

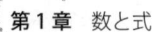

問1

式の係数を分離して、次の計算をしなさい。

① $(3x^2 + 2x - 1) + (x^2 + 3x - 2)$ ② $(2x + 1)(3x + 2)$

③ $(x^2 - 2x + 3)(x - 2)$ ④ $(2x^2 + 7x + 7) \div (x + 2)$

→解答は巻末にあります。

2 方程式の技法

方程式と解の公式

● 1次方程式の解の公式

あるナゾの数 x を「3倍して5をたす」という操作を行なったとき、「5をひいて3でわる」という逆操作によって、もとの数にたどりつく。

x にある操作「f」を行なうことを $f(x)$ と書く。f の逆操作を f^{-1} と書くと、解の公式とは、$f(x) = y$ から $x = f^{-1}(y)$ を作ることである。

1次方程式 $ax + b = c$ $(a \neq 0)$ の解は $x = \dfrac{c-b}{a}$ となり、解の各係数の四則演算で表されている。1次方程式の一般形は、右辺を移項した $ax + b = 0 (a \neq 0)$ で、この1次方程式の解の公式は、$x = -\dfrac{b}{a}$ となる。

この $-\dfrac{b}{a}$ という値は重要で、2次方程式

$ax^2+bx+c=0$ では2つの解の和、3次方程式 $ax^3+bx^2+cx+d=0$ では3つの解の和…、n 次方程式では n 個の解の和を表す数である。

● 2次方程式の解の公式のルーツ

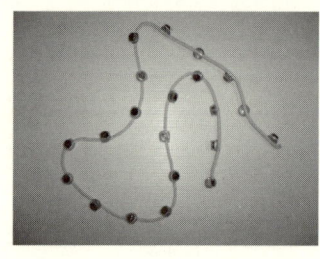

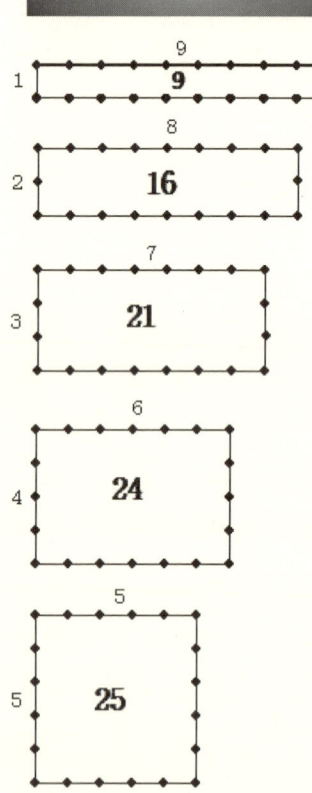

2次方程式の解の公式は、紀元前2000年近くのハムラビ王の頃、つまりバビロニア時代にまで遡る。バビロニアでは、縄張師と呼ばれる人たちがいて、写真のような等間隔に印をつけた縄を用いて、長方形状に土地を囲み、川の氾濫で荒れた土地の区画整理をしていた。

例えば、長さ20mの縄の場合、図のように、いろいろな長方形を作ることができる。周の長さは同じなのに面積が異なっていることに注意しよう。

縄張師たちは、縦と横をかければ面積になることや、正方形のときの面積が最大になることを知っていたが、実はもっとスゴイ秘密を発見していた。

それは「長方形の長辺の長さから短辺の長さをひいたものの半分の2乗を長方形の面積に加えると、ちょうど正方形の面積になる」というものだ。

例えば、縦1横9の長方形の場合、

長辺－短辺＝8。2でわって4。これを2乗して16。長方形の面積9に16をたすと確かに正方形の面積25になった！
（他の長方形でも確かめてみよう）

問1 長方形の長辺をx、短辺をyとして、縄張師の秘密「長方形の長辺の長さから短辺の長さをひいたものの半分の2乗を長方形の面積に加えると、ちょうど正方形の面積になる」を示せ。

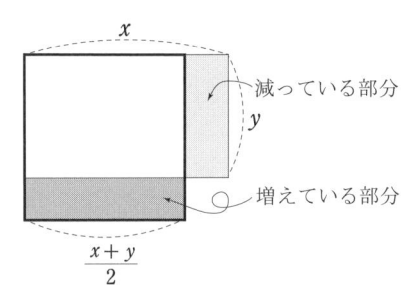

では、バビロニアの方法で2次方程式を解いてみよう。

＜例＞　$x^2 + 5x - 7 = 0$

$x^2 + 5x = 7$　…7を移項した

$x(x+5) = 7$　…左辺は縦x、横$x+5$の長方形の面積

$\left(x + \dfrac{5}{2}\right)^2 = 7 + \dfrac{25}{4} = \dfrac{53}{4}$　…※　ここがポイント！　下図参照

$x + \dfrac{5}{2} = \dfrac{\sqrt{53}}{2}$　（ホントは$\pm\dfrac{\sqrt{53}}{2}$だが、今はとりあえず正の場合だけ）

$x = \dfrac{-5 + \sqrt{53}}{2}$　（答）

バビロニアの方法は、長方形を正方形化するという、今でいうと「平方完成」を行なっていたことになる。

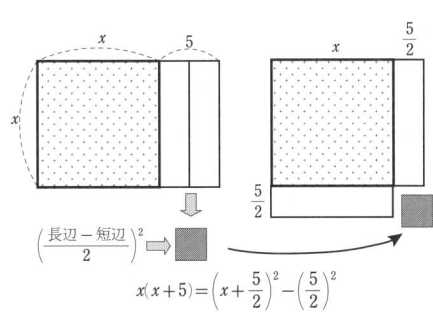

この考えを使うと、どんな2次方程式も、一定の手続きで解いていくことが可能である。この手続きを式にしたものが解の公式といえる。このように公式化すると、一部の天才だけでなく誰もがどんな2次方程式でも解くことが可能になる。

では、バビロニアの幾何学的な解法をヒントにして、式変形という「代数的」手法によって2次方程式の解の公式を下のような流れ（アルゴリズム）で導いてみよう（途中で分数が出てこないように少し工夫してある）。

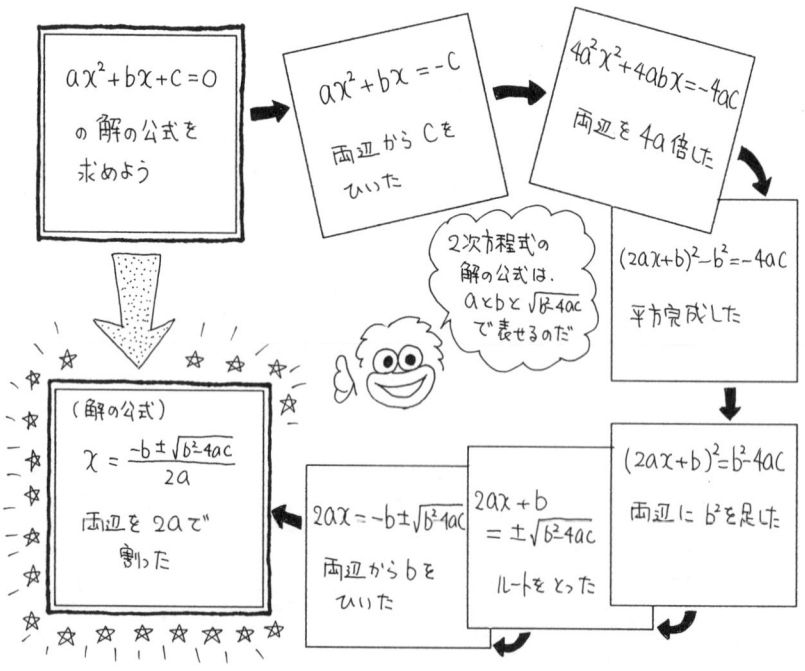

解の公式は、係数 a, b, c に $\sqrt{b^2 - 4ac}$ を付け加えた数の四則で表されている。

問2 2次方程式 $x^2 + 3x + 1 = 0$ を前ページのアルゴリズムで解いてみよ。

→解答は巻末にあります。

● **解と係数の関係**

2次方程式 $ax^2 + bx + c = 0$（※）の2つの解を α、β とすると※の左辺は、$a(x-\alpha)(x-\beta)$ と考えることができるので、両者を比較して次の式が導かれる。

$$\alpha + \beta = -\frac{b}{a} \quad \cdots ①$$

$$\alpha\beta = \frac{c}{a} \quad \cdots ②$$

これを2次方程式の解と係数の関係という。

ところで、①と②は、まさにバビロニアの縄張師たちの行なった2次方程式の形である。つまり、①は長方形の縦と横の長さの和、②は長方形の面積に対応していることがわかる。

例えば、$\alpha + \beta = 8$、$\alpha\beta = 15$ とは、周が16で面積15の長方形の縦横の長さを求める問題である。これをバビロニア風に解いてみよう。

長さ16の縄なので正方形を作ると1辺が4になる。

そこで、$\alpha = 4 + p$、$\beta = 4 - p$ とすると、②から $16 - p^2 = 15$

∴ $p = \pm 1$

よって、$\alpha = 5$, $\beta = 3$ または $\alpha = 3$, $\beta = 5$

3次方程式 $ax^3 + bx^2 + cx + d = 0$（※）の3つの解を α、β、γ とすると※の左辺は、$a(x-\alpha)(x-\beta)(x-\gamma)$ となり、2次方程式のときと同様に係数を比較すると、次の3つの式が得られる。

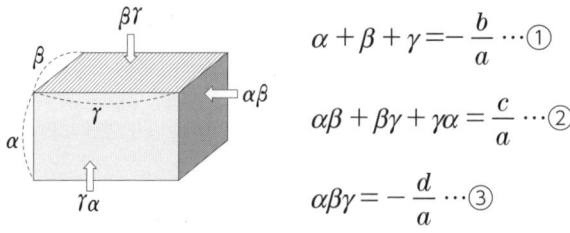

$$\alpha + \beta + \gamma = -\frac{b}{a} \cdots ①$$

$$\alpha\beta + \beta\gamma + \gamma\alpha = \frac{c}{a} \cdots ②$$

$$\alpha\beta\gamma = -\frac{d}{a} \cdots ③$$

①②③を図形的に考えると、①は直方体の辺の長さ、②は表面積、③は体積を表す式と見ることもできる。例えば、

$$\alpha + \beta + \gamma = 6、\alpha\beta + \beta\gamma + \gamma\alpha = 11、\alpha\beta\gamma = 6$$

は、辺の長さの総和 $6 \times 4 = 24$、表面積 $11 \times 2 = 22$、体積 6 の直方体の 3 辺の長さを求める式と見ることもできる。

組立除法と高次方程式

● 代入計算と組立除法

複雑な計算は手間がかかる。この計算の手間は、たし算やかけ算の基本的な演算の回数（ステップ数）で測ることができる。例えば

$2 \cdot 3 + 4$ …………… 2 ステップ（かけ算 1 回、たし算 1 回）

$2 \cdot 3^3 = 2 \cdot 3 \cdot 3 \cdot 3$ ……… 3 ステップ（かけ算 3 回）

3 次式 $f(x) = 2x^3 + 3x^2 + 4x + 5$ に $x = 7$ を代入すると

$$f(7) = 2 \cdot 7^3 + 3 \cdot 7^2 + 4 \cdot 7 + 5 \cdots ①$$

となる。①の計算のステップ数を数えると、かけ算が 6 回、たし算が 3 回なので計 9 ステップとなる。ところが、①の式を次のように変形すると

$$f(7) = (2 \cdot 7^2 + 3 \cdot 7 + 4) \cdot 7 + 5 = ((2 \cdot 7 + 3) \cdot 7 + 4) \cdot 7 + 5 \cdots ②$$

かけ算が 3 回、たし算が 3 回の計 6 ステップとなり、だいぶ減らすことができた。②の式を観察すると、"7 をかけて係数をたす操作" を繰り返していることに気がつく。この計算を効率的にするには下のようにする。

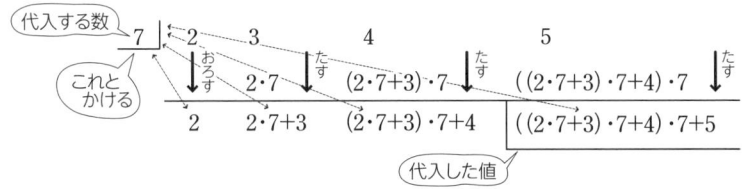

第 1 章　数と式

この方法はホーナー法と呼ばれる。例えば、$f(x) = 2x^3 - 3x^2 - 7$ のとき $f(3)$ の値は、次のようにして求める。

```
     3 │ 2    3    0   -7
  かける    ↓    ↓6   ↓9   ↓27   たす
             おろす  たす  たす  たす
         2    3    9   20
```
よって $f(3) = 20$

ところで、$f(x) = 2x^3 - 3x^2 - 7$ を 1 次式 $x - 3$ でわってみよう。計算の見通しをよくするため、係数だけで計算すると…。

何とホーナー法の下段の数は商と余りだった。これは偶然なのではない。一般にホーナー法で代入値 $f(\alpha)$ を求める計算は、同時に $\div (x - \alpha)$ の計算にもなっている。そのためこの方法は、組立除法とも呼ばれる。例えば $(x^3 + x^2 - 4x - 5) \div (x + 2)$ の計算は、次の通りにすればよい。

```
          ②    ③    ⑨
  1,-3 )  2   -2    0   -7
       -) 2   -6
              3    0
          -)  3   -9
                  9   -7
                  -)  9  -27
                          ⑳
```

```
  -2 │  1    1   -4   -5       商 x² - x - 2
  符号に      -2    2    4      余り -1
  注意！  ─────────────────
          1   -1   -2   -1
```

商 $x^2 - x - 2$
余り -1

ここで、多項式 $f(x)$ を 1 次式 $x - \alpha$ でわった余りが、代入値 $f(\alpha)$ に等しいことに注目しよう。これより直ちに次の定理を得る。

【剰余（あまり）の定理】

多項式 $f(x)$ を 1 次式 $x - \alpha$ でわった余りは $f(\alpha)$ である。

この定理のスゴイところは、直接わり算しなくても代入計算で余りが求まるところである。また、$f(\alpha) = 0$ のときは剰余の定理より余り

が 0 ということなので、$x - \alpha$ でわり切れる。つまり商を $g(x)$ として

$$f(x) = (x - \alpha)g(x)$$

と書ける。これより $x - \alpha$ は、$f(x)$ の因数であることがわかる。逆もいえるので、次の定理を得る。

【因数定理】
多項式 $f(x)$ が $x - \alpha$ を因数にもつ $\Leftrightarrow$ $f(\alpha) = 0$

この定理によって、代入計算で 1 次の因数の判定ができることになる。

● **高次式の因数分解**

組立除法を用いて、3 次式 $f(x) = x^3 - 7x - 6$ を因数分解しよう。この 3 次式が整数係数で因数分解できるとすると

$$x^3 - 7x - 6 = (x - \alpha)(x^2 + px + q) \quad \text{ただし}\, \alpha,\ p,\ q\, \text{は整数}$$

となる。定数項に着目すると $\alpha q = 6$ が成り立ち、これより

$$\alpha\, \text{は、定数項の約数}$$

のはず。よって、因数の候補

$$f(\pm 1)、f(\pm 2)、f(\pm 3)、f(\pm 6)$$

の 8 つの計算をすることになる。順に試して値が 0 になるのが因数。運がよければ 1 回目、運が悪くても 8 回目には成功するはず。

代入計算は組立除法がおすすめ（ついでに商もわかる！）。

第1章 数と式

```
x+1 は因数       -1 | 1   0  -7  -6
さらに                  -1   1   6
x+2 も因数       -2 | 1  -1  -6 | 0
そして                      -2   6
商が x-3 なので         1  -3 | 0
```

$x^3 - 7x - 6 = (x+1)(x+2)(x-3)$

● **高次方程式の解法**

　高次方程式 $f(x) = 0$ の左辺を因数分解して解いてみよう。まず、3次方程式 $f(x) = x^3 + x^2 - 3x - 2 = 0$ を解く。

　1次の因数を探そう。もし整数解 α があるとすれば、α は定数項の約数なので、定数項 -2 の約数、± 1、± 2 について、$f(\pm 1)$、$f(\pm 2)$ の4個の値を順次計算し、$f(-2) = 0$ であることを確認する。組立除法により

$f(x) = (x+2)(x^2 - x - 1) = 0$

$x + 2 = 0$、

または $\quad x^2 - x - 1 = 0$

```
              -2 | 1  -1  -3  -2
(x+2 が因数)         -2   2   2
                    1  -1  -1 | 0
                    (x²-x-1 が商)
```

$x = -2$、または解の公式より $x = \dfrac{1 \pm \sqrt{5}}{2}$

したがって、求める解は $x = -2,\ \dfrac{1+\sqrt{5}}{2},\ \dfrac{1-\sqrt{5}}{2}$ である。

　次に、4次方程式 $f(x) = x^4 - x^3 - 3x^2 + 4x - 4 = 0$ を解く。

　上と同様に考えて、定数項 -4 の約数は、± 1、± 2、± 4 なので、$f(\pm 1)$、$f(\pm 2)$、$f(\pm 4)$ を順次計算し $f(\pm 2) = 0$ であることを確認する。組立除法により、

$f(x) = (x-2)(x+2)(x^2-x+1) = 0$

$x - 2 = 0$ または $x + 2 = 0$

　　　または $x^2 - x + 1 = 0$

$x = 2$、または $x = -2$

または、解の公式より $x = \dfrac{1 \pm \sqrt{3}i}{2}$

したがって、求める解は $x = 2$、-2、$\dfrac{1+\sqrt{3}i}{2}$、$\dfrac{1-\sqrt{3}i}{2}$ である。

問1 3次方程式 $f(x) = x^3 - 5x^2 + 5x + 3 = 0$ を解きなさい。

→解答は巻末にあります。

第1章 数と式

 複素数の世界

複素数平面

● 2乗すれば−1となる数

　数学は、ときどきとんでもないことをいい出す。実数の範囲では数は2乗すれば必ず0以上になるのに、

　　「2乗すれば−1となる数を考える。その数を i で表す」

などといい始める。数を実数からはみ出させようという試みだ。

　　　「i を虚数単位といって、$i^2 = -1$」

と定義する。そして $3 + 2i$ のような、a, b が実数で $a + bi$ の形をしている数を複素数というのだ。その実体はわからないまま生徒たちは、不思議な世界へ。

　2次方程式 $x^2 - 6x + 13 = 0$ の解を求めると、$x = 3 \pm \sqrt{-4}$ となり、実数の範囲では解はない。しかし、$\sqrt{-4} = \sqrt{4}\,i$ と定めると、解は

$$x = 3 \pm \sqrt{4}\,i = 3 \pm 2i$$

と書ける。そして、i についての計算は i^2 を−1とおきかえる以外は、文字の式と同じ計算規則に従うものとすれば、複素数の四則演算は次のようになる。

$$(a+bi) \pm (c+di) = (a \pm c) + (b \pm d)i$$

$$(a+bi)(c+di) = (ac-bd) + (ad+bc)i$$

$$\frac{a+bi}{c+di} = \frac{(a+bi)(c-di)}{(c+di)(c-di)} = \frac{ac+bd}{c^2+d^2} + \frac{bc-ad}{c^2+d^2}i$$

でも、3はリンゴ3個、$\sqrt{2}$ は一辺1の正方形の対角線の長さとイメージできるが、i だの複素数ってなに？ という気になる。

●「小沢ネコ」登場

複素数を身近なものにするのに良いものがある。複素数を平面上に表すのだ。複素数

$$z = a + bi$$

を平面上の点

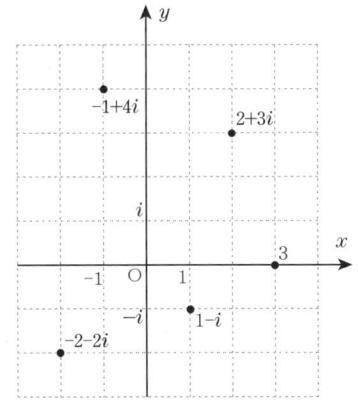

(a, b) と対応させる。すると、すべての複素数を座標平面上の点で表すことができる。y 軸を虚軸ということもあり、わかりやすく i をつけて、複素数平面という。

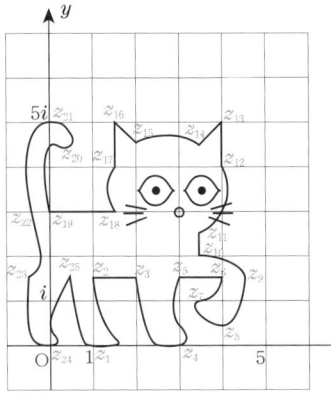

	a	b
$z_1 =$	1 +	$0i$
$z_2 =$	1 +	$1.5i$
$z_3 =$	2 +	$1.5i$
$z_4 =$	3 +	$0i$
$z_5 =$	3 +	$1.5i$
$z_6 =$	4 +	$1.5i$
$z_7 =$	3.5 +	$1i$
$z_8 =$	4 +	$0.5i$
$z_9 =$	4.5 +	$1.5i$
$z_{10} =$	3.5 +	$2i$
$z_{11} =$	3.5 +	$2.5i$
$z_{12} =$	4 +	$4i$
$z_{13} =$	4 +	$5i$
$z_{14} =$	3.5 +	$4.5i$
$z_{15} =$	2 +	$4.5i$
$z_{16} =$	1.5 +	$5i$
$z_{17} =$	1.5 +	$4i$
$z_{18} =$	1.5 +	$3i$
$z_{19} =$	0 +	$3i$
$z_{20} =$	0.5 +	$4.5i$
$z_{21} =$	0 +	$5i$
$z_{22} =$	-1 +	$3i$
$z_{23} =$	-1 +	$1.5i$
$z_{24} =$	0 +	$0i$
$z_{25} =$	0.5 +	$1.5i$
左目 =	3.5 +	$3.5i$
右目 =	2.5 +	$3.5i$
鼻 =	3 +	$3i$

第1章 数と式

　前ページの猫の絵は、「小沢ネコ」といって小沢健一さんが、複素数などの勉強のために描いたネコ。座標で表している複素数 z_1〜z_{25}、目、鼻を読み取ると前ページの表のようになる。この複素数 z_1〜z_{25}、目、鼻に、複素数 $\alpha = -2-i$ をかけて α目、α鼻以下、αz_1〜αz_{25}、を計算した。例えば、$\alpha z_3 = (-2-i)(2+1.5i) = -2.5-5i$ と、次々頑張って計算する。その結果が、次の表だ。

　この αz_1〜αz_{25}、α目、α鼻に対応する点を、複素数平面上に取っていって、元ネコを見ながら、線で結ぶと図のようにネコが回転して大きくなった。

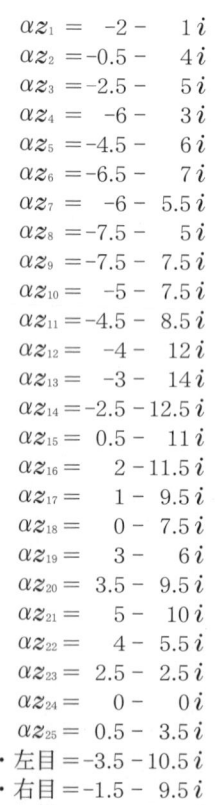
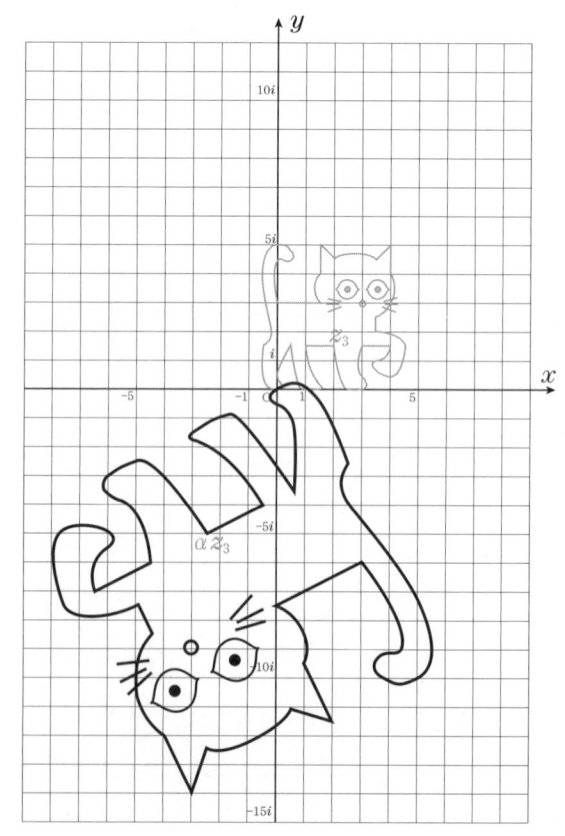

> **問1** 小沢ネコの複素数 $z_1 \sim z_{25}$、目、鼻に、複素数 $\alpha = 1 + i$ をかけて、$\alpha z_1 \sim \alpha z_{25}$、$\alpha$ 目、α 鼻に対応する点を前ページの複素数平面上に取りなさい。

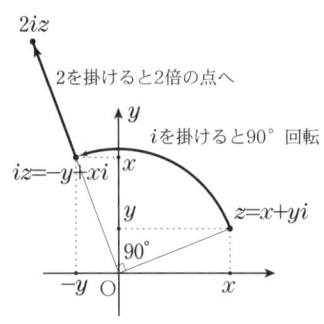

複素数平面上で、複素数 z に複素数 α をかけると、点 $z = x + yi$ はどのように動かされるだろうか。

まず、z に i をかけたときと、$2i$ をかけたときはどうなるだろう。

$iz = i(x + yi) = -y + xi$ だから、原点を中心に点 z を $90°$ 回転させ、$2i$ をかけたときは、それをさらに 2 倍に伸ばした点に動かす。

さて、z に $\alpha = 3 + 2i$ をかけると

$$\alpha z = (3 + 2i)z = 3z + 2iz$$

だから、下図のような長方形の頂点へ動く。この長方形は、上の α の作る長方形と相似である。

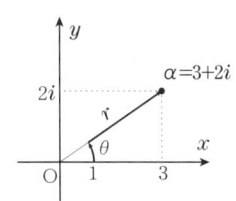

上の図中の r は、$r = \sqrt{3^2 + 2^2} = \sqrt{13}$ で θ は、

$\cos \theta = \dfrac{3}{\sqrt{13}}$, $\sin \theta = \dfrac{2}{\sqrt{13}}$ を満たす角である。

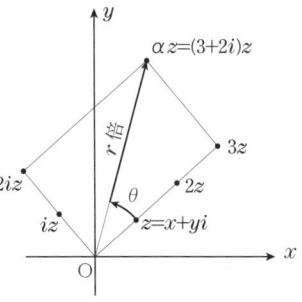

関数電卓で計算をすると約 $33.7°$ である。

よって、z に $\alpha = 3 + 2i$ をかけると点を、上を満足する θ（約 $33.7°$）

回転し、$\sqrt{13}$ 倍した点に動く。

また、$\alpha = 3 + 2i$ は、r と θ を使って

$$\alpha = \sqrt{13}\,(\cos\theta + i\sin\theta)$$

と書ける。このような表現を極形式といい、原点からの距離 r を絶対値、θ を偏角という。

一般に、z に $\alpha = r\,(\cos\theta + i\sin\theta)$ をかけると点 z は、原点を中心に角度 θ だけ回転し、r 倍した点に動く。

問2 $\alpha = 1 + i$ を、極形式 $\alpha = r(\cos\theta + i\sin\theta)$ の形で書きなさい。(問1) の変換後のネコが、この θ だけ回転し r 倍になっているか確かめなさい。

問3 $\alpha = -2 - i$ を z にかけるときの、r と θ を電卓と三角比の表を使い求め、例で示したネコになるか確かめなさい。

→解答は巻末にあります。

代数学の基本定理への道

ここでは、代数方程式(n 次方程式)の解について考え、代数学の基本定理の準備をしよう。

● **方程式の実数解の個数とグラフの関係**

高校の教科書には次のような問題が必ず載っている。

問題 x の方程式 $x^3 - 3x = a$ (※)(a は実数の定数)が異なる3つの実数解を持つように a の値の範囲を求めよ。

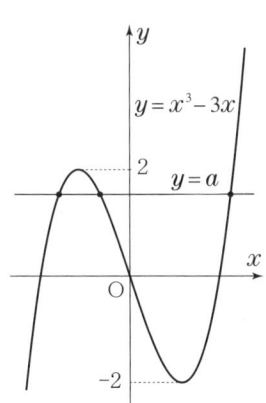

3次関数 $y = x^3 - 3x$ と、直線 $y = a$ のグラフを描いて、その交点の個数が解の個数に対応していることに着目すればよい。

グラフから、※が異なる3つの実数解を持つような a の値の範囲は $-2 < a < 2$ であることがわかる。

つまり、方程式 $f(x) = 0$ の実数解の個数を調べるには、$y = f(x)$ のグラフと、$y = 0$ (x 軸)の交点の個数を調べればよいのである。

● **奇数次数の方程式は実数の範囲で解をもつ**

例えば、$x^5 + x^4 + 2x^3 + x - 1 = 0$ という5次方程式を考えよう。

$f(x) = x^5 + x^4 + 2x^3 + x - 1$ とおく。x の値(の絶対値)が非常に大きいとき x^5 の

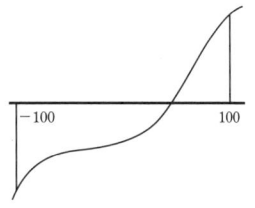

項の値は、他の項の値を圧して大きくなるので、この例では、$f(100) ≒ 100^5 > 0$, $f(-100) ≒ -100^5 < 0$ したがって、$y = f(x)$ のグラフは、$-100 < x < 100$ のどこかで x 軸と交わる。そこが解である。つまり奇数次数の代数方程式は、必ず1つ以上の実数解をもつことがわかった。なお、この考えは、$y = f(x)$ のグラフが、な̇め̇ら̇か̇に̇切̇れ̇目̇な̇く̇つながっていることが前提になっていることに注意しておこう。

● **ベズーの定理**

　ベズーの定理とは「m 次と n 次の 2 元連立方程式が最大 mn 個の解をもつ」というものである。例えば $\begin{cases} x^2 + y^2 = 1 \\ y = 3x^2 - 2 \end{cases}$ は、どちらも

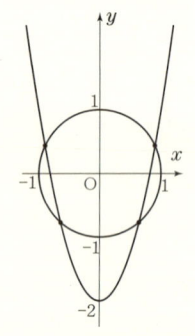

2 次の 2 元連立方程式なので、最大 $2 \times 2 = 4$ 個の解をもつ。

　2 つのグラフを描いてみると、交点が 4 個あるので、解の個数は 4 個であることがわかる。

　つまり、ベズーの定理は、「m 次曲線と n 次曲線は最大 mn 個の交点をもつ」という代数曲線の定理とみなすこともできる。

　ちなみに、上の連立方程式から y を消去すると、$9x^4 - 11x^2 + 3 = 0$ という 4 次方程式に帰着する。

　ちょっと複雑なものも考えてみよう。

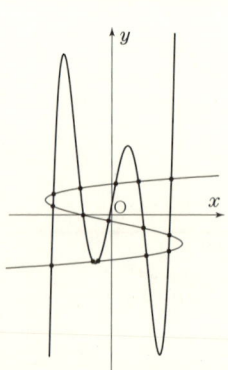

$$\begin{cases} x - y^3 - y^2 + 3y + 1 = 0 \\ y = 2x^5 - 10x^3 + 8x + \dfrac{1}{2} \end{cases}$$
3次式と5次式なので、最大15個の解があるはずだ。図を描くと交点は15個あることがわかる。これは文字を1つ消去した15次方程式の解の個数を考えていることと同じである。

● 円分方程式

$x^3 - 1 = 0$ の解を求めてみよう。

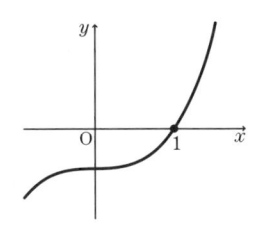

$y = x^3 - 1$ のグラフを描くと、x 軸と1か所でしか交わらないので、実数解は1個 ($x = 1$) であることがわかる。

しかし、実際方程式 $x^3 - 1 = 0$ を解くと $(x-1)(x^2+x+1) = 0$ から、他に $x = \dfrac{-1 \pm \sqrt{3}i}{2}$ という2つの虚数解があるはずである。この虚数解を目で見るために、複素数平面を利用しよう。すると、3つの解は、半径1の円を3等分する点で表されていることがわかる。

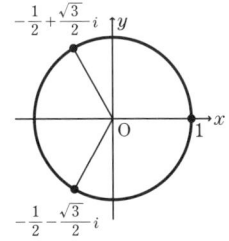

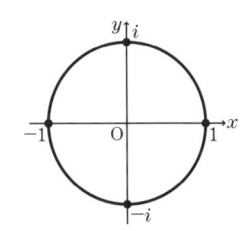

次に $x^4 - 1 = 0$ の解はどうだろう。

$x^2 = \pm 1$ から解は、

$x = 1, \ -1, \ i, \ -i$ の4個である。

複素数平面上に表してみると、やはり半径1の円を4等分する点で表されていることがわかる。

第 1 章 数と式

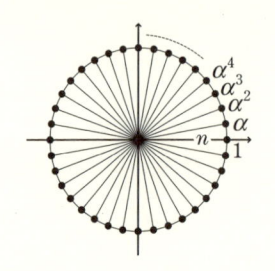

ところで、$\alpha = \cos\theta + i\sin\theta$ は、絶対値が 1 で偏角が θ である複素数を表す。このとき、32 ページで述べた考え方から

$$\alpha^n = (\cos\theta + i\sin\theta)^n = \cos n\theta + i\sin n\theta$$

がいえるので(ド・モアブルの定理)、θ を、円を n 等分するような角 $\dfrac{2\pi}{n}$ とすると、$\alpha^0,\ \alpha,\ \alpha^2,\ \alpha^3,\ \cdots,\ \alpha^{n-1}$ の n 個の複素数は、半径 1 の円を n 等分する点になる。また、これらの複素数は n 乗するとすべて 1 になることもわかる。

以上から、円分方程式 $x^n - 1 = 0\ (x^n = 1)$ について次のようにまとめることができる。

① $x^n = 1$ は異なる n 個の解をもち、それは $\alpha^0,\ \alpha,\ \alpha^2,\ \alpha^3,\ \cdots,\ \alpha^{n-1}$ という形で表される。これらを 1 の n 乗根という。

また、$\alpha = \cos\dfrac{2\pi}{n} + i\sin\dfrac{2\pi}{n}$ と表せる。

② $x^n = 1$ を解くことは、半径 1 の円に正 n 角形を描くことと同じである。

なお、①の性質から、$x^n = a$ も異なる n 個の解をもつことがわかる。

円分方程式はガウスの業績の一つであり、彼は 20 歳の誕生日前に、正 17 角形を定規とコンパスで作図できることを証明した。円分方程式の理論は方程式論に留まらず、整数論など数学の発展に大きく貢献している。

問 1　先に述べた性質①から、$x^n + x^{n-1} + x^{n-2} + \cdots + x + 1 = 0$ というタイプの n 次方程式も異なる n 個の解をもつことを示せ。

問 2　半径 1 の円に内接する正 n 角形の、1 つの頂点から他の頂点を結ぶ線分の長さをすべてかけあわせれば必ず n になることを、複素数を利用して示せ。図は $n = 4$ の場合である。

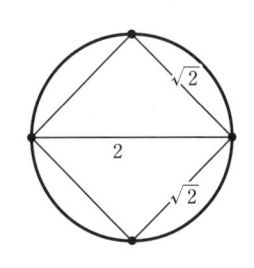

→解答は巻末にあります。

第1章 数と式

4 順列・組合せ

順列・組合せ

● みんな並べる

スキダヨ
スキヨダ
スダキヨ
スダヨキ
スヨキダ
スヨダキ
キスダヨ
キスヨダ
キダスヨ
キダヨス
キヨスダ
キヨダス
ダスキヨ
ダスヨキ
ダキスヨ
ダキヨス
ダヨスキ
ダヨキス
ヨスキダ
ヨスダキ
ヨキスダ
ヨキダス
ヨダスキ
ヨダキス

「ス、キ、ダ、ヨの4文字を並べて！ すべての並べ方は何通り？」と言うと、「キスダヨ」「ダキヨス」などがでてくるから、生徒はニタニタしながら喜んでやってくれ

スキダヨネ	キスダヨネ	ダスキヨネ	ヨスキダネ	ネスキダヨ
スキダネヨ	キスダネヨ	ダスキネヨ	ヨスキネダ	ネスキヨダ
スキヨダネ	キスヨダネ	ダスヨキネ	ヨスダキネ	ネスダキヨ
スキヨネダ	キスヨネダ	ダスヨネキ	ヨスダネキ	ネスダヨキ
スキネダヨ	キスネダヨ	ダスネキヨ	ヨスネキダ	ネスヨキダ
スキネヨダ	キスネヨダ	ダスネヨキ	ヨスネダキ	ネスヨダキ
スダキヨネ	キダスヨネ	ダキスヨネ	ヨキスダネ	ネキスダヨ
スダキネヨ	キダスネヨ	ダキスネヨ	ヨキスネダ	ネキスヨダ
スダヨキネ	キダヨスネ	ダキヨスネ	ヨキダスネ	ネキダスヨ
スダヨネキ	キダヨネス	ダキヨネス	ヨキダネス	ネキダヨス
スダネキヨ	キダネスヨ	ダキネスヨ	ヨキネスダ	ネキヨスダ
スダネヨキ	キダネヨス	ダキネヨス	ヨキネダス	ネキヨダス
スヨキダネ	キヨスダネ	ダヨスキネ	ヨダスキネ	ネダスキヨ
スヨキネダ	キヨスネダ	ダヨスネキ	ヨダスネキ	ネダスヨキ
スヨダキネ	キヨダスネ	ダヨキスネ	ヨダキスネ	ネダキスヨ
スヨダネキ	キヨダネス	ダヨキネス	ヨダキネス	ネダキヨス
スヨネキダ	キヨネスダ	ダヨネスキ	ヨダネスキ	ネダヨスキ
スヨネダキ	キヨネダス	ダヨネキス	ヨダネキス	ネダヨキス
スネキダヨ	キネスダヨ	ダネスキヨ	ヨネスキダ	ネヨスキダ
スネキヨダ	キネスヨダ	ダネスヨキ	ヨネスダキ	ネヨスダキ
スネダキヨ	キネダスヨ	ダネキスヨ	ヨネキスダ	ネヨキスダ
スネダヨキ	キネダヨス	ダネキヨス	ヨネキダス	ネヨキダス
スネヨキダ	キネヨスダ	ダネヨスキ	ヨネダスキ	ネヨダスキ
スネヨダキ	キネヨダス	ダネヨキス	ヨネダキス	ネヨダキス

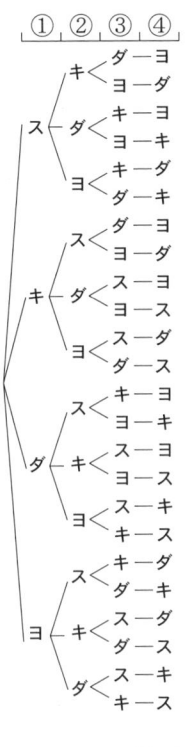

る。思いつくまま、書いていくと抜けが出てくる。「ス、キ、ダ、ヨ」の4文字の場合、前ページのように24通りになる。「ス、キ、ダ、ヨ、ネ」の5文字の場合もガンバって書いてみた。

なんと120通りもあった。計算で何通りあるかを求めるには左のように、樹形図と呼ばれる図で考えるとよい。

「ス、キ、ダ、ヨ」の異なる4文字を並べるとき、1番目に並べるのは当然「ス、キ、ダ、ヨ」の4文字のどれかである。2番目に並べるのは、1番目に並べたものの他の3文字のどれかである。3番目に並べるものは、1番目、2番目に並べたものの他の2文字のどちらかである。4番目は残りの1文字。

そこで、樹形図のようになり、並べ方の総数は

$$4 \times 3 \times 2 \times 1 = 24$$

で、24通りと求まる。「ス、キ、ダ、ヨ、ネ」の異なる5文字の場合は

$$5 \times 4 \times 3 \times 2 \times 1 = 120$$

で、120通りとなる。

$5 \times 4 \times 3 \times 2 \times 1$ のように階段状にかけることを 5! と書いて「5の階乗」と読む。

ということは、

異なる n 個のものを並べる方法は

$$n! = n(n-1)(n-2)\cdots 3 \cdot 2 \cdot 1$$

第1章　数と式

通りあることになる。

　A君、B君、C君、D君、E君、F君、G君、H君、I君、J君、K君、L君の12人が、1列に並ぶ方法すべてを試してみようということになった。仮に、素早い動きで1秒間に1通りの並び方をした場合、どれくらい時間がかかるか計算してみた。

　12人が、1列に並ぶ方法の通りは、

$$12! = 12 \times 11 \times 10 \times 9 \times 8 \times 7 \times 6 \times 5 \times 4 \times 3 \times 2 \times 1$$
$$= 479001600 \text{（通り）}$$

なので、1秒間に1通りの並び方をすると、479001600(秒)かかる。

　60秒＝1分、60分＝1時間、24時間＝1日、365日＝1年なので、

　1(年) ＝ 60 × 60 × 24 × 365 ＝ 31536000(秒)である。よって、479001600(秒) ＝ 479001600 ÷ 31536000(年)

　≒ 15.189(年)

となり、食事も睡眠もとらずトイレにも行かずにやり続けて何と15年以上かかる。13人だったら、15.189 × 13 ≒ 197.45(年) となる。何とビックリするような大きい数になるので、階乗に「！」マークを使うのだと一部で囁かれている。40人のクラスでの席替えとなると、もう想像を絶する時間がかかる。そう思うと、隣の席の友達、クラスの友達と会えたことだけで奇跡だと思えてくる。友達を大切にしよう。

● 選んで並べる

「ス、キ、ダ、ヨ、ネの5文字から3文字選んで並べて！ 並べ方は何通り？」と言うと、「ス、キ、ダ」「ス、キ、ヨ」…と考える。

これも樹形図で考えるとうまくいく。「ス、キ、ダ、ヨ、ネ」の異なる5文字から3文字を選んで並べるとき、1番目に並べるのは当然「ス、キ、ダ、ヨ、ネ」の5文字のどれかである。2番目に並べるのは、1番目に並べたものの他の4文字のどれかである。3番目に並べるものは、1番目、2番目に並べたものの他の3文字のどちらかである。これでお終い。

そこで、右の樹形図のようになり、並べ方の総数は

$$5 \times 4 \times 3 = 60$$

で60通りとなる。記号はPを使い

$$_5P_3 = 5 \cdot 4 \cdot 3 = 60$$

と書く。順列 (permutation) といい、「Pの5の3」と読んだりする。

一般に、異なるn個のものからr個選んで並べる順列の方法は、

$$_nP_r = \underbrace{n(n-1)(n-2)\cdots(n-r+1)}_{r個} \quad ※$$

通りとなる。図で示すと次の感じである。

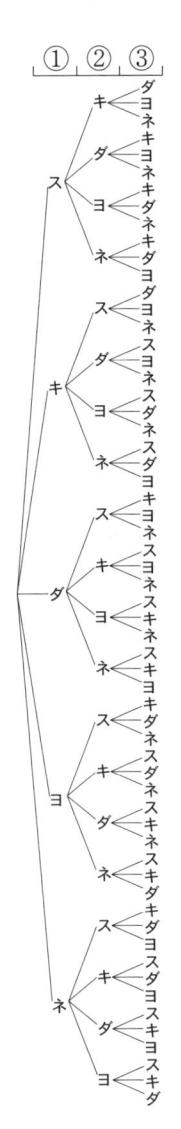

第 1 章 数と式

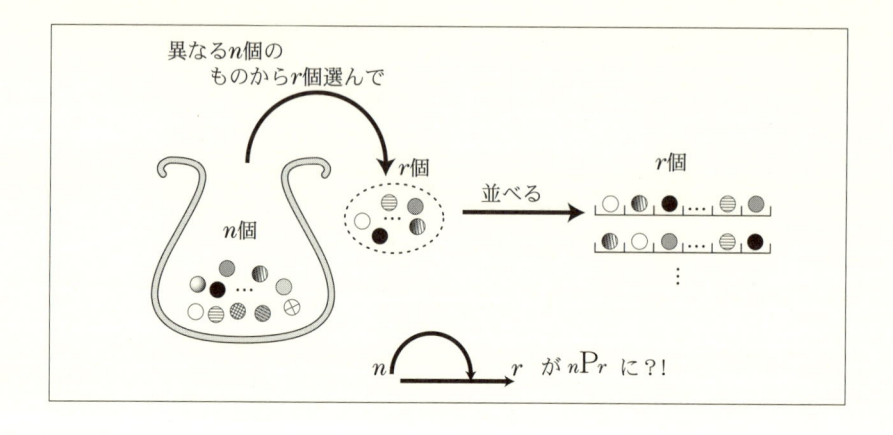

問 1 $_nP_r = \dfrac{n!}{(n-r)!}$ と表してよいことを式※から示しなさい。

● 選ぶ

「ス、キ、ダ、ヨ、ネの 5 文字から 3 文字選ぶ方法は何通り？」と言うと、「スとキとダ」「スとキとヨ」…と考える。「異なる 5 文字から 3 文字を選んで並べる」とき、例えば、「スとキとダ」を選んだときにその 3 つを並べるので、$3! = 6$ 倍に選んだだけより増えている。そこで、異なる 5 文字から 3 文字を選ぶ方法は、$\dfrac{5 \cdot 4 \cdot 3}{3!} = 10$ 通りとなる。記号は C を使い

$$_5C_3 = \dfrac{5 \cdot 4 \cdot 3}{3!} = 10$$

と書く。組合せ（combination）といい、「C の 5 の 3」と読んだりする。一般に、異なる n 個のものから r 個選ぶ組合せの方法は、

$$_nC_r = \dfrac{_nP_r}{r!} = \dfrac{n(n-1)(n-2)\cdots(n-r+1)}{r!}$$

通りとなる。図で示すと次の感じである。

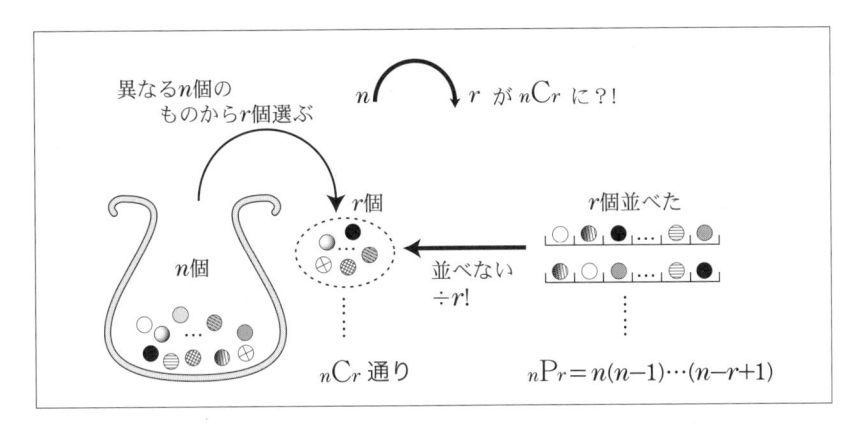

異なるn個のものからr個選ぶ

n r が$_nC_r$ に？！

n個 → r個

並べない ÷$r!$

$_nC_r$ 通り

r個並べた

$_nP_r = n(n-1)\cdots(n-r+1)$

問2 $_nC_r = \dfrac{n!}{r!(n-r)!}$ と表してよいことを示しなさい。

「選んで並べる」のと「選ぶ」のとどこが違うの？ 並べるとは、個々の「順番」「違う役割」を明確にすることである。例えば、クラス40人の生徒から、「クラスの応援団長、副団長、応援団庶務の3人を選ぶ方法」は、「選ぶ」となっていても団長、副団長、庶務のそれぞれ違う役割へ割り当てるので、「40人から3人選んで並べる」順列になる。よって計算は、

$$_{40}P_3 = 40 \cdot 39 \cdot 38 = 59280$$

通りになる。

「クラスの応援団3人を選ぶ方法」は、となると、3人の役割は区別しないので、

$$_{40}C_3 = \frac{40 \cdot 39 \cdot 38}{3!} = 9880$$

通りとなる。

第1章　数と式

問3　父母と子ども5人の7人家族が1列に並ぶとき、父母が隣りあう並び方は、全部で何通りあるでしょうか。

問4　9人の保育園児がいます。次のそれぞれに答えなさい。
(1)　4人と5人の2組に分ける方法は何通り。
(2)　3人ずつ「さくら」、「きく」、「すみれ」の3組に分ける方法は何通り。

問5　右図は正方形を等分に分割した図です。
(1)　正方形は全部で何個あるでしょう。
(2)　長方形は全部で何個あるでしょう。ただし、正方形も含みます。

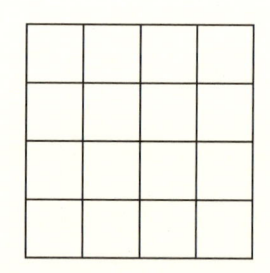

→解答は巻末にあります。

集合

● **集合とは**

集合とは"ものの集まり"である。ただし、"集まり"は範囲がはっきりしたものでなければならない。例えば、

「3 の正の倍数の集合」

は立派な集合だが、

「背の高い人の集合」

は集合ではない。168cm の人を"背が高い"と思うか"背が低い"と思うかは年齢や性別によって違うだろう。これを集合として扱うには、例えば、背の高い人の定義を「180cm 以上の人」などと精密にする必要がある。

集合に所属する 1 つひとつのものを要素という。集合を表すには、要素を列挙するか、要素が満たすべき条件を示すかして、{ } でくくる。上の例の「3 の正の倍数の集合」を A とすると

$$A = \{3,\ 6,\ 9,\ 12,\ \cdots\}、$$
$$\text{あるいは}\quad A = \{3n\,|\,n\text{ は自然数}\}$$

と書ける。「…」はリーダーと呼ばれ、この調子で続くという意味。

また、集合 A は右のような図で表せる。集合 A の要素はすべてこの閉じた曲線の

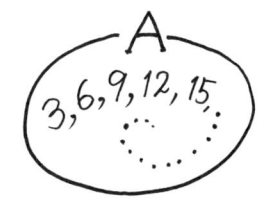

中に入っているとみなすのである。この図を使えば集合の関係が考えやすくなる。

● 部分集合と空集合

集合Aのすべての要素が集合Bに含まれているとき、AはBの部分集合であるといい、

$$A \subset B \quad \text{あるいは} \quad B \supset A$$

と表す。

特に$A \subset B$かつ$B \subset A$のときは、AとBの要素は一致するので、このとき

$$A = B$$

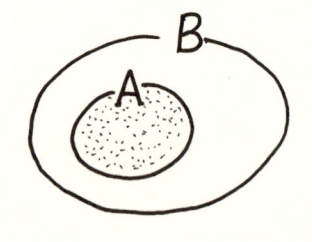

と表す。

A自身もAの部分集合なので$A \subset A$と書ける。また、要素が1つもないものも集合として認め空集合といい、記号ϕで表す。

集合$\{a, b, c\}$から要素c, b, aをこの順に取り出してみよう。すると部分集合の列ができ、最後の要素aを取り出すと{ }の中の要素はなくなり空集合になる。

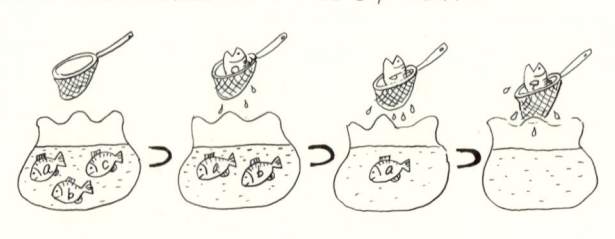

$$\{a, b, c\} \supset \{a, b\} \supset \{a\} \supset \phi$$

このように空集合はあらゆる集合の部分集合である。

● **全体集合の部分集合**

さしあたり考える対象のすべてを要素とする集合を全体集合といい、U で表す。全体集合の部分集合について考えよう。

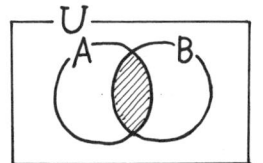

集合 A、B の両方に属する要素を集めた集合を、A と B の共通部分といい、$A \cap B$ で表す。

集合 A、B の要素をすべて集めた集合を A、B の和集合といい、$A \cup B$ で表す。

全体集合 U の要素の中で、集合 A に属さないものを集めた集合を A の U に関する補集合といい、$\overline{A}$ で表す。補集合の性質をあげよう。

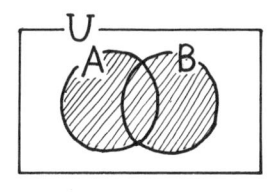

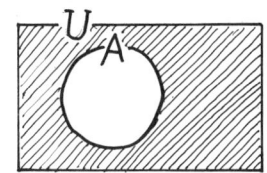

$$(\overline{\overline{A}}) = A$$
$$A \cup \overline{A} = U, \quad A \cap \overline{A} = \phi$$
$$A \subset B \text{ ならば } \overline{A} \supset \overline{B}$$

それぞれ「2 重否定は肯定」「A か非 A のどちらか一方」「補集合におきかえると包含関係が逆転」という意味をもつ。

具体例を考えよう。いま全体集合 U を 1 から 12 までの自然数の集合とし、その部分集合 A、B をそれぞれ 2 の倍数の集合、3 の倍数の集合としよう。すると、

$$U = \{1, 2, 3, \cdots, 12\}, \quad A = \{2, 4, 6, \cdots, 12\}, \quad B = \{3, 6, 9, 12\}$$

と書ける。よって、次のようになる。

$A \cap B = \{6, 12\}$

$A \cup B = \{2, 3, 4, 6, 8, 9, 10, 12\}$

$\overline{A} = \{1, 3, 5, \cdots, 11\}$

全体集合 U は、共通部分がない 4 つの集合 $A \cap B \cdots$ ①、$A \cap \overline{B} \cdots$ ②、$\overline{A} \cap B$ $\cdots$ ③、$\overline{A} \cap \overline{B} \cdots$ ④に分割される。

すると、$A \cup B \cdots$ ①∪②∪③であるので、$\overline{A \cup B}$ は④と等しくなり、

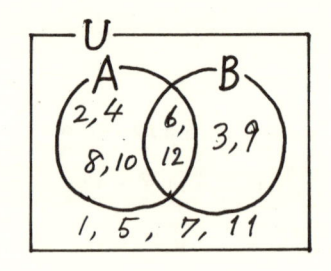

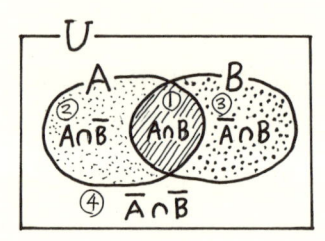

$$\overline{A \cup B} = \overline{A} \cap \overline{B}$$

が成り立つことがわかる。同様にして

$$\overline{A \cap B} = \overline{A} \cup \overline{B}$$

が成り立つ。つまり補集合を"分配"すると、∪と∩が入れ替わる性質がある。これをド・モルガンの法則という。

● **集合の要素の個数**

ある 100 人の会社で、全員のネコ好き、イヌ好きの調査をしたら、

　　ネコ好きの者　　　　60 人
　　イヌ好きの者　　　　45 人
　　どちらも好きでない者　10 人

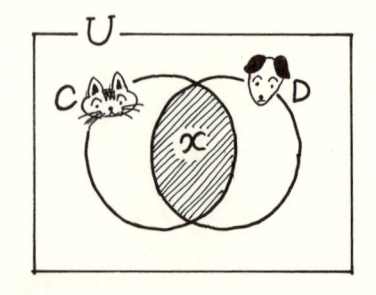

という結果だった。では、ネコ、イヌ両方を好きな者は何人だろうか。

会社全員の集合を U、ネコ好きの者の集合を C、イヌ好きの者の集合を D として、図を描く。すると、集合 $C \cap D$ の要素の個数 x を求めればよいことがわかる。$C \cup D$ の要素の個数は、$100 - 10 = 90$ であり、x は C にも D にも入っている要素の個数だから、

$$60 + 45 - x = 90$$

が成り立つ。これを解くと $x = 15$（人）であることがわかる。

一般に、有限な集合 A の要素の個数を $n(A)$ と表すことにすると、

$$n(A \cup B) = n(A) + n(B) - n(A \cap B)$$

が成り立つ。難しげな式だが、A と B の重なったところをひいて調整しているイメージをもてば了解できるだろう。

〈注意〉

これは「確率の和の法則」にも関係している。

問 1　上の調査を基にして、次の者の人数を求めよ。

(1) ネコは好きだが、イヌは好きでない者

(2) ネコとイヌのどちらか一方のみを好きな者

(3) 「両方とも好き」ではない者

→解答は巻末にあります。

第 1 章　数と式

5　整数

素数の魅力

● **兄さん いつも セブン・イレブン**

　小学校 5 年生で、約数を学び、最大公約数と最小公倍数と素数も学ぶ。素数とは「自然数で 1 とその数自身しか約数をもたない数」と定義される。

　小学校ではよく、次のように口ずさんで素数を覚えるという。

にい	さん	いつも	セブン	イレブン	とうさん	いいな	いく
2	3	5	7	11	13	17	19

　自然数を一辺 1 の正方形のタイルで表して素数を表現すると、

　　　　　「素数は高さが 2 以上の長方形にならない数」

と考えればよい。ただし 1 は素数には含めない。下図は、20 までの素数が、白のタイルで表されている。

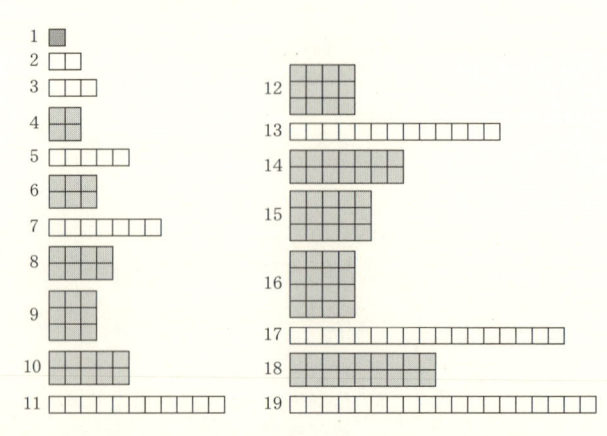

50 までの素数に○をつけた。50 までの素数は 15 個あり、薄いグレーの数は合成数といって、1 とその数自身以外の約数をもつので、素因数分解できる。

1	②	③	4	⑤	6	⑦	8	9	10
⑪	12	⑬	14	15	16	⑰	18	⑲	20
21	22	㉓	24	25	26	27	28	㉙	30
㉛	32	33	34	35	36	㊲	38	39	40
㊶	42	㊸	44	45	46	㊼	48	49	50
51	52	53	54	55	56	57	58	59	60
61	62	63	64	65	66	67	68	69	70
71	72	73	74	75	76	77	78	79	80
81	82	83	84	85	86	87	88	89	90
91	92	93	94	95	96	97	98	99	100
101	102	103	104	105	106	107	108	109	110
111	112	113	114	115	116	117	118	119	120
121	122	123	124	125	126	127	128	129	130
131	132	133	134	135	136	137	138	139	140
141	142	143	144	145	146	147	148	149	150
151	152	153	154	155	156	157	158	159	160
161	162	163	164	165	166	167	168	169	170
171	172	173	174	175	176	177	178	179	180
181	182	183	184	185	186	187	188	189	190
191	192	193	194	195	196	197	198	199	200

問 1 この後を読む前に、200 までの素数を、求めなさい。

200 までの素数はわかりましたか。51 から 100 までに 10 個、101 から 200 までに 21 個の素数がある。個数は合っているかな。

素数を求める便利な方法がある。エラトステネス（紀元前 276 ～紀元前 194、ギリシャ）が考えた、"エラトステネスのふるい" という方法だ。

［エラトステネスのふるい］ 〜 n までの素数を見つける〜

(1) まず、1 は消す。

(2) 次の 2 は消さないで○（これは素数である）。

(3) 2 より大きい 2 の倍数をすべて消す。

(4) 最大の○数より大きくて、消されていない最初の数は素数なので○。

(5) その倍数をすべて消す。

(6) 前の(4)(5)を繰り返す。ただし、○数が $\sqrt{n}$ を超えていたら終了

し、残っている数（○のついていないもの）は、すべて素数である。

なぜ、見つかった素数が $\sqrt{n}$ より大きくなったら、もう「ふるい」をしなくてもいいのだろう。

例えば、$a < b$ で $a \times b = n$ だったとすると、n はもう b でもわれることが確かめられている。そして、$a < \sqrt{n} < b$ だからである。

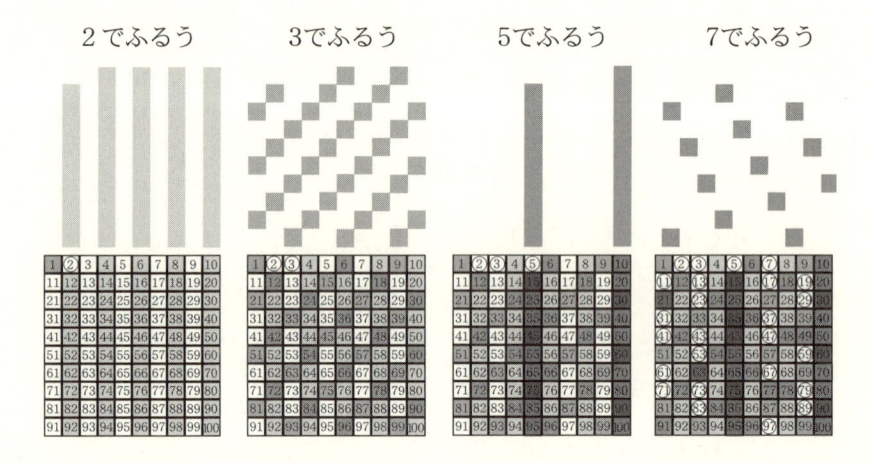

上は、100 までの素数をエラトステネスのふるいで見つける過程を示している。各図の上のグレーの模様は、ふるう数の場所を表している。100 までなので、$\sqrt{100} = 10$ 以上の素数では、ふるう必要がないので、7 でのふるいがすんだら、残りが 100 までの素数。

問2　200 までの素数を、エラトステネスのふるいで見つけなさい。

さて素数は、どれくらいあるのだろう。いくらでもあるのだろうか。実は無限に存在する。その証明は第9章の「背理法と数学的帰納法」（326 ページ）の項に書いてある。

● 手が届きそうな問題

でもはるか彼方の大問題。

「6 以上の偶数はすべて 2 つの奇素数の和で表される」

という問題は正しいと予想されているが、まだ証明されていない。1742 年のゴールドバッハ（1690 〜 1764）とオイラー（1707 〜 1783）の往復書簡に書かれていたので「ゴールドバッハの予想」といわれる。

6 ＝ 3 ＋ 3、8 ＝ 3 ＋ 5、10 ＝ 5 ＋ 5、12 ＝ 5 ＋ 7、14 ＝ 7 ＋ 7、そして 2500 ＝ 1049 ＋ 1451 などとなっている。しかし，偶数は無限にあるから証明は難しい。若いあなた、挑戦してはどうでしょう。

```
   2,    3,    5,    7,   11,   13,   17,   19,   23,   29,   31,   37,   41,   43,   47,   53,
  59,   61,   67,   71,   73,   79,   83,   89,   97,  101,  103,  107,  109,  113,  127,  131,
 137,  139,  149,  151,  157,  163,  167,  173,  179,  181,  191,  193,  197,  199,  211,  223,
 227,  229,  233,  239,  241,  251,  257,  263,  269,  271,  277,  281,  283,  293,  307,  311,
 313,  317,  331,  337,  347,  349,  353,  359,  367,  373,  379,  383,  389,  397,  401,  409,
 419,  421,  431,  433,  439,  443,  449,  457,  461,  463,  467,  479,  487,  491,  499,  503,
 509,  521,  523,  541,  547,  557,  563,  569,  571,  577,  587,  593,  599,  601,  607,  613,
 617,  619,  631,  641,  643,  647,  653,  659,  661,  673,  677,  683,  691,  701,  709,  719,
 727,  733,  739,  743,  751,  757,  761,  769,  773,  787,  797,  809,  811,  821,  823,  827,
 829,  839,  853,  857,  859,  863,  877,  881,  883,  887,  907,  911,  919,  929,  937,  941,
 947,  953,  967,  971,  977,  983,  991,  997, 1009, 1013, 1019, 1021, 1031, 1033, 1039, 1049,
1051, 1061, 1063, 1069, 1087, 1091, 1093, 1097, 1103, 1109, 1117, 1123, 1129, 1151, 1153, 1163,
1171, 1181, 1187, 1193, 1201, 1213, 1217, 1223, 1229, 1231, 1237, 1249, 1259, 1277, 1279, 1283,
1289, 1291, 1297, 1301, 1303, 1307, 1319, 1321, 1327, 1361, 1367, 1373, 1381, 1399, 1409, 1423,
1427, 1429, 1433, 1439, 1447, 1451, 1453, 1459, 1471, 1481, 1483, 1487, 1489, 1493, 1499, 1511,
1523, 1531, 1543, 1549, 1553, 1559, 1567, 1571, 1579, 1583, 1597, 1601, 1607, 1609, 1613, 1619,
1621, 1627, 1637, 1657, 1663, 1667, 1669, 1693, 1697, 1699, 1709, 1721, 1723, 1733, 1741, 1747,
1753, 1759, 1777, 1783, 1787, 1789, 1801, 1811, 1823, 1831, 1847, 1861, 1867, 1871, 1873, 1877,
1879, 1889, 1901, 1907, 1913, 1931, 1933, 1949, 1951, 1973, 1979, 1987, 1993, 1997, 1999, 2003,
2011, 2017, 2027, 2029, 2039, 2053, 2063, 2069, 2081, 2083, 2087, 2089, 2099, 2111, 2113, 2129,
2131, 2137, 2141, 2143, 2153, 2161, 2179, 2203, 2207, 2213, 2221, 2237, 2239, 2243, 2251, 2267,
2269, 2273, 2281, 2287, 2293, 2297, 2309, 2311, 2333, 2339, 2341, 2347, 2351, 2357, 2371, 2377,
2381, 2383, 2389, 2393, 2399, 2411, 2417, 2423, 2437, 2441, 2447, 2459, 2467, 2473, 2477,
```

上の表は、2500 までの素数。これを使うと 2500 ＝ 1049 ＋ 1451 が見つけられる。

第 1 章　数と式

問 3　1000 と 1500 と 2000 を 2 つの奇素数の和に表しなさい。

→解答は巻末にあります。

ところで、今発見されている一番大きい素数は、2012 年 1 月現在

$$2^{43112609} - 1$$

で、桁数は約 1300 万桁である。「自分自身を除く約数の総和に等しい数」である完全数を学ぶと、この数にいき着く。

〈例〉
　6 の約数は 1、2、3、6。しかし、1 ＋ 2 ＋ 3 ＝ 6　なので、6 は完全数である。

パスカルの三角形で遊ぼう

● パスカルの三角形を考える

　パスカルの三角形は、右図のように両端はすべて「1」で、他は左上と右上の和になっている。だから、上から下へ書いていくのは簡単。

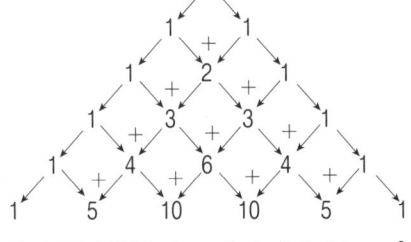

　「パスカルの三角形」というからには、パスカル（1623～1662）が最初に考えたのかというとそうではない。これは組み合わせの数を求めることなどに古くから使われていて、朱世傑（中国）が書いた「四元玉鑑」（1303年）の中に二項係数を求める方法として出てくる。その後もいろんな人が、この三角形を論じている。パスカルは、どちらかといえば最後にいろいろまとめたといえる。

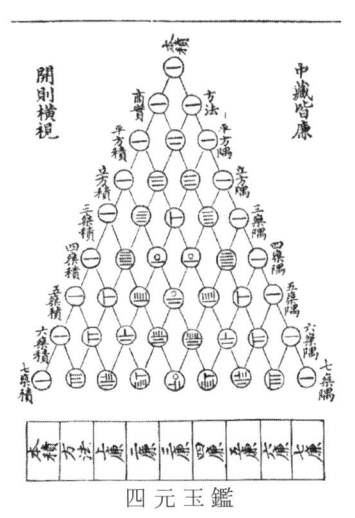

　ややこしいことは考えずに書けるところまで「パスカルの三角形」を書いてみた。

パスカル
（1623～1662）
フランス

四元玉鑑

```
0段→                               1
1段→                             1   1
2段→                           1   2   1
3段→                         1   3   3   1
4段→                       1   4   6   4   1
5段→                     1   5  10  10   5   1
6段→                   1   6  15  20  15   6   1
7段→                 1   7  21  35  35  21   7   1
8段→               1   8  28  56  70  56  28   8   1
9段→             1   9  36  84 126 126  84  36   9   1
10段→          1  10  45 120 210 252 210 120  45  10   1
11段→         1  11  55 165 330 462 462 330 165  55  11   1
12段→       1  12  66 220 495 792 924 792 495 220  66  12   1
13段→      1  13  78 286 715 1287 1716 1716 1287 715 286  78  13   1
14段→    1  14  91 364 1001 2002 3003 3432 3003 2002 1001 364  91  14   1
15段→   1  15 105 455 1365 3003 5005 6435 6435 5005 3003 1365 455 105  15   1
      0番 1番 2番 3番 4番 5番 6番 7番 8番 9番 10番 11番 12番 13番 14番 15番
```

まず、理由はほとんど書かずに効能・性質を紹介する。

● $(a+b)^n$ を展開したときの係数①

$(a+b)^1 = a+b$

$(a+b)^2 = a^2 + 2ab + b^2$

$(a+b)^3 = a^3 + 3a^2b + 3ab^2 + b^3$

$(a+b)^4 = a^4 + 4a^3b + 6a^2b^2 + 4ab^3 + b^4$

$(a+b)^5 = a^5 + 5a^4b + 10a^3b^2 + 10a^2b^3 + 5ab^4 + b^5$

$(a+b)^6 = a^6 + 6a^5b + 15a^4b^2 + 20a^3b^3 + 15a^2b^4 + 6ab^5 + b^6$

$(a+b)^7 = a^7 + 7a^6b + 21a^5b^2 + 35a^4b^3 + 35a^3b^4 + 21a^2b^5 + 7ab^6 + b^7$

$(a+b)^8 = a^8 + 8a^7b + 28a^6b^2 + 56a^5b^3 + 70a^4b^4 + 56a^3b^5 + 28a^2b^6 + 8ab^7 + b^8$

$(a+b)^n$ を n が 1 から 8 までを展開したら上のようになる。右辺の係数だけを見ると、パスカルの三角形になっている。よって、パスカルの三角形を書けば、$(a+b)^n$ の係数は n 段目の数でわかり、展開できる。

$$\begin{array}{r} a^2 + 2ab + b^2 \\ \times \quad\quad\quad a + b \\ \hline a^2b + 2ab^2 + b^3 \\ a^3 + 2a^2b + \ ab^2 \quad\quad\quad \\ \hline a^3 + 3a^2b + 3ab^2 + b^3 \end{array}$$

どうしてそうなるかを実感するには前ページのように
$(a+b)^3 = (a+b)^2(a+b)$ の計算をするといい。

問1 $(a+b)^{10}$ を展開しなさい。

● $(a+b)^n$ を展開したときの係数②

$(a+b)^n$ を展開して係数を組み合わせを使って書くと次のようになる。これを2項定理という。

$$(a+b)^n = {}_nC_0 a^n + {}_nC_1 a^{n-1}b + {}_nC_2 a^{n-2}b^2 + \cdots + {}_nC_r a^{n-r}b^r + \cdots$$
$$+ {}_nC_{n-1} ab^{n-1} + {}_nC_n b^n$$

理由をごく簡単に書くと次のようになる。

$$(a+b)^n = \underbrace{(a+b)(a+b)(a+b)(a+b)\cdots(a+b)(a+b)}_{n個}$$

n 個の括弧の中の a か b を選んで積を作る。例えば n 個の中から b を r 個選ぶ(a は自動的に $n-r$ 個選ばれる)方法は ${}_nC_r$ 個あるので、$a^{n-r}b^r$ の係数は ${}_nC_r$ となる。

ということは、パスカルの三角形の n 段は、

$${}_nC_0, \ {}_nC_1, \ {}_nC_2, \ \cdots, \ {}_nC_r, \ \cdots, \ {}_nC_{n-1}, \ {}_nC_n$$

となり、n 段目の r 番目は ${}_nC_r$ である。

問2 パスカルの三角形の1段目の数の和は2、2段目は4、3段目は8、4段目は16で、どうも n 段目は 2^n なっている。このことを

$$(a+b)^n = {}_nC_0 a^n + {}_nC_1 a^{n-1}b + {}_nC_2 a^{n-2}b^2 + \cdots + {}_nC_r a^{n-r}b^r + \cdots$$
$$+ {}_nC_{n-1} ab^{n-1} + {}_nC_n b^n$$

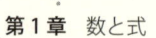

の a と b に 1 を代入して確かめよ。

● **パスカルが見つけたすごい性質**

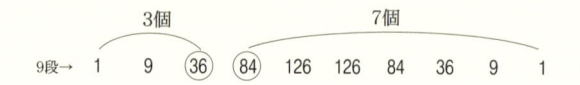

```
               3個        7個
           ┌───┴───┐ ┌─────┴─────┐
9段→  1   9   ㊱   ㊹   126  126  84  36  9  1
```

9段目には、10個の数が並んでいる。例えば36と84は隣り合っていて、36は左から3個目、84は右から7個目である。アレ？

$$36 : 84 = 3 : 7$$

になっている。偶然？　これは、偶然ではなくパスカルが見つけた性質。パスカルは「数三角論」の中に次のような定理を書いて証明もしている。

> 同じ段で、隣り合う数の比は、左の数から数えて左にある数の個数と、右の数から数えて右にある数の個数の比に等しい。

パスカルは、このことが正しいという証明を、数学的帰納法でしている。これが、数学的帰納法の最初といわれる。

問3　上の定理が成り立っていることを、いろんな段の隣り合う数で確かめよ。

● **パスカルの三角形の色塗り**

パスカルの三角形の各数の場所を○で表し、偶数と奇数に色分けしてみる。数字を書いていなくても、両端は1だから次の法則でドンドン塗れる。

●を奇数、●を偶数とすると、

●＋●＝●
●＋●＝●
●＋●＝●
●＋●＝●

なので、この法則で塗る。

その結果が下の図。キレイでしょう。部分と全体が相似形である自己相似形で、フラクタルといわれる図形。

第 1 章　数と式

　奇数と偶数での色分けは、言い換えれば「各数を 2 でわったときに、1 余る数と、わりきれる数」の色分け。そこで、5 でわったとき、1 余る数を①、2 余る数を②、3 余る数を③、4 余る数を④、わりきれる数を〇とすると、

①+①=②、①+②=③、①+③=④、①+④=〇、①+〇=①、
②+②=④、②+③=〇、②+④=①、②+〇=②、③+③=①、
③+④=②、③+〇=③、④+④=③、④+〇=④、〇+〇=〇

となるので、色分けがドンドン（？）できる。
　実際に、生徒が描いたのが下。本当は 5 色で綺麗なのだが、白黒で残念。

問4 3でわったとき、1余る数を①、2余る数を②、わりきれる数を○とすると、

①+①=②、①+②=○、②+②=①、○+○=○、○+①=①、○+②=② となる。下図を拡大コピーして3色でそれに、描いてはいかが。

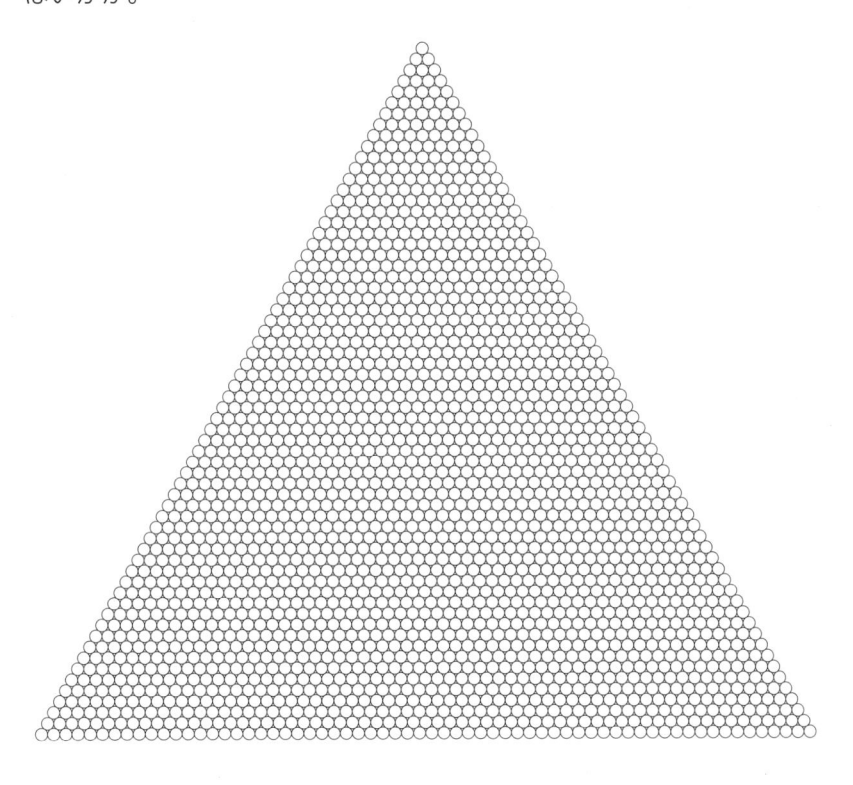

→解答は巻末にあります。

第1章 数と式

6 エクスカーション

代数学の基本定理

　代数学の基本定理とは、代数方程式（n 次方程式）は必ず複素数の範囲で解をもつというものだ。33 ページで述べているように、方程式の実数解は、グラフを描いて、x 軸との交点を調べればよかった。しかし、解が複素数の場合はグラフを描いても x 軸と交わらない。そこで、定義域を実数から複素数に拡げて、複素数平面上に、ある種のグラフを描くことを考えよう。

● 複素関数のグラフを描く

　$f(z) = z^2 + z + 1$ を複素数平面上に描いてみよう。$z = x + yi$ とすると、
$$f(z) = (x + yi)^2 + x + yi + 1 = (x^2 - y^2 + x + 1) + (2xy + y)i$$
となるので、
$u = x^2 - y^2 + x + 1$、$v = 2xy + y$ として、uv 平面上に点をプロットする。

　次の図は、y を 0.2 から 2 まで、0.2 ずつ増やして $f(z)$ を描画したものである。

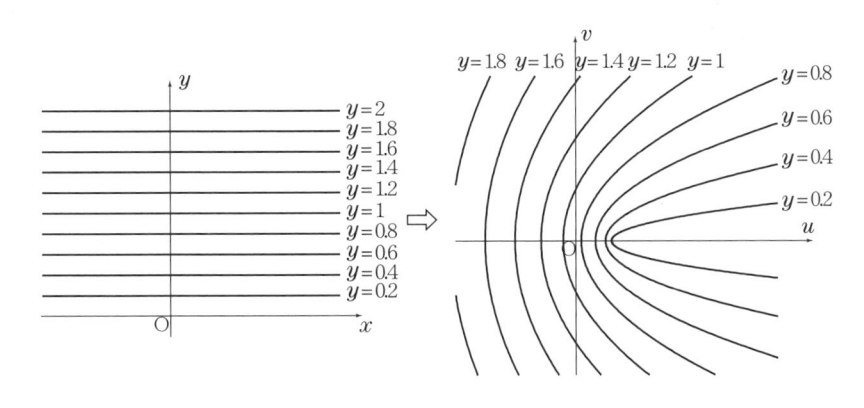

z の世界 (xy 平面) $f(z)$ の世界 (uv 平面)

今度は、z を原点中心半径 r の円に沿って動かしたときの $f(z)$ の動きを見てみよう。

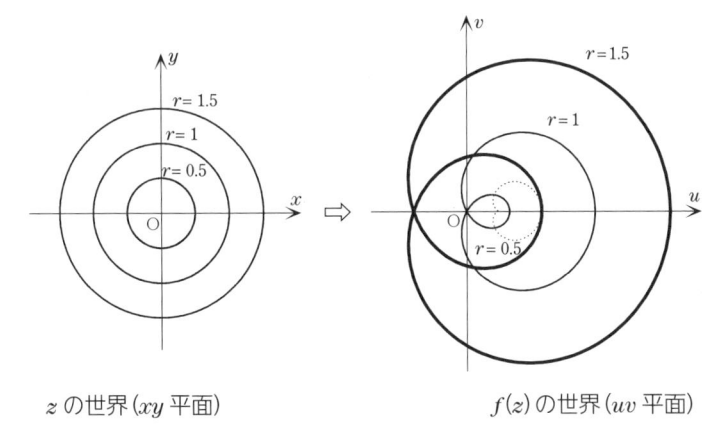

z の世界 (xy 平面) $f(z)$ の世界 (uv 平面)

このように、z をある円に沿って動かしたときに、$f(z)$ の曲線もなめらかで切れ目がなく、しかも円のようにどこにも「端」がなくつながっている。このような曲線は閉じた曲線と呼ばれる。

上の図で、円の半径が 1 のとき、$f(z)$ は原点を通っている。これは、z が半径1の円周上のある値 $\left(z = -\dfrac{1}{2} \pm \dfrac{\sqrt{3}}{2}i\right)$ のとき、$f(z) = 0$ となる。つまり、$f(z) = 0$ が複素数の範囲で解をもっていることがわかる。

第1章　数と式

$f(x) = 0$ が実数解をもつことは、$y = f(x)$ のグラフが x 軸と交わる点を見つければよかったが、$f(z) = 0$ が複素数解をもつことは、$w = f(z)$ のあるグラフが原点 O を通ることを示せばよい。

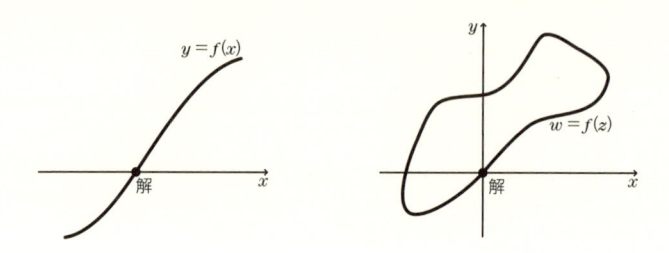

● $f(z) = a_0 + a_1 z + a_2 z^2 + \cdots + a_n z^n$ の動きを追う

$f(z) = a_0 + a_1 z + a_2 z^2 + \cdots + a_n z^n$ において、z が動く円の半径を0から少しずつ大きくして、$w = f(z)$ のグラフを描くとどうなるだろう。

① z が複素数 0 を含むごく小さな半径の円を動くとき、$f(z)$ は

　$f(0) = a_0$ を含むごく小さな輪を動く。

② z の円の半径を少しずつ大きくしていくと、$f(z)$ が描くなめらかに切れ目のない輪がだんだん大きくなる。

③ z が巨大な半径 r の円を動くとき、

$$f(z) = z^n \left(\frac{a_0}{z^n} + \frac{a_1}{z^{n-1}} + \cdots + a_n \right) \quad \text{から} \quad f(z) \fallingdotseq a_n z^n$$

とみることができる。z^n は半径が r^n で n 回転する円になるので、$f(z)$ は複素数 0 のまわりを n 回まわる大きな閉じた曲線を動く（遠くから眺めると、一筆書きで円をぐるぐると n 重に描いたような閉じた曲線）。

さて、②から③の途中で何が起こるだろう。z 側の円をなめらかに大きくしていけば $f(z)$ 側の輪もなめらかに大きくなる。最初は原点の完全に外側にあったものが、最後は原点を含む輪に移る。輪には切れ目がなく、なめらかに変化するから、途中で必ず原点にぶつかる。そこが解である。

$f(z)$ が解 α をもてば、$f(z) = (z - \alpha)g(z)$ と因数分解でき、$g(z) = 0$ も代数方程式だから、複素数の範囲で解をもつ。だから、n 次方程式は、重複を許して n 個の解をもつことがいえた。

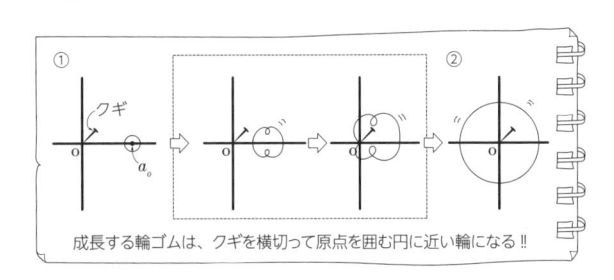

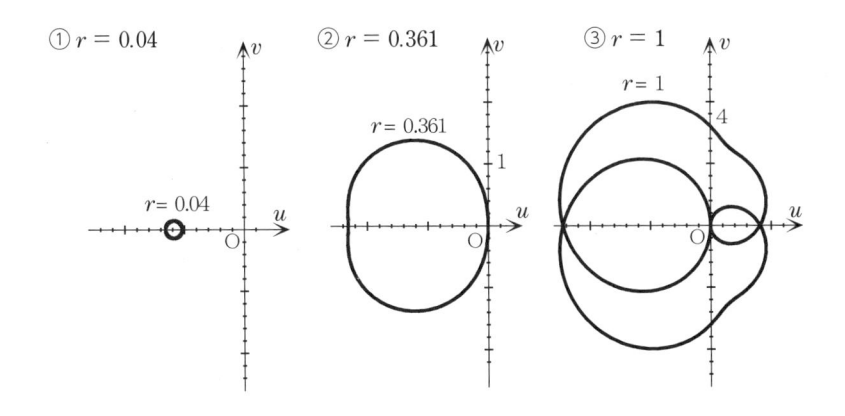

成長する輪ゴムは、クギを横切って原点を囲む円に近い輪になる!!

● $f(z) = z^5 + z^4 + 2z^3 - 3z - 1$ の動きを見よう

では、今述べたことを、具体例で調べてみよう。

① $r = 0.04$　　② $r = 0.361$　　③ $r = 1$

④ $r = 1.664$　　⑤ $r = 2$　　⑥ $r = 4$

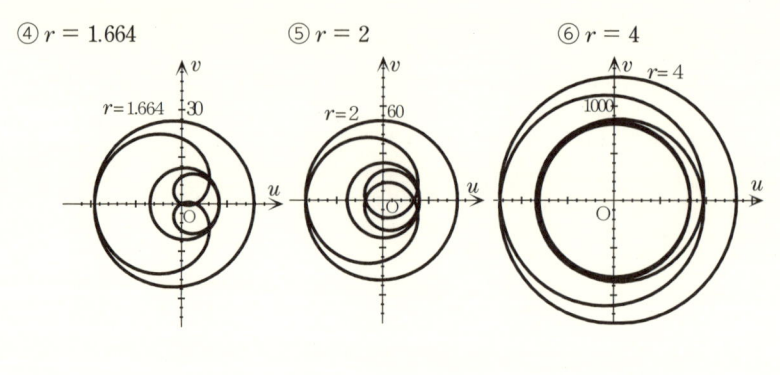

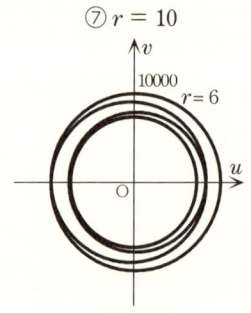

⑦ $r = 10$

① r が 0 に近いとき、$f(z)$ は -1 に近い点
② $r ≒ 0.361$ のとき、原点にぶつかった。まず1個目の解が見つかった。
③ $r = 1$ のとき、原点に 2 回ぶつかっている。
　つまり解が 2 個ある（$z = ±1$）。
④ $r ≒ 1.664$ のとき 2 度原点にぶつかった。以上から解は 5 個あることがわかる。

第 2 章
三角比と幾何

❶ 三角比
　　三角比

❷ 正弦定理・余弦定理
　　正弦定理・余弦定理とその応用

❸ 図形の計量
　　相似な図形

❹ 図形の性質
　　三角形の性質
　　円

❺ エクスカーション
　　球面三角法

第2章 三角比と幾何

1 三角比

三角比

● **サインとコサイン**

下図のような角が 20°、斜面の長さ 200m の坂を登ると、何メートル高くなり、何メートル右方向へ行くだろうか。

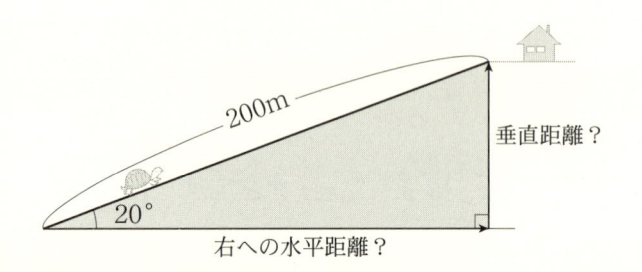

実際に測らなくても、例えば斜辺が 1m の直角三角形を作り、その高さと底辺を測り、それぞれ 200 倍すればよい。

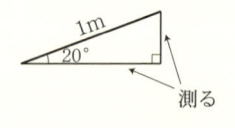

ということは、他の角の場合でも、斜辺が 1 に対する、垂直距離、水平距離を準備しておけば便利である。

そこで、次のように角に対する垂直距離、水平距離を定義する。

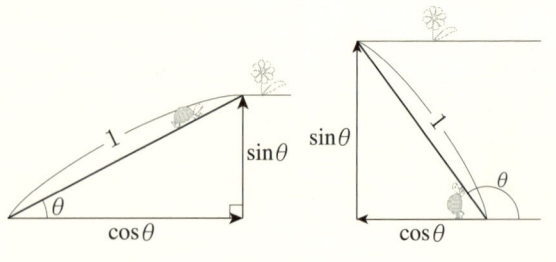

角 θ の斜面を 1 進んだときの

 垂直距離を　　　$\sin\theta$

 右への水平距離を　$\cos\theta$

と書き、それぞれサイン・シータ、コサイン・シータと読む(シータ θ はギリシャ文字)。

 定義からわかるように、角 θ が鈍角の場合は、左へいくので、$\cos$ は負の値で表す。この決めごとから直ちに、ピタゴラスの定理より、

$$\sin^2\theta + \cos^2\theta = 1$$

となる。ただし、$\sin^2\theta = (\sin\theta)^2$, $\cos^2\theta = (\cos\theta)^2$ のことである。

 「学校で教わった、斜辺分の高さ、斜辺分の底辺はどこだ？」という声が聞こえそうだけど、同じことだから大丈夫。

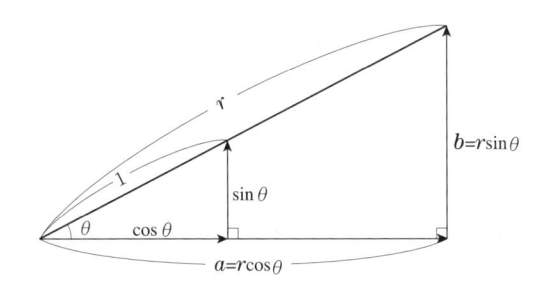

 上図で、斜辺 r 進むと b と a は、それぞれ $\sin\theta$、$\cos\theta$ の r 倍になるから $b = r\sin\theta$, $a = r\cos\theta$　になる。当然、これから $\sin\theta = \dfrac{b}{r}$, $\cos\theta = \dfrac{a}{r}$ であるが、暗記していなくても、自然に出てくる。

 さて、具体的な角に対するサイン、コサインの値を考えよう。

図1

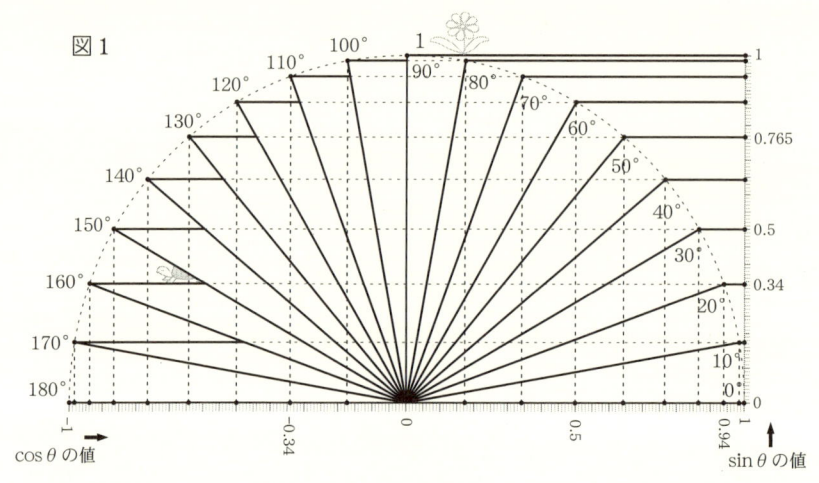

図1を見ると、$\sin 20° =$ 約 0.34 とわかる。よって、最初の問題「角が20°、斜面の長さ200mの坂を登ると何メートル高くなり、何メートル右方向へ行くだろうか」の答えは、

垂直方向は、$200 × \sin 20° = 200 × 0.34 = 68 (\text{m})$

水平方向は　$200 × \cos 20° = 200 × 0.94 = 188 (\text{m})$

となる。図1を使うと、例えば
$\sin 50° = 0.765$、$\sin 130° = 0.765$、$\cos 110° = -0.34$ と読み取れる。

問1 次の値を、図1から読み取りなさい。

① $\sin 0°$　　② $\cos 0°$　　③ $\sin 90°$　　④ $\cos 90°$

⑤ $\sin 40°$　　⑥ $\sin 140°$　　⑦ $\cos 70°$　　⑧ $\cos 110°$

詳しい値は、巻末の三角比の表を見るとよい。

ところが、0°や90°と同じように表を見なくても、値が求められる角があり、特殊角という。次の二つの図を利用するとよい。いずれの長さもピタゴラスの定理を使って求めている。

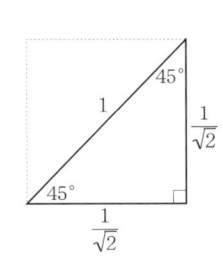

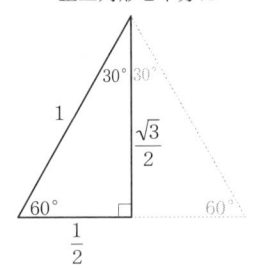

1　三角比

正方形を半分に　　正三角形を半分に

問2　次の値を、上図を利用して求めなさい。

① $\sin 45°$　② $\cos 45°$　③ $\sin 30°$

④ $\cos 30°$　⑤ $\sin 60°$　⑥ $\cos 60°$

⑦ $\sin 120°$　⑧ $\cos 120°$　⑨ $\sin 135°$

⑩ $\cos 135°$　⑪ $\sin 150°$　⑫ $\cos 150°$

図1をじっと見ていると、次が成り立つことは当然と思われる。

$\sin(180° - \theta) = \sin\theta$、$\cos(180° - \theta) = -\cos\theta$、$\sin(90° - \theta) = \cos\theta$、$\cos(90° - \theta) = \sin\theta$

問3　前の式が成り立つことを、説明しなさい。

さて、図1の各角に対する斜面に幅をもたせて図に描くと次のようになる。

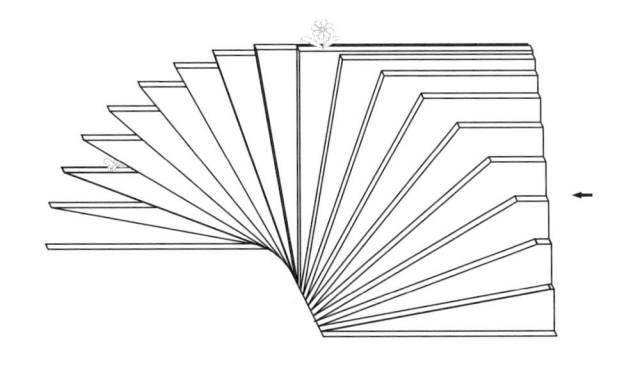

この立体図形を、矢印の方から見ると、下図のようになる。

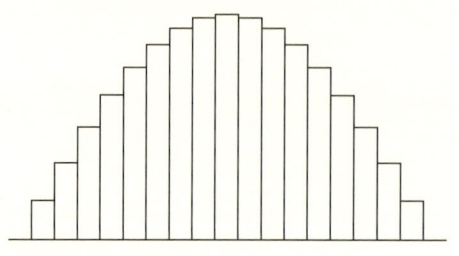

これは、10°刻みにサインの値の変化を示している。この立体図形を作るには、発泡スチロールがよい。カッターを使ってわりと簡単に作成できる。何よりも、勉強部屋のよいオブジェになる。関数としてのサイン・コサインは次章に三角関数として再登場する。そのとき、この図の兄貴分が登場する。乞うご期待！

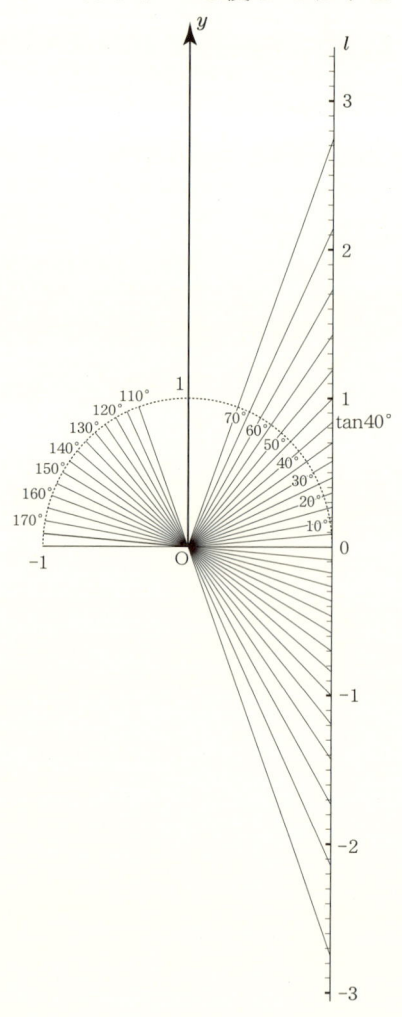

● タンジェント

タンジェントといえば「底辺分の高さ」と暗記したかもしれない。

実は、タンジェントは直線の傾きを角 θ で表しているものだ。

例えば、$\tan 40°$ は右図から、約 0.84 と読み取れる。

1 三角比

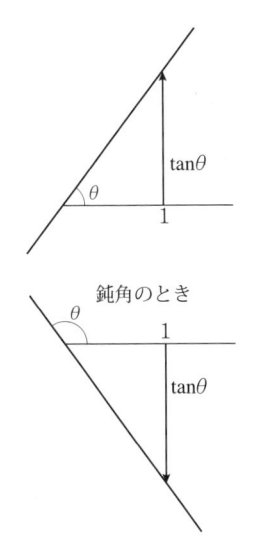

鈍角のとき

問4　次の値を、前ページの下の図から、読み取りなさい。また、巻末の三角比の表の値と比べなさい。

① $\tan 20°$　② $\tan 55°$　③ $\tan 115°$

④ $\tan 130°$　⑤ $\tan 170°$

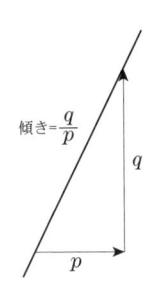

直線の傾きは、左図のように $\dfrac{q}{p}$ だから、$\tan\theta$ は

$$\tan\theta = \dfrac{\sin\theta}{\cos\theta}$$ と書ける。

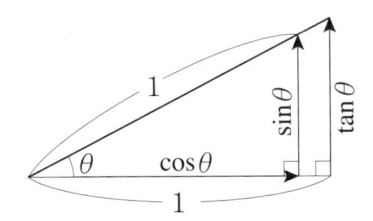

傾き$=\dfrac{q}{p}$

問5　次の式が成り立つことを説明しなさい。

$$\tan(180°-\theta) = -\tan\theta$$

→解答は巻末にあります。

第 2 章　三角比と幾何

2 正弦定理・余弦定理

正弦定理・余弦定理とその応用

● 正弦定理

　ジン君が、長さ l、水平線となす角 A の坂道を、頂点 A を出発して頂上 B まで歩いた。このとき、頂上 B の高さは、$l \sin A$ と表される。

　ジン君とジュン君が山登りをしている。

　ジン君は A を出発して頂上 C に、ジュン君は B を出発して頂上 C に達した。BC $= a$、CA $= b$ とおく。このとき、ジン君の登った高さは $b \sin A$、ジュン君の登った高さは $a \sin B$。どっちも同じだから、

$$a \sin B = b \sin A, \quad \frac{a}{\sin A} = \frac{b}{\sin B}$$

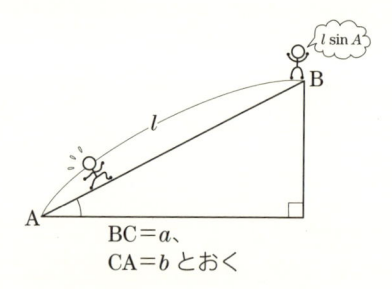

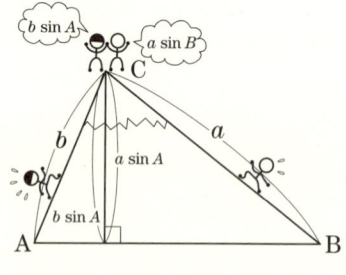

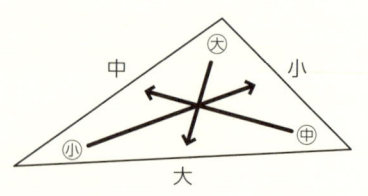

　A を頂上として考えても同じことがいえるので、次の式が得られる。

$$\frac{a}{\sin A} = \frac{b}{\sin B} = \frac{c}{\sin C} \quad (正弦定理)$$

この式は、どんな三角形でも、角の正弦の値と、向かいにある辺の長さが比例していることを示している。

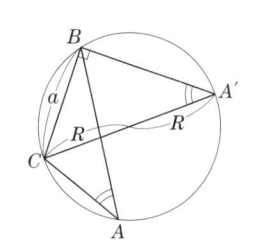

では、その比の値はどうなるだろうか。

△ABC の外接円の半径を R とすると、図より、$\sin A' = \dfrac{a}{2R}$ となり、円周角は一定なので $A = A'$、したがって

$\dfrac{a}{\sin A} = 2R$ とわかる。

- **正弦定理を使って、半径 5cm の円に内接する三角形の辺の長さを求めよう**

次の図のように 10°ずつ目盛りを入れた円を使えば分度器を使わなくても角度がわかる。

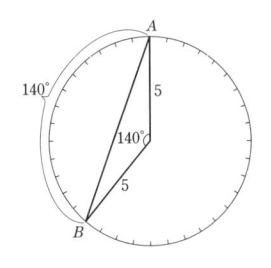

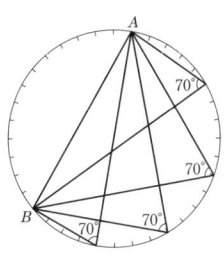

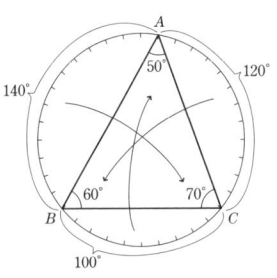

図 (右) の三角形から、正弦定理で

$$\frac{\mathrm{AB}}{\sin 70°} = 2 \times 5 \quad より、AB = 9.397 \text{ cm}$$

$$\frac{\mathrm{AC}}{\sin 60°} = 2 \times 5 \quad より、AC = 8.660 \text{ cm}$$

$$\frac{\mathrm{BC}}{\sin 50°} = 2 \times 5 \quad より、BC = 7.660 \text{ cm}$$

〈三角比の値〉
sin 10° = 0.1736
sin 20° = 0.3420
sin 30° = 0.5
sin 40° = 0.6428
sin 50° = 0.7660
sin 60° = 0.8660
sin 70° = 0.9397
sin 80° = 0.9848

第2章 三角比と幾何

● **余弦定理**

ジン君が、長さ l、水平線となす角 A の坂道を、頂点 A を出発して頂上 C まで歩いた。このとき、頂上 C 地点の A から水平方向に移動した距離は $l \cos A$ と表される。

ジン君は A から、ジュン君は B から頂上 C に向かって山登りをした。$BC = a$、$CA = b$、$AB = c$ とする。このとき、C 地点での A からの水平方向の距離は $b \cos A$。B からの水平方向の距離は $a \cos B$ である。

ここで、△ABC の各辺の長さを1辺とする正方形を作る。各頂点から対辺に垂線を下ろすと、これらは1点で交わる(垂心)。

このとき図の長方形 DFGB の面積は $(a \cos B) \times c = ac \cos B$。長方形 BEHI の面積は $(c \cos B) \times a = ac \cos B$

つまり両者は等しいことがわかった。

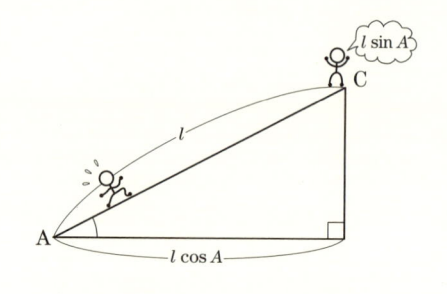

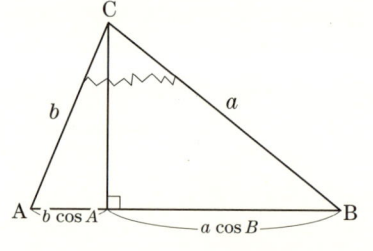

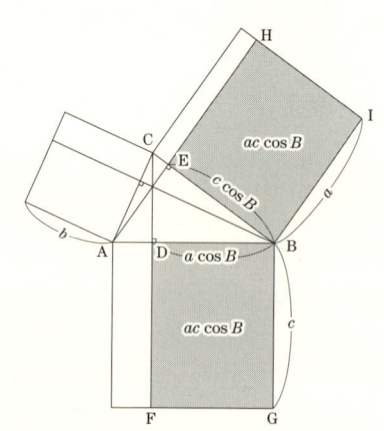

3つの正方形を分割している全部で6つの長方形の面積は次の図のようになっている。

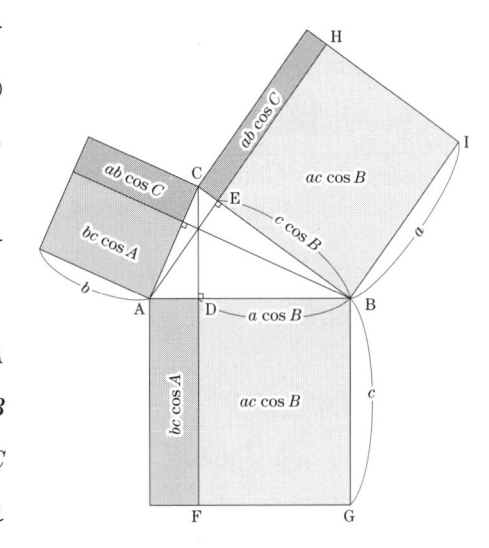

この図から面積を比較すると

$a^2 = b^2 + c^2 - 2bc\cos A$
$b^2 = c^2 + a^2 - 2ca\cos B$
$c^2 = a^2 + b^2 - 2ab\cos C$

であることがわかる。これが余弦定理だ。

問1

プロゴルファーのリュウ君はA地点からB地点にあるカップを狙おうとしている。ただ、途中に池があり、AB間の距離が歩測できないため、何番のクラブで打つか迷っている。そこで、∠ACB = 60°となる地点Cで、ACとBCを計測したところ、AC = 30m、BC = 80mだった。ABは何メートルだろうか。

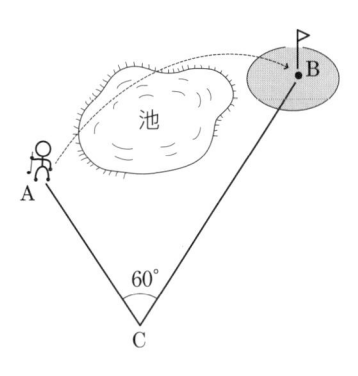

→解答は巻末にあります。

3 図形の計量

相似な図形

● 相似な図形の面積比

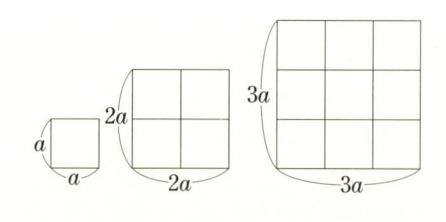

1辺の長さが a の正方形を考える。図のように各辺の長さを2倍、3倍した図形の面積は 2^2 倍、3^2 倍になる。これから各辺の長さを k 倍した正方形の面積は、k^2 倍になることがわかる。

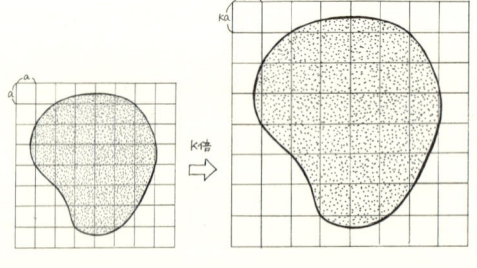

このことは、どんな相似な平面図形にもいえるだろうか？

右のように1辺が a の正方形のメッシュで覆われた図形を考えよう。a が十分小さければ、この図形の面積 S は、内部の正方形の個数 N を数えて求めることができる。すなわち、

$$S \fallingdotseq Na^2 \cdots ①$$

この図形を縦横 k 倍に拡大（縮小）すると、1辺が ka の正方形のメッシュで覆われ、この正方形の数を数えて、面積 W は

$$W \fallingdotseq N(ka)^2 = k^2 Na^2 \cdots ②$$

となり、①より面積は k^2 倍になる。相似な図形の対応する線分の比を相似比という。よって、2 つの相似な平面図形では

$$相似比が 1 : k \quad \Leftrightarrow \quad 面積比は 1 : k^2$$

が成り立つことがわかる。

● **相似な図形の体積比**

1 辺の長さが a の立方体を考える。この立方体の 1 辺の長さを 2 倍、3 倍すると体積は 2^3 倍、3^3 倍になる。これから、各辺の長さを k 倍した体積は k^3 になることがわかる。このことは、どんな相似な立体にもいえるだろうか。

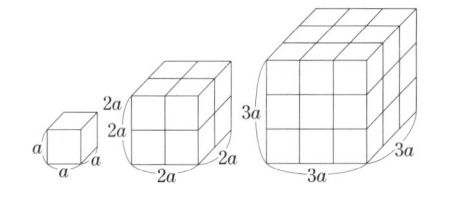

1 辺が a の立方体で充てんされた空間の中の立体を想像しよう。この a が十分小さければ、内部の立方体の個数 N を数えてこの立体の体積を求めることができる。

この立体を空間ごと縦横高さを k 倍に拡大 (縮小) すると、1 辺が ka の立方体で充てんされるはずだ。平面の場合と同様にして、この 2 つの立体の体積比は、微小立方体の体積比に等しくなることがわかる。すなわち、

$$相似比が 1 : k \quad \Leftrightarrow \quad 体積比は 1 : k^3$$

が成り立つことがわかった。

● コピー機と紙の寸法

洋紙の縦横比は $1:\sqrt{2}$ で、長辺を 2 等分してもこの比率は変わらず、相似形になっている。洋紙の規格は A 判と B 判の 2 系統がある。A0 判の面積は $1\mathrm{m}^2$、B0 判の面積は $1.5\mathrm{m}^2$、次の図のように長辺を 2 等分するごとに判型の番号が 1 増えるシステムになっている。

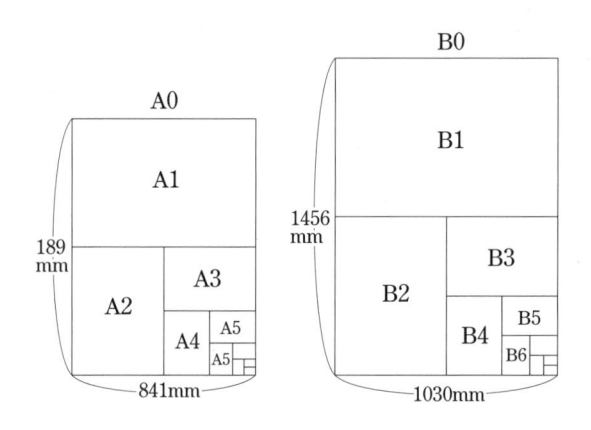

コピー機を使って B5 判の書類を B4 判に拡大するとき、面積が 2 倍になるので、うっかり拡大の倍率も 200% として失敗することがある。面積比が $1:2$ のときは、相似比は $1:\sqrt{2}$ でなければならない。$\sqrt{2}=1.4142\cdots$ なので、拡大率は 141% とすべきであった。

では、B4 判の書類を A4 判に縮小するときは、面積比が $3:2$ であるので、相似比は

$$\sqrt{3}:\sqrt{2}=1:\sqrt{\frac{2}{3}}=1:0.816\cdots$$

つまり、縮小の比率は約 82% になる。

● ガリバー旅行記より

スウィフトの「ガリバー旅行記」によればガリバーはリリパット(小

人国）で、1728人分の食料と飲料の支給を受けることになった。

「数学者たちが四分儀をもって、我が輩（ガリバー）の背丈をはかった、その結果は彼らの背丈の比が12対1になるそうだ。そこで彼らは、われわれの双方の身体の酷似から推して、その体積は少なくとも1728人分あるものとみなさなければならない。したがって、食料もまたそれだけの人数分が必要だろう、とそんなふうに結論したのだそうだ。」

なんとこの国の数学者（作者のスウィフト）は、相似比と体積比の関係を知っていたのだ。つまり、相似比が12：1のときは、体積比は

$$12^3 : 1^3 = 1728 : 1$$

になるのである。

また、ブロブディンナグ（巨人国）では、テニスボール大の雹に襲われる。「この国では自然現象まですべて同じ比率で出来ていて、雹粒一つでも大きさが、ヨーロッパのそれの1800倍はある」ここでは $12^3 ≒ 1800$ としている。

相似な図形の視点でこの物語を

読み解くのも面白いと思う。

問 1

B5 判の書類を A4 判に拡大したい。拡大の比率は何％にすればよいか（$\sqrt{3} = 1.732$ を使う）。

問 2

身長 50cm の赤ちゃんが、63cm に成長した。体が相似拡大したとみなしたら体重は何倍になるか。

→解答は巻末にあります。

4 図形の性質

三角形の性質

● 迷い線と三角形の外心

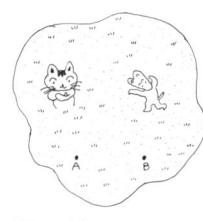

草原に2つの水場A、Bがある。この草原に棲む動物たちは、どちらの水場を選ぶだろうか。

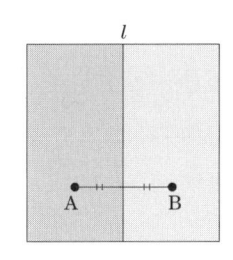

右図の直線 l（ABの垂直二等分線）の左側に棲む動物はAの水場が近いのでAを選ぶ。l の右側に棲む動物はBを選ぶ。l 上にいる動物は、AかBか迷ってしまう。そこでこの直線を「迷い線」と呼ぼう。

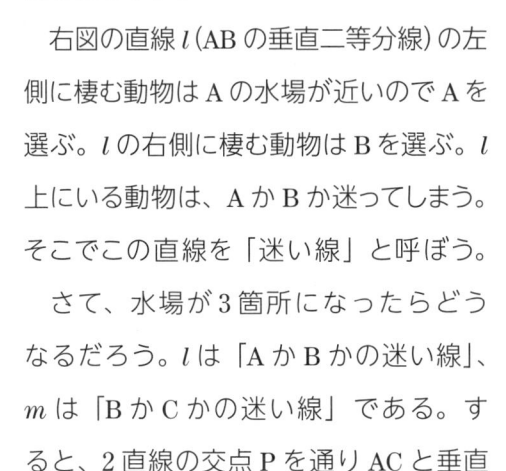

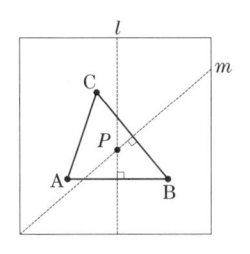

さて、水場が3箇所になったらどうなるだろう。l は「AかBかの迷い線」、m は「BかCかの迷い線」である。すると、2直線の交点Pを通りACと垂直な線は「AかCかの迷い線」になる。

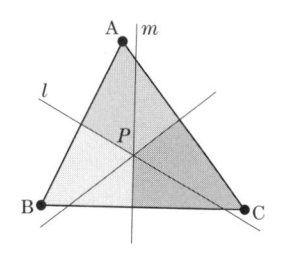

つまり、「A、Bの迷い線」「B、Cの迷い線」「A、Cの迷い線」は1点で交わり、その

交点 P は A、B、C の迷い点（A、B、C から等距離の地点）である。この点 P を△ABC の外心と呼ぶ。外心は△ABC の外接円の中心である。

● **迷い線と三角形の内心**

a 川と b 川に挟まれた草原がある。この草原に棲む動物たちは水浴びするためにどちらの川を選ぶだろうか。

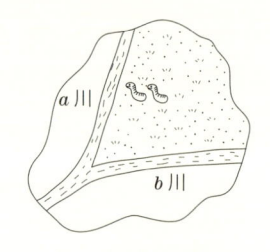

図の直線 l（角の二等分線）の上側に棲む動物は a 川が近いので a 川を選ぶ。l の下側に棲む動物は b 川を選ぶ。l 上にいる動物は、a か b か迷う。そこでこの直線を「迷い線」と呼ぼう。

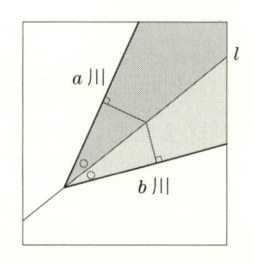

a, b, c の3つの運河で囲まれた草原を考えよう。ここに棲む動物たちはどの川を選ぶだろうか。l は「a か b かの迷い線」m は「b か c かの迷い線」である。すると、2直線の交点 P を通り、a、c が交わる点の角を2等分する線は「a か c かの迷い線」になる。

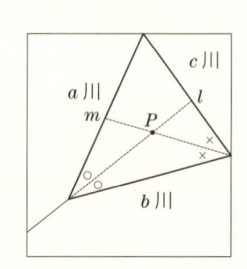

つまり、「a, b の迷い線」「b, c の迷い線」「a, c の迷い線」は1点で交わり、その交点 P は a, b, c の迷い点（a, b, c から等距離の地点）である。この点 P を△ABC の内心と呼ぶ。内心は△ABC の内接円の中心である。

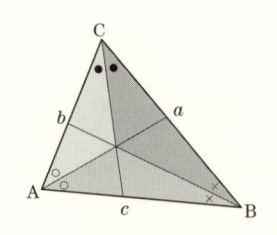

● **垂心と垂足三角形（外心・垂心・内心が勢ぞろい）**

　△ABC と合同な三角形を図1のように3つ貼り合わせて△DEF を作る。すると、△DEF の外心は DE、EF、FD の垂直二等分線の交点なので、H である。ところが、これを△ABC から見れば、3つの頂点から対辺に下ろした垂線の交点にもなっている。

　つまり、△ABC において、各頂点から対辺に下ろした3本の垂線 AQ、BR、CP は1点 H で交わることがいえる。この点を△ABC の垂心という。

　右図2において BH を直径とする円を考えると、∠BPH、∠BQH はどちらも直角だから、P も Q も、その円周上にある。したがって□PBQH はその円に内接している。だから、円周角一定の定理から、∠PBH ＝ ∠PQH…①

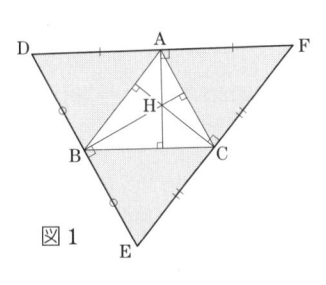

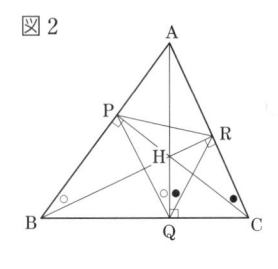

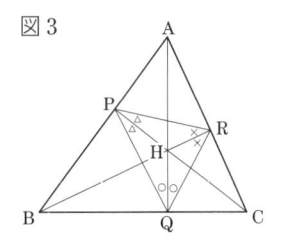

　同様に、□RHQC も CH を直径とする円に内接しているので

$$\angle HCR = \angle HQR \cdots ②$$

　ところがさらに、□PBCR も直径 BC の円に内接するので、①＝②がいえる。これらのことから考えていくと、図3のような角の関係がわかる。つまり、H は△PQR から見ると角の二等分線の交点、つまり内心になっているのである。△PQR を垂足三角形という。

第2章　三角比と幾何

問1 三角形において、2つの外角と1つの内角の二等分線は1点で交わり、その交点を傍心と呼ぶ。図3の△PQRの傍心がA、B、Cであることを示せ。

→解答は巻末にあります。

● 釣り合いの点と重心

　割り箸の両端A、Bに同じ重さのオモリをぶら下げると、ちょうどABの中点で釣り合う。

　今度はBに2つのオモリをぶら下げる。すると、ABを2：1に内分する点が釣り合いの点である。

　今度は割り箸で三角形を作り、各頂点にオモリを1個ずつぶら下げる。BCの中点をMとすると、AMに割り箸を渡せば、三角形は線分AMで釣り合う。

　AMを見ると、MにBとCの2個分のオモリがかかっているので、AMを2：1に内分する点が、△ABCの釣り合いの点である。この釣り合いの点Gを△ABCの重心という。

　重心の性質から、図の12個の三角形の面積は全部等しくなっていることがわかる。

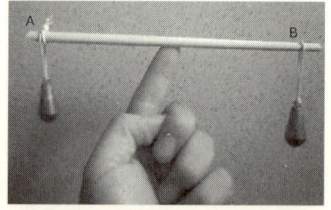

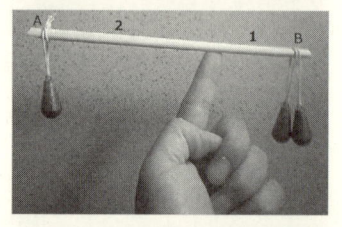

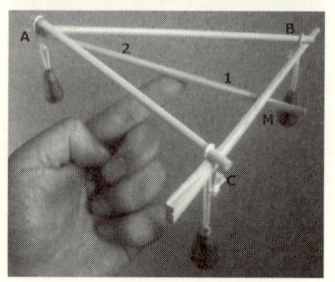

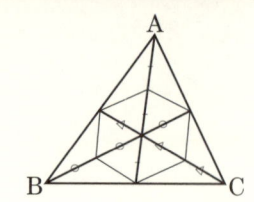

円

● まる

　右は、世界の画壇に大きな影響を与えた、葛飾北斎（1760〜1849）の『略画早指南』(1810年頃出版）の中の絵である。

　書いてある文章は、
「まるにて　ししをゑがくの法　このかたちにかぎらず　ぶんわしにて　しゅじゅにかたちをかんがへ　かくべし　ししにかぎらず　此ものをかくに　かならず　まるよりわるとこころへまなぶべし」

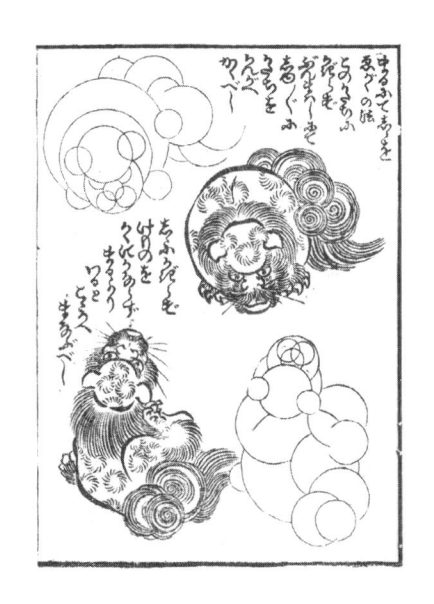

　この文章中の、「ぶんまわし」はコンパスのことであり、なにか「ぶんまわし」といった方が、丸を描くんだという気分になる。また「しし」とは獅子でライオンのこと。

　北斎は、絵を描く基本は"まる"であると力説しているのである。"まる"は幼い頃から、接する図であるから、円の性質はわかりやすいだろうと思うとそうでもないらしい。以前ある子どもが「中学校に入ったら先生が＜円とは、1点から等距離の点の軌跡＞だと言ったので、途端に円がわからなくなった。円て"まる"じゃないの？」と嘆いたという。数学は易しいことを難しくする？

第2章　三角比と幾何

● 厚紙の角で円を描く？　〜円周角の定理〜

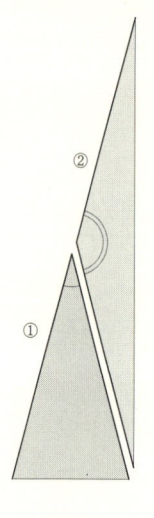

厚紙で、①のような適当な角度の紙を作る。その角度を $\theta°$ として、②のような $(180°-\theta°)$ の紙も作る。そして、右図のように、点 A, B をピンで刺しておく。さてお立ち会い。①の厚紙が常に点 A, B に接しているように動かしていきながら、図のように角の先の動きを鉛筆でなぞると、円らしきものが描けてくる。角の先が点 A に来たら、②の厚紙に替えて同じようになぞると、円の完成 ?!

これは本当に円だろうか。まずは、「円周角の定理」というものを考える。

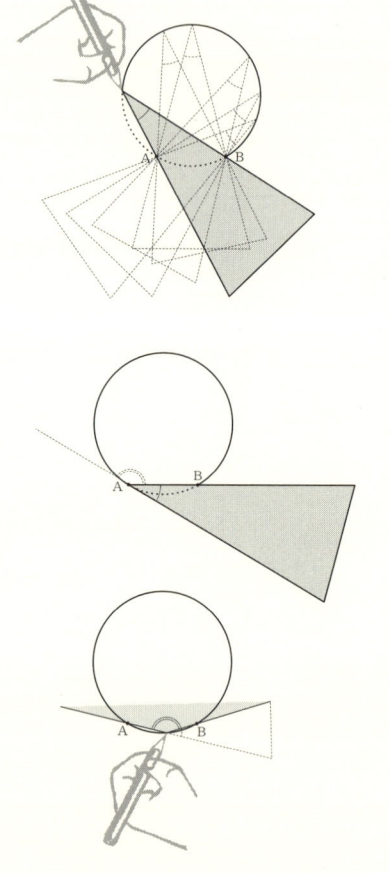

点 A, B は固定された点で、図のように弧 AB 以外に点 P がある。このとき、∠APB を弧 AB の円周角といい、∠AOB を中心角という。さて、

> [円周角の定理]
> 円周角＝中心角÷2　で一定

「これは題意より明らか」と、答案に書くと大変なことになる。他の問題だったが、筆者は高校時代、まじめに（？）そう黒板に書いて、父親が学校に呼び出された。

<証明>

△OPB、△OPA は2等辺三角形だから、図のように角の大きさを○と△で表すと

円周角＝○＋△、　中心角＝○＋○＋△＋△

よって、円周角＝中心角÷2。

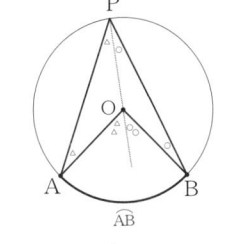

また、中心角は固定されていて一定なので、円周角も一定。

問1　中心 O が ∠APB の外にある場合も成り立つことを、右図を参考にして示しなさい。

直径に対する円周角は中心角が180°だから、常に90°になる。

点AB が固定されていても、弧は2つ考えられる。右下の図のように円の半周より長い方も弧である。この弧 AB の円周角はやはり、180°より大きい方の ∠AOB の半分で

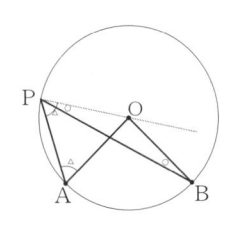

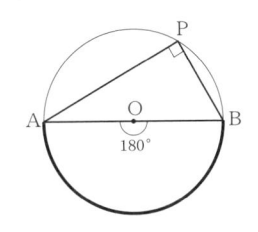

円周角＝●＋▲

になっている。

この図で、四角形 PAP'B で、∠AP'B を ∠APB の対角という。ということは、中心 O のまわりは360°なので

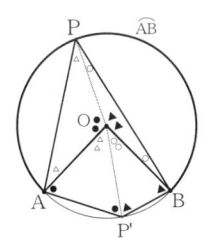

●＋●＋▲＋▲＋○＋○＋△＋△ ＝ 360°

である。よって、

$$\angle APB + \angle AP'B = ●＋▲＋○＋△ = 180°。$$

ということは、次が成り立つ。

> 円に内接する四角形の対角の和は 180°

ある弧に対する円周角は一定だということはわかった。しかし逆に、$\angle APB$ が一定なら、いつも同じ円周上に点 P があるの？

数学は心配性で逆が確かでないと、厚紙の角の先をなぞって描いた曲線が円だと断定できない。そこで、逆の証明

> 線分 AB の同じ側に 2 点 P，Q があって
> $$\angle APB = \angle AQB$$
> なら、4 点 A，B，P，Q は同じ円周上にある。

このような場合は背理法で証明するのが便利。

<証明>

図のように、3 点 A，P，Q を通る円を O とする。点 Q はこの円 O 上にないと仮定する。このとき、線分 PA と円の交点を Q' とすると、円周角の定理より

$$\angle APB = \angle AQ'B = \angle AQB$$

となって、これはおかしい。よって、仮定が間違っていて、点 Q も円 O の円周上にある。

もう一つ、接弦定理なるものを。これは、円周角が点 A に来たときの状態と考えれば当然のことだが、とりあえず説明。

4　図形の性質

> [接弦定理]
> 点 A で円に対する接線を T とすると
> $\angle \text{TAB} = \angle \text{APB}$

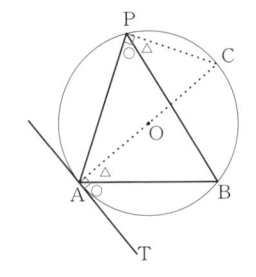

<証明>

図のよう AC を直径とすると、$\angle \text{APC} = 90°$。弧 AB，BC の円周角の大きさをそれぞれ○、△とすると、○＋△ ＝ 90°で $\angle \text{BPC} = \angle \text{BAC} = $ △。よって　$\angle \text{TAB} = 90° - △ = \angle \text{APB}$

● 円の面積

唐突だが、円の面積。小学校から円の面積は慣れ親しんでいるが、なぜ「半径×半径×円周率」といわれれば？

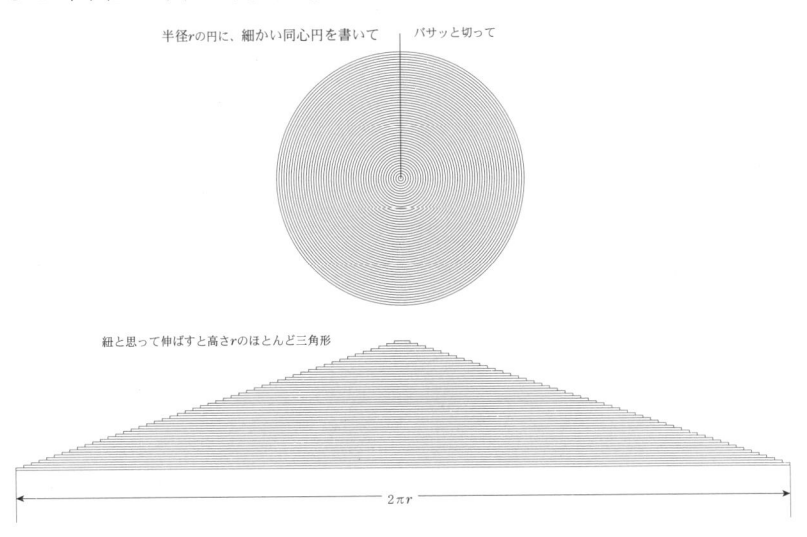

半径rの円に、細かい同心円を書いて　バサッと切って

紐と思って伸ばすと高さrのほとんど三角形

$2\pi r$

第 2 章　三角比と幾何

問 2　前の図から、半径 r の円の面積は πr^2 になることを確認しなさい。
　　　　　　　　　　　　　　　　　→解答は巻末にあります。

　もう一つの説明。下図は円を 100 等分して、半分に開いて合体した。もうほとんど長方形になっている。長方形の縦はほとんど πr で横は r なので、面積は πr^2 になることが確信できる。

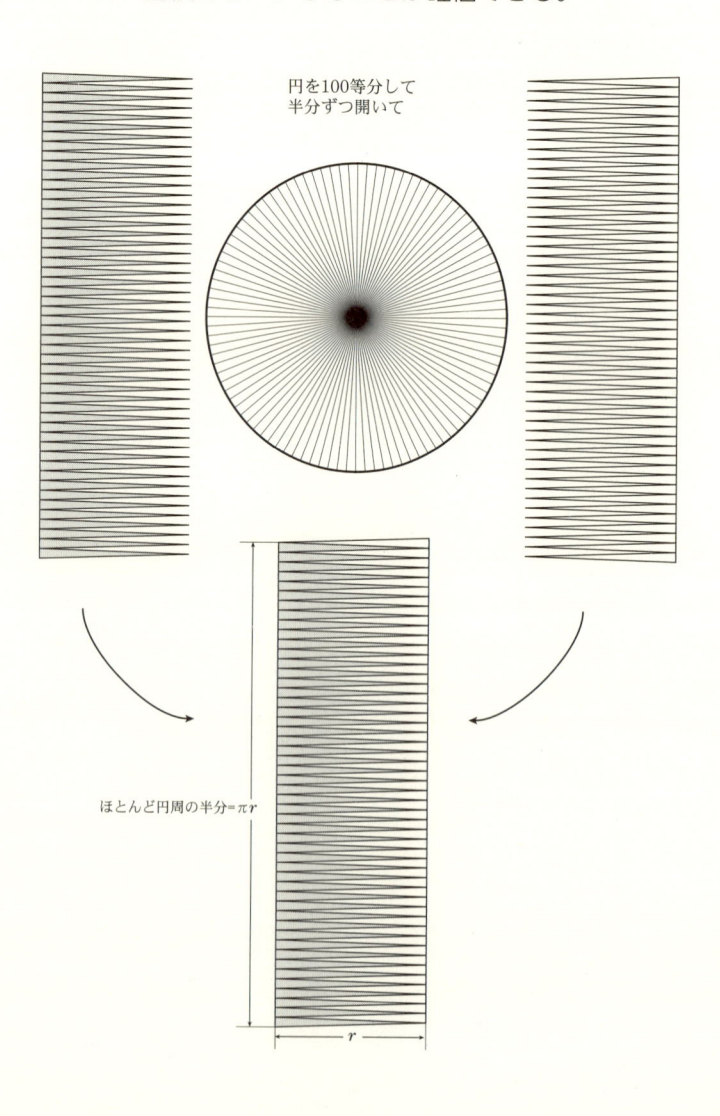

円を100等分して
半分ずつ開いて

ほとんど円周の半分=πr

r

5 エクスカーション

球面三角法

● 球面上の距離

球を平面で切ると切り口はすべて円になる。球の中心を通るように切ると一番大きい円になる。この円を大円と呼ぶ。球面上の2点間の距離は、この大円の小さい方の弧にそった長さになる。右図の距離 AB は、半径 R と中心角 $\alpha° = \angle \text{AOB}$ がわかれば

$$AB = 2\pi R \times \frac{\alpha°}{360°} = \frac{\pi R \alpha°}{180°}$$

で計算できる。球面上の2点 A、B を通る大円は、ふつうただ一つであるが、A、B が中心 O について対称の位置 (北極と南極のように) にあるときは、それらを通る大円は無数にある。

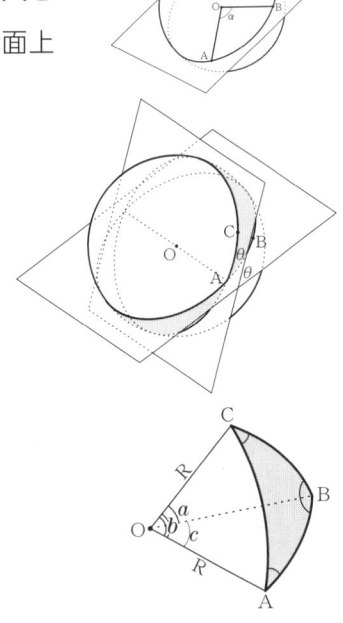

● 球面上の角と三角形

図のように中心 O を通る2平面がなす角を、2平面が切り出した2

つの大円のなす角∠CABと決めよう。

　球面上に図のように同一の大円上にない3点A、B、Cをとり、3つの弧AB、BC、CAでできた図形を球面上の△ABCという。また、2つの弧CA、ABに挟まれた内側の角度を∠CABあるいは∠Aで表す。当然、$0° < A < 180°$である。球面上の△ABCを決めれば、図のように6つの角A、B、Cとa、b、cが決まる。ただしa、b、cはBC、CA、ABの中心角である(前ページ下の図参照)。

● **球面上の三角形の面積**

　球面上の三角形の面積の公式を求めよう。

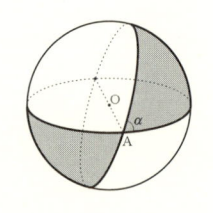

　図のように半径Rの球面上で角$α°$で交差する2つの大円で囲まれた領域D_Aの面積を求める。球の全表面積は$4πR^2$なので、この面積は

$$4πR^2 × \frac{2α}{360°} = \frac{πR^2α}{45°}$$

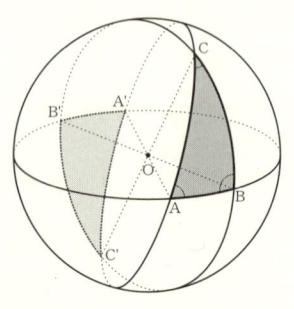

となる。半径Rの球面上の△ABCの面積Sを求めよう。図のように△ABCの3つの角をA、B、Cとすると球の反対側にも角がA、B、Cの合同な△A'B'C'ができる。ここで角Aで交差する領域D_Aと角Bで交差する領域D_Bと角Cで交差する領域D_Cを重ね合わせる。するとD_A、D_B、D_Cで球面全体を

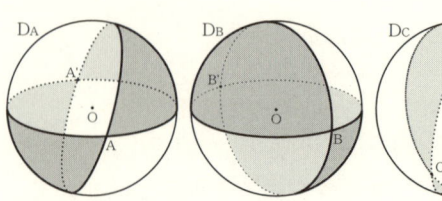

覆ってしまうが、対極の2つの三角形の部分は3回重複する。球面の面積は、D_A, D_B, D_C の面積の和から重複した対極の三角形の面積2回分をひいたものに等しいので

$$\frac{\pi R^2 A}{45°} + \frac{\pi R^2 B}{45°} + \frac{\pi R^2 C}{45°} - 4S = 4\pi R^2$$

が成り立つ。これより

$$S = \frac{\pi R^2}{180°}(A + B + C - 180°)$$

が得られる。すなわち直径 R の球面上の三角形の面積は3つの角の大きささえわかれば求められる。また、この式を変形すると

$$A + B + C = 180° + \frac{180° S}{\pi R^2}$$

これより球面上の三角形の内角の和は次のようになる。

$$180° < A + B + C < 540°$$

● 正弦定理・余弦定理

球面△ABC について

$$\frac{\sin a}{\sin A} = \frac{\sin b}{\sin B} = \frac{\sin c}{\sin C} \cdots ①$$

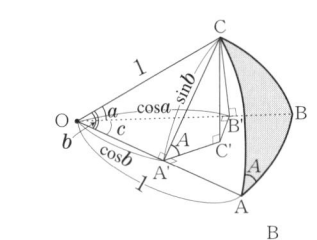

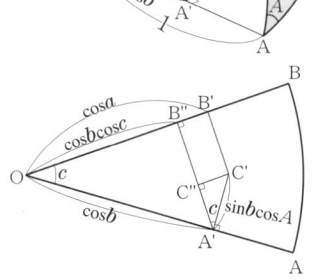

が成り立つ。これを球面三角形の正弦定理という。また、

$\cos a$
 $= \cos b \cos c + \sin b \sin c \cos A \cdots ②$

$\cos A$
 $= -\cos B \cos C + \sin B \sin C \cos a \cdots ③$

が成り立つ。これを球面三角形の余弦定理という。

ここでは②の余弦定理の証明のスケッチをしよう。簡単にするため半径 1 の球で考える。

前ページの図において、$OB' = \cos a$, $OA' = \cos b$ より $OB'' = \cos b \cos c$ となる。$CA' = \sin b$ で $\angle CA'C'' = A$ より $A'C'' = \sin b \cos A$ となり、$\angle C'A'C'' = c$ より $C'C'' = \sin b \sin c \cos A$ となる。あとは、

$$OB' = OB'' + B'B'' = OB'' + C'C''$$

から②の式が導ける。

● 地理への応用

余弦定理を用いて東京とロンドンの距離を求めよう。北極を点 A、ロンドンを点 B、東京を点 C とする球面三角形を考える。

　　東　　京（北緯 36°，東経 140°）
　　ロンドン（北緯 51°，東経 0°）

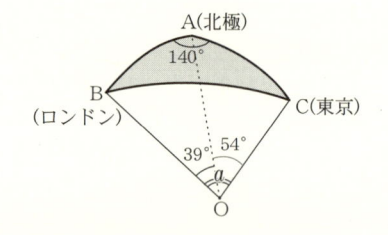

また地球の半径を $R = 6370\,(\text{km})$ とする。経度、緯度の値より、

$$b = 90° - 36° = 54°,\ c = 90° - 51° = 39°,\ A = 140°$$

となる。余弦定理②にあてはめ、三角比の表または関数電卓で計算すればよい。

$\cos a = \cos 54° \cos 39° + \sin 54° \sin 39° \cos 140°$
　　　$= 0.5878 \times 0.7771 + 0.8090 \times 0.6293 \times (-0.7660) = 0.0668$

よって、$a ≒ 86°$

これより、東京－ロンドン間の球面上の距離 BC は、およそ

$$BC = \frac{3.14 \times 6370 \times 86°}{180°} ≒ 9560 \,(km)$$

であることがわかる。

球面三角法は、地理や航海術、天文学などの分野で活躍する。

問 1 東京を北緯 36° 東経 140°、ウエリントンを南緯 39° 東経 175° として、この 2 地点の球面上のおおよその距離を求めなさい。

→解答は巻末にあります。

第3章
関数

❶ 関数の発明
関数の歴史・関数の合成と逆

❷ 関数で見る世界
代数関数
三角関数
指数関数
対数法則

❸ エクスカーション
整数論的関数

第3章 関数

1 関数の発明

関数の歴史・関数の合成と逆

● 関数の発明

「今まで勉強した数学の中で一番苦手なものは？」と聞くと、「関数です」と答える生徒が多い。どうしてだろうか？ それの答えは"関数の歴史"をひもとけばわかる。

17世紀、近代に入り科学技術が進展し、いろいろな変量の間の関係を解明する必要に迫られていた。このような中でライプニッツによって関数の考えが提案され、約1世紀の論議を経て18世紀オイラーによって整理された。オイラーによれば、関数とは

$$\text{変量といくつかの定量から作られる解析的な式}$$

であるとされた。「解析的な式」の意味は、あまり明確ではないが、四則を含む代数計算が可能な式をさすと思われる。「なーんだ、関数は式か？」と早合点してはいけない。その後、オイラーは、関数とは、

$$\text{自由な手のおもむくままに描かれた曲線}$$

とも考えた。しかし、当然ではあるが

オイラー
（1707～1783、スイス）

自由な曲線＝解析的式？

という大論議が起こる。この論議を収束させるには、さらに1世紀の数学自体の発展が必要だった。

そして、ついに19世紀ディリクレによって、y が x の関数であるとは、変量 x に対して、y の値が対応し、

その対応の規則が何らかの形で確立されている

ことであると定義され、解析的式でなくてもグラフや表や言葉でもOKになった。こうして、関数とは、「ある規則に従って x に y を対応させる働き」になった。

一方、式やグラフは眼に見えるが、それらに従って対応させる「働き」そのものは、あまり見えるような気がしないので、ひとつの「もの」とは考えにくい。これが関数のわかりにくさの一因になっている。関数を理解するには、この規則を実体化する必要がある。

● ブラックボックス

そこで、登場するのが「ブラックボックス」。これは、数 x に対して、数 y を対応させる働き自体を表現する図である。

この仕組みを $y = f(x)$ と表す。この関数記号 f は「対応の規則」あるいは数 x に施す「働き」を表している。

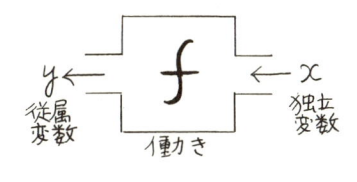

このブラックボックスに入る数 x を「独立変数」、出る数 y を「従属変数」、また、独立変数 x の動く範囲を「定義域」、従属変数 y の

動く範囲を「値域」と呼ぶ。

関数の例を考えよう。関数 f の働きが「2 倍して 3 をたす数を対応させる」のときは、

$$y = f(x) = 2x + 3$$

と表す。$x = 5$ のときの関数の値は、

$$y = f(5) = 2 \times 5 + 3 = 13$$

などと計算される。このように関数が代数計算でできるときは、対応の規則を"働き＝計算方法"として表せる。

関数 f の働きが「正弦の値を対応させる」のときは、

$$y = f(x) = \sin x$$

と表される。ところがこの式は計算方法が明示されていない。だから具体的に指定されたときの値をどう求めるか特定されていない。

$$y = f(30°) = \sin 30° = \frac{1}{2}$$

と簡単に求められるものもあるが、

$$y = f(9°) = \sin 9° = \frac{1}{4}\sqrt{8 - 2\sqrt{10 + 2\sqrt{5}}}$$

のように、簡単には求められないものもある。$y = f(19°)$ などは、その値が(幾何学的に定義されているので)確実に「ある」ことはわかっていても、高等数学とコンピュータの力を借りないと求めることは不可能である。そういう場合は数表から求めればよい。

● 合成関数と逆関数

2つのブラックボックスを直列にすれば2つの関数 f、g の合成関数が得られる。

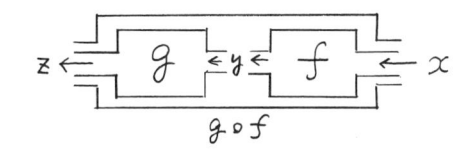

$$z \leftarrow \boxed{g} \leftarrow y \leftarrow \boxed{f} \leftarrow x$$
$$g \circ f$$

この関数を f と g の合成関数と呼び、$g \circ f$ と表す。すなわち

$y = f(x)$ を $z = g(y)$ に代入して、$z = (g \circ f)(x) = g(f(x))$

複雑な関数は、基本的な関数の合成関数と考えるとよい。例えば、関数 $y = f(x) = 2(x-1)^2 + 3$ の f の働き「1をひいて2乗し、それを2倍し、それに3をたす」は、f_1:「1をひく」、f_2:「2乗する」、f_3:「2倍する」、f_4:「3をたす」の基本的な4つの関数に分解できる。このとき f は、

$$f_1(x) = x - 1、f_2(x) = x^2、f_3(x) = 2x、f_4(x) = x + 3$$

の合成関数 $f_4 \circ f_3 \circ f_2 \circ f_1$ とみなすことができる。

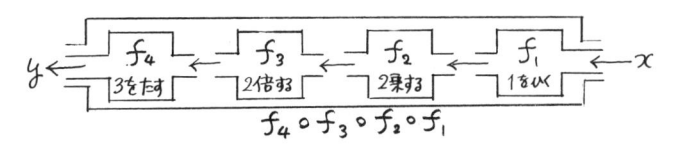

$$y \leftarrow \boxed{\begin{array}{c}f_4\\3をたす\end{array}} \leftarrow \boxed{\begin{array}{c}f_3\\2倍する\end{array}} \leftarrow \boxed{\begin{array}{c}f_2\\2乗する\end{array}} \leftarrow \boxed{\begin{array}{c}f_1\\1をひく\end{array}} \leftarrow x$$
$$f_4 \circ f_3 \circ f_2 \circ f_1$$

また、ブラックボックスの入口と出口を逆にして、対応の規則を逆にした関数を考えることもある。ただし、逆の対応が一意に決まらなければならない。

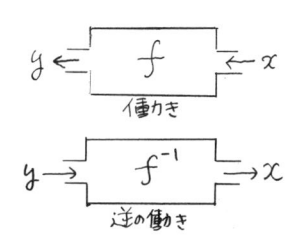

$$y \leftarrow \boxed{f} \leftarrow x \quad \text{働き}$$
$$y \rightarrow \boxed{f^{-1}} \rightarrow x \quad \text{逆の働き}$$

この関数を f の逆関数と呼び、f^{-1} と表す。すなわち、$y = f(x)$ の式を x について解いて $x = f^{-1}(y)$ とすればよい。

例えば、関数 $y = f(x) = \dfrac{1}{x-1}$ のときの逆関数は、x について解いて、$x = f^{-1}(y) = \dfrac{1}{y} + 1$ とする。このとき、関数 f の働きは

① 1 をひいて、② 逆数をとる

だが、逆関数 f^{-1} の働きは

① 逆数をとって、② 1 をたす

となる。逆関数は、働きを逆にするだけでなく、関数の合成の順番も逆転する。

問 1

関数 $y = f(x) = 3x - 2$ について、次の関数を求めなさい。

(1) 合成関数 $(f \circ f)(x)$ 　　(2) 逆関数 $f^{-1}(x)$

→解答は巻末にあります。

2 関数で見る世界

代数関数

　代数関数とは、$y - x^2 - 2x + 3 = 0$ や、$xy + 2x^2 + 3x = 1$ や、$y^2 - x - 2 = 0$ など、x と y に関する多項式で定められるような、x の関数 y のことをいう。2 次関数などの整関数、分数関数、無理関数などが代数関数である。代数関数でない関数を超越関数という。

● 1 次関数

　2×××年、大リーグ、マナリーズのミヤジロー選手は、日米通算 3000 本安打を達成した。彼のことなので、4000 本安打を実現するのも夢ではないだろう。

　さて、今、ミヤジロー選手の安打数を 3000 本とする。もし、今後毎年 200 本ずつ安打を放つとすると、何年後に 4000 本安打を達成するだろう。x 年後のヒットの本数を y 本とすると、

$$y = 200x + 3000$$

という関係が成り立つ。この関数をグラフに描くと、図のような直線になる。

　このグラフから 5 年後には 4000

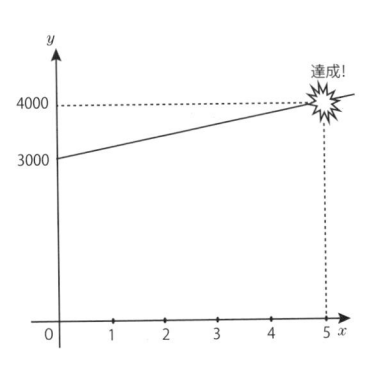

第3章 関数

本を達成できそうだとわかる。

「関数とは、自然現象を記述する言葉である」といった人がいる。つまり関数によって、「現在の状況」と「変化の具合」から「将来はこのようになる」と予測・分析することができるということだ。

1次関数 $f(x) = ax + b$ で表される現象の特徴は、変化の割合がいつでも同じであるということだ。$f(0) = b$ は現在の(最初の)状況、そして「変化の具合」が、x の係数の a (傾き) である。だから、「このままいくとどうなるか」はグラフから容易に予測できるのだ。

● 2次関数

図のようなすべり台から、パチンコ玉を発射させる(摩擦や空気抵抗は考えない)。

もし、重力がなければ、玉は水平方向に等速に進む。しかし、重力が働くため、玉は放物線を描いて落下する。17世紀、イタリアの天才物理学者ガリレオは物体が落下する距離は、時間の2乗に比例する、つまり、時間の2次関数になるという法則を発見した。

図① 玉がある瞬間A地点を通った。このときの x 座標を1、y 座標を a としよう。この「1点観測」だけで玉の動きがすべてわかる。

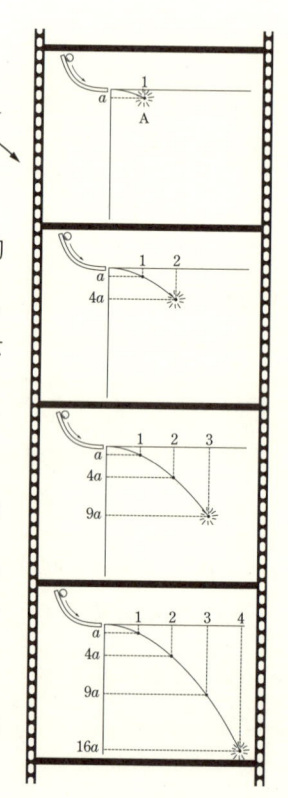

図② x 座標が2の位置に来ると、y 座標は $a \times 2^2 = 4a$ となる。

図③　$x=3$ のとき y 座標は $a\times 3^2 = 9a$
図④　$x=4$ のとき y 座標は $a\times 4^2 = 16a$

つまり $y=ax^2$ が成り立つ。

x の値が 0 から 1 増加するたびに、y の増加は a，$3a$，$5a$，$7a$，… と 1 次関数的に変化する。つまり、速度が毎秒 $2a$ ずつ増加していくような、等加速度運動であることがわかる。

● **離散的な 2 次関数**

初対面の 10 人が、パーティーの席上で、自己紹介のために、名刺交換を行なうことにした。ただし、名刺交換は 1 対 1 の形で行なわれるとする。このパーティーで配られる名刺の総数は何枚だろうか。

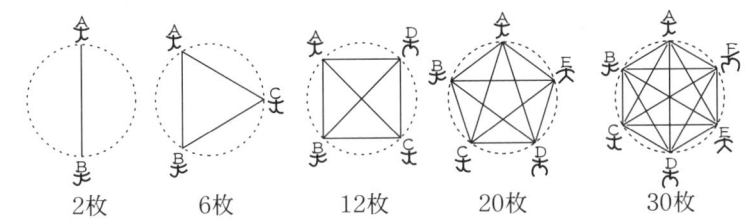

2枚　　6枚　　12枚　　20枚　　30枚

もし、人数が 2 人なら、名刺の総数は 2 枚。3 人になると、新たに自己紹介は 2 回増えるので、名刺の総数は、$2+2\times 2=6$ 枚。4 人になると、さらに $3\times 2=6$ 枚増えて、$6+6=12$ 枚となる。

このように考えると、10 人のときは 90 枚もの名刺が飛び交うことがわかる。人数の変化に対する増え方が、4，6，8，10，…と 1 次関数になっているので、名刺の総数は人数の 2 次関数になっていると予想できる。実際に、n 人の場合の自己紹介の総数を計算すると、$_nC_2 = \dfrac{1}{2}n(n-1)$ 個なので、名刺の総数は、その 2 倍の、$n(n-1)$ 枚ということで、n の 2 次式となる。

小学校で 30 人学級と 35 人学級では、5 人しか違わないから、苦労

は大して変わらないといった人がいた。本当にそうだろうか。人間関係の基本は1対1。その中で友情やトラブルが生まれる。すると、30人学級の人間関係の総数は、$_{30}C_2 = 435$ 通り。35人の場合は $_{35}C_2 = 595$ 通り。人間関係の数だけ苦労があるとすれば、5人増えることにより、苦労は1.5倍近くになることがわかる。

● **分数関数**

長さが1で、太さが一様な1本の弦がある。これをつま弾くと、弦が振動する。この振動が空気を伝わり、鼓膜を刺激し、ある音程を持つ音として認識される。太さが一定で、張力が一定であれば、弦を伝わる振動の速さは一定となる。このとき、弦の長さ x と振動数 y には、$x \times y =$ **一定**という関係が成り立つ。ここで、振動数を弦の長さの関数と見ると、$y = \dfrac{a}{x}$ という分数関数で表される。つまり長さが半分になると、振動数は2倍になるという反比例の関係である。ピタゴラスは、この一弦琴を用いて音程の研究をした。

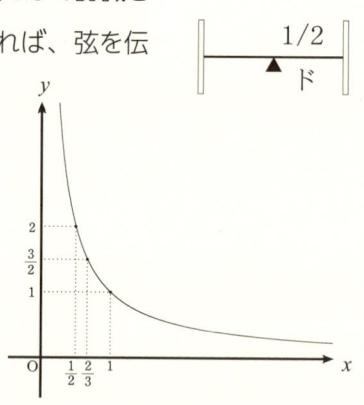

弦の右から $\dfrac{2}{3}$ の位置を押さえると、5度高い音（ド→ソ）が生まれ、また、$\dfrac{1}{2}$ の位置を押さえると、音は1オクターブ高いドの音となり、それらの音を同時に出すと、とてもよく調和することを発見した。

弦の長さが $1, \dfrac{2}{3}, \dfrac{1}{2}$ のとき、振動数の比は $1 : 1.5 : 2 = 2 : 3 : 4$ となるため、波は12回に1度足並みをそろえるので、よく調和してひびくのである。

三角関数

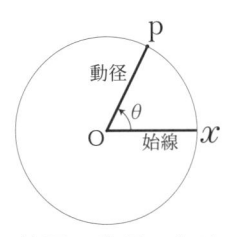

まず、右図のようにグルグル回る動径を考える。動径の位置を始線からの角で測るとき、アナログ時計の針の回転と反対向きのときは「正」で、同じ向きの回転のとき「負」とする。もう一回転すると元の位置に動径は来るので、この位置の動径の角は一般的に

$$\theta + 360° \times n \quad (n \text{ は整数})$$

と書ける。

さて、三角関数といえば観覧車で考えると、スッキリする。下の図のように、動径の長さが「1」の観覧車がグルグル回るときの、高さと x 座標の変化を見る。

ゴンドラ P の
x 座標を $\cos\theta$
y 座標を $\sin\theta$
動径 OP の傾きを
$\tan\theta$

と表す。右の写真は、観覧車のおもちゃで実際に回すと、少々バカバカしさはあるが面白い。角の大きさに対する実際の値は次の図を使えば、結構正確に求められる。

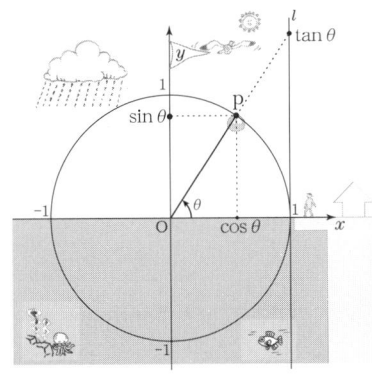

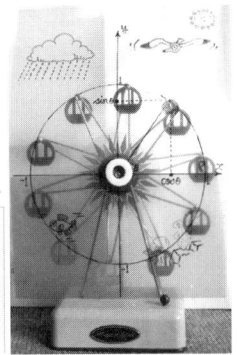

第3章 関数

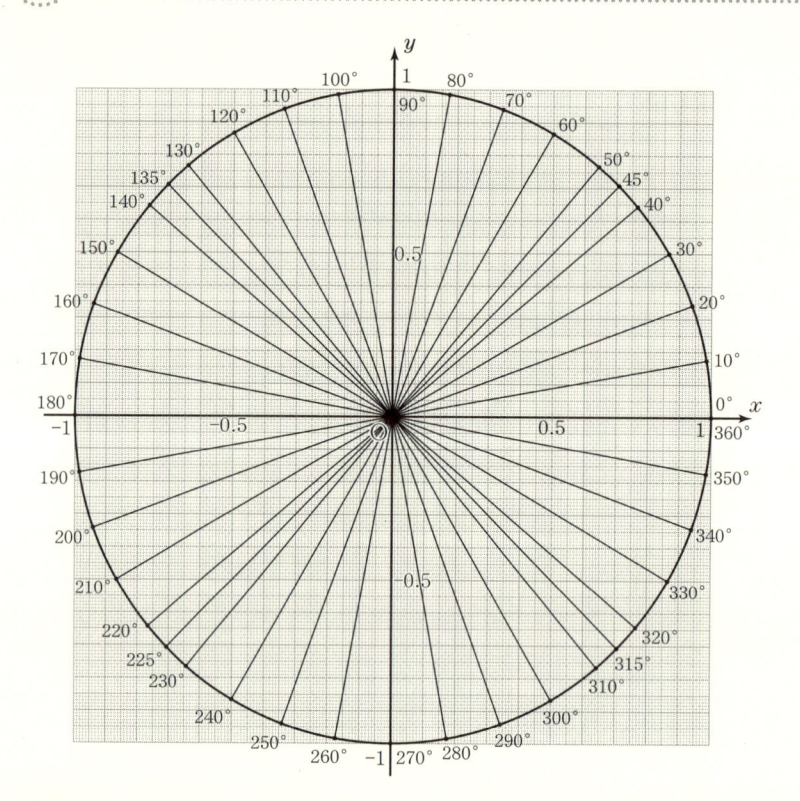

問1 上図を使い、次の値を読み取りなさい。そして、巻末の三角関数表の値と比べなさい。

① $\sin 20°$ ② $\cos 20°$ ③ $\sin 160°$ ④ $\cos 160°$
⑤ $\sin 200°$ ⑥ $\cos 200°$ ⑦ $\sin 340°$ ⑧ $\cos 340°$
⑨ $\sin(-20°)$ ⑩ $\cos(-20°)$ ⑪ $\sin 70°$ ⑫ $\cos 70°$

上の結果を見ていると、次の式は当然成り立つように思えてくる？
$\sin(-\theta) = -\sin\theta$、$\cos(-\theta) = \cos\theta$、$\sin(90°-\theta) = \cos\theta$、
$\cos(90°-\theta) = \sin\theta$、$\sin(180°-\theta) = \sin\theta$、$\cos(180°-\theta) = -\cos\theta$

2 関数で見る世界

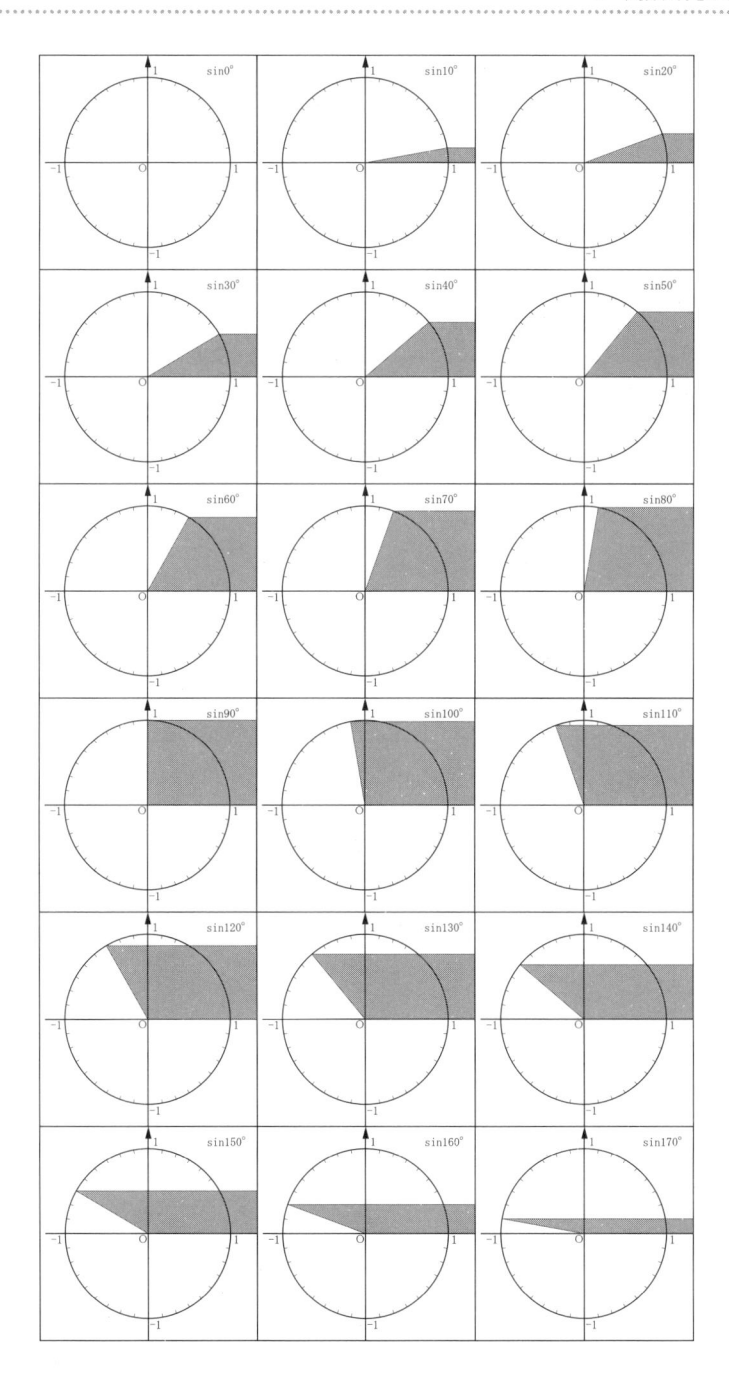

第3章 関数

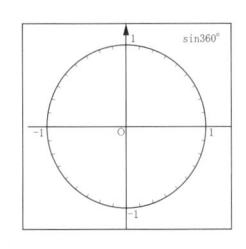

前2ページからの図は、半径1の円を利用して10°刻みに、サインの値をグレーの高さで表したもの。この37枚をコピーして、ハサミで切り取り、0度を一番上にして全部を重ねる。そして、手でうまくずらしていくと…。

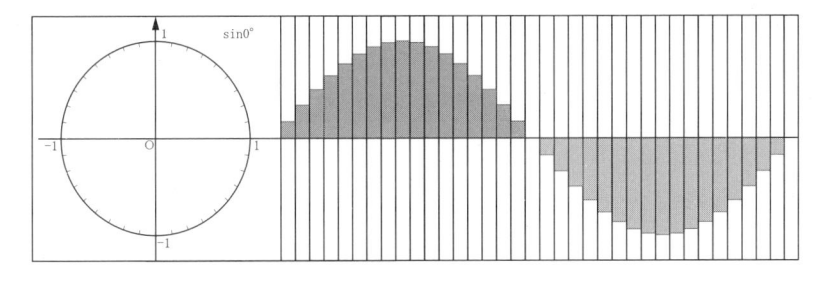

横軸が角度、縦軸がサインのグラフの出来上がり。

問2 実際にコピーをして、ハサミで切って作ってみてはいかが。コサインのも表示できるように少し図に手を加えるとよい。

実際に、曲線で $x = \cos\theta$、$y = \sin\theta$ のグラフを描くには次ページのようにする。半径1に観覧車のことを考えれば、当然

$$-1 \leqq \sin\theta \leqq 1 \quad 、\quad -1 \leqq \cos\theta \leqq 1$$

である。

第 3 章　関数

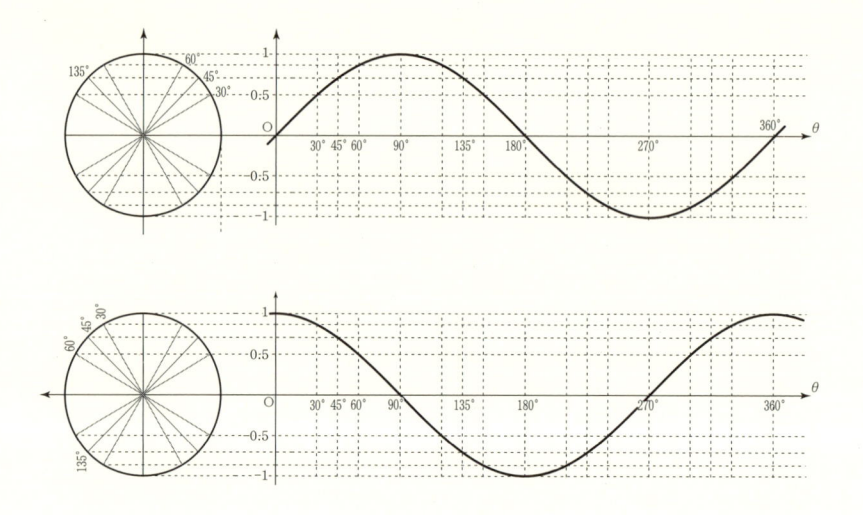

上のグラフがサインで、下がコサインである。どちらとも変数 θ の関数なので、$y = \sin\theta$、$y = \cos\theta$ と書き、同じ座標に書くこともできる。

またタンジェントの変化を横軸が θ のグラフにすると次のようになる。

問3　$90°$ から $270°$ までの $y = \tan\theta$ のグラフを右図に書きなさい。本に書くのが気になるのならコピーしてそれに書きなさい。

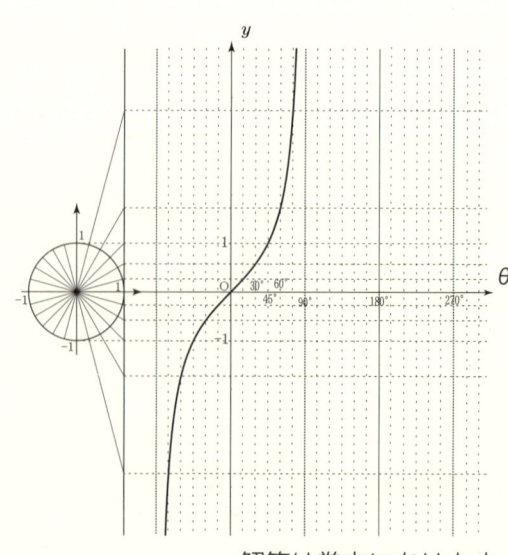

→解答は巻末にあります。

指数関数

● 指数の拡張と指数法則

基準量 1 に対して a 倍（ただし $a > 0$ とする）の操作を n 回くり返した結果を a^n と書き、a を底、n を a の指数と呼ぶ。

a^0 は「基準量 1 に対して a を 0 回かけた結果」なので「$a^0 = 1$」と約束しよう（注意、$a^0 = 0$ ではない！）。

$$a^3 = 1 \times a \times a \times a$$
$$a^2 = 1 \times a \times a$$
$$a^1 = 1 \times a$$
$$a^0 = 1$$

（それぞれ $\div a$）

右の表を観察すると、a の累乗に a を 1 回かけると指数が 1 増え、a で 1 回わると指数が 1 減ることがわかる。このわり算を続ければ、

$$1 \div a = \frac{1}{a}, \ 1 \div a \div a = \frac{1}{a^2}, \ \cdots$$

指数法則
$$a^m \times a^n = a^{m+n}$$
$$a^m \div a^n = a^{m-n}$$
$$(a^m)^n = a^{mn}$$
$$(ab)^n = a^n b^n$$

となるので、n が自然数のとき、$a^{-n} = \dfrac{1}{a^n}$ と約束する。

累乗の計算では、右の「指数法則」が威力を発揮する。

例えば、$(a^{-2})^{-3} = \left(\dfrac{1}{a^2}\right)^{-3} = \dfrac{1}{\left(\dfrac{1}{a^2}\right)^3} = \dfrac{1}{\dfrac{1}{a^6}} = a^6$ と計算するより、

指数法則を使い $(a^{-2})^{-3} = a^{(-2) \times (-3)} = a^6$ とした方がずっと楽である。

第 3 章　関数

● 巻き貝の成長曲線と指数関数

　巻き貝の美しい成長曲線は一定回転すれば中心からの距離が一定倍になる性質をもっている。

　写真のオウム貝は、成長曲線にそって 1 回転すれば中心からの距離が 3 倍になっている。ここで下の図のように中心を O、基準点を E とし、基準点 E から反時計回りに x 回転 ($x \times 360°$ の回転) した点を P とする。このとき、関数 $f(x) = \dfrac{\text{OP}}{\text{OE}}$ (倍) を考える。すると、

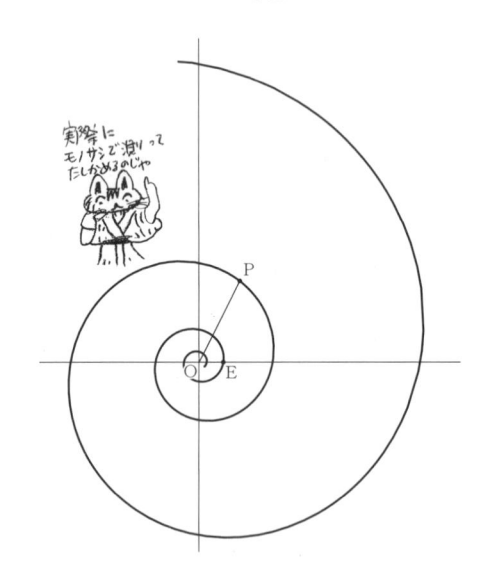

$$f(0) = 3^0 = 1\,(倍)、f(1) = 3^1 = 3\,(倍)、f(2) = 3^2 = 9\,(倍)、\cdots$$

となる。また、時計回りの回転をマイナスとすると、

$$f(-1) = 3^{-1} = \frac{1}{3}\,(倍)、f(-2) = 3^{-2} = \frac{1}{9}\,(倍)、\cdots$$

となる。

基準点から n 回転 (n は整数) したとき $f(n) = 3^n$ と表したので、基準点から x 回転 (x は実数、角度でいえば $x \times 360°$ の回転) したときも $f(x) = 3^x$ と書くことにする。こうして x の関数

$$f(x) = 3^x \cdots ①$$

を得ることができた。一般に、a が 1 以外の正の数としたとき、上の 3 を a に変えれば、同じように考えて

$$y = a^x$$

が定義できる。これを底が a の指数関数という。

これは x が 1 増えるごとに y は a 倍になる関数である。また、指数法則 $a^{x+k} = a^x a^k$ より、x が k 増えるごとに y は a^k 倍になることがわかる。

指数関数のグラフは、右図のように $a > 1$ のときは、x が増えるに従って、y はグングン大きくなる。また、$0 < a < 1$ のときは、x が増えるに従って、y はドンドン小さくなり 0 に近づく。

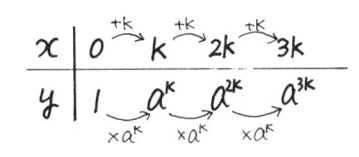

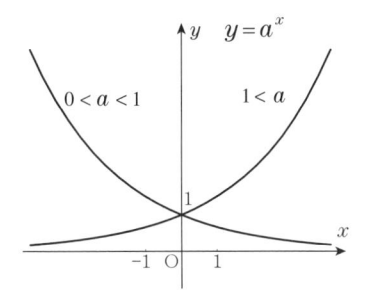

● **累乗根**

累乗根は方程式を解くために数千年前から用意されてきたが、分数の指数が登場するのはずっと遅れて 17 世紀である。ここで累乗根と分数の指数との関係を考えよう。a は正の数とするとき

平方根 $\sqrt{a}$ は、方程式 $x^2 = a$ を満たす正の数

立方根 $\sqrt[3]{a}$ は、方程式 $x^3 = a$ を満たす正の数

$\vdots$

n 乗根 $\sqrt[n]{a}$ は、方程式 $x^n = a$ を満たす正の数

とし、これらをまとめて累乗根と呼ぶ。定義から直接

$$(\sqrt{a})^2 = a, \quad (\sqrt[3]{a})^3 = a, \cdots, (\sqrt[n]{a})^n = a$$

がいえる。また $(\sqrt[n]{a})^m = \sqrt[n]{a^m}$ の関係は、両辺を n 乗して簡単に確かめられる。

　オウム貝の成長曲線を使って分数の指数を考察しよう。この関数は $f(x) = 3^x$ と書けるので $\frac{1}{4}$ 回転 (90°回転) では倍率は $f\left(\frac{1}{4}\right) = 3^{\frac{1}{4}}$ と表される。一方、$\frac{1}{4}$ 回転は、4回で1回転分になるので倍率は、

$$f\left(\frac{1}{4}\right) \times f\left(\frac{1}{4}\right) \times f\left(\frac{1}{4}\right) \times f\left(\frac{1}{4}\right) = f(1) = 3 \text{ となる。よって } f\left(\frac{1}{4}\right) = \sqrt[4]{3}$$

がわかる。これより次の式が成り立つ。

$$3^{\frac{1}{4}} = \sqrt[4]{3}$$

　一般には $a > 0$ について $a^{\frac{m}{n}} = \sqrt[n]{a^m}$　(m は整数、n は自然数) と定義される。

問1

指数法則を用いて、次の計算をしなさい。

① $\left(\dfrac{1}{a}\right)^{-1}$　　② $\sqrt[3]{a} \times \sqrt{a} \times \sqrt[6]{a}$　　③ $\sqrt{a} \times \sqrt[3]{a}$

問2

年9％ずつ売り上げが増えれば、8年後はほぼ2倍になります。では16年後、24年後、12年後は何倍になるでしょうか。

→解答は巻末にあります。

第3章 関数

対数法則

　前節では、1回転で a 倍に一様倍変化するオウム貝の回転数 x と、そのときの中心からの距離 y には、$y = a^x$ という指数関数の関係が成り立つことを示した。対数関数は、指数関数の逆関数で、中心からの距離 x から逆に回転数 y を決定する関数である。

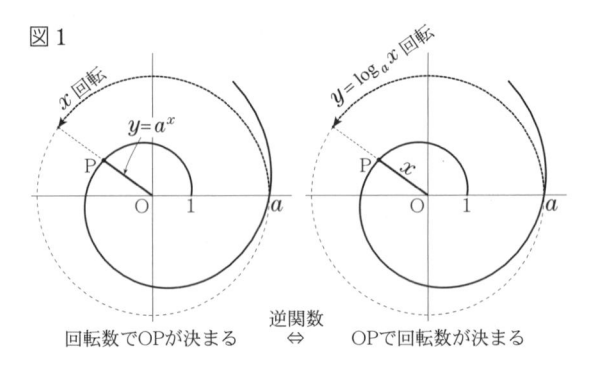

図1

回転数でOPが決まる　⇔　OPで回転数が決まる
　　　　　　　　　逆関数

　上図1は、スタートの位置を $(1, 0)$ として、反時計回りに1回転して a 倍になるように一様に倍々変化している曲線である。回転数がわかりやすいように、外側に円を描いている。

　図1右のように、中心からの距離 OP が x のときの回転数を y とするとき、

　$y = \log_a x$ と表す。ここで、y を a を底とする x の対数、x を真数と呼ぶ。

　例えば、動径 OP と出発点 $(1, 0)$ 方向との間の角が $135°$ だとすると、回転数は、

$\dfrac{135°}{360°} = \dfrac{3}{8} = 0.375$ なので、$\log_a x = 0.375$ である。

では対数の性質を調べてみよう。

① x は距離 OP なので、$x > 0$　（真数条件）

② $a > 0$ はもちろんだが、$a = 1$ とすると、$x \neq 1$ に対する y の値が存在しないし、$x = 1$ に対して y の値が 1 つに対応しないので、$a \neq 1$（底の条件）

③ $x = 1$ のとき、回転数は 0 なので　$\log_a 1 = 0$　である

④ 1 回転すると x はちょうど a になるので　$\log_a a = 1$　である

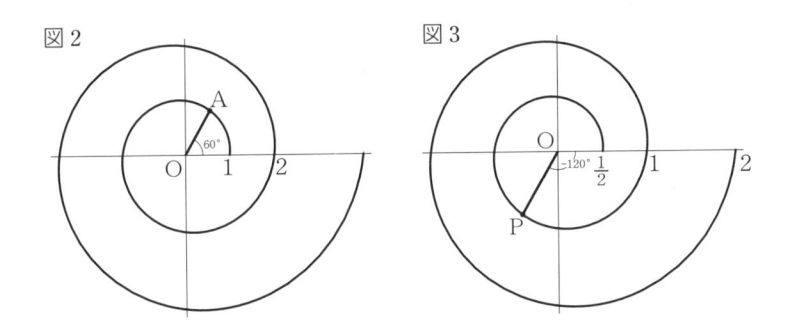

図 2　　　　　　　　　　　図 3

図 2 は 1 回転して 2 倍になる曲線（底が 2）である。今、60°の地点にある OA の長さを測ったところ 1.12 だった。

つまり $y = \log_2 1.12$　である。y は回転数なので

$$y = \frac{60°}{360°} = \frac{1}{6} = 0.166\cdots \quad \text{つまり、} \log_2 1.12 = \frac{1}{6} \quad \text{である。}$$

距離が 1 より小さくなったときは負の回転で考える。図 3 において P 地点の角度は $-120°$ なので回転数 y は $y = -\dfrac{120°}{360°} = -\dfrac{1}{3}$

よって OP $= x$ とすると、$-\dfrac{1}{3} = \log_2 x$　という式が成り立つ。OP の長さを測ってみると、ほぼ 0.79 であった。

図4で、$OA = x_1$, $OB = x_2$ とおくと、$x_1 = a^{y_1}$, $x_2 = a^{y_2}$
$OC = x_1 \times x_2$ となる C を曲線上にとると、$OC = a^{y_1} \times a^{y_2} = a^{y_1 + y_2}$
よって、$y_3 = y_1 + y_2$
$y_1 = \log_a x_1$, $y_2 = \log_a x_2$, $y_3 = \log_a x_1 x_2$
なので次のことが成り立つ。

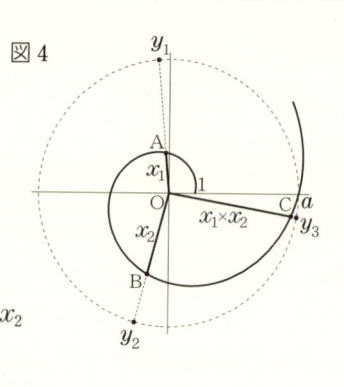

$$\log_a x_1 x_2 = \log_a x_1 + \log_a x_2$$

ここで、$M = x_1 x_2$, $N = x_1$

とおくと、$x_2 = \dfrac{M}{N}$ なので、上の式は

$$\log_a \dfrac{M}{N} = \log_a M - \log_a N$$

図4

図5

ともおける。これで2つの重要な性質が導かれた。

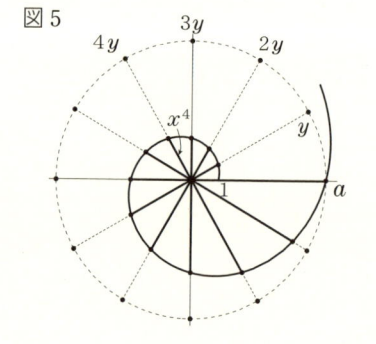

⑤ $\log_a MN = \log_a M + \log_a N$

⑥ $\log_a \dfrac{M}{N} = \log_a M - \log_a N$

⑤の「積が和になる」性質から次のことがわかる。図5において、動径 OP は、$1, x, x^2, x^3, \cdots$ と等比数列的に変化するとき、回転数は、$0, y, 2y, 3y, \cdots$ と等差数列的に変化している。つまり、次の性質が得られる。

⑦ $\log_a x^n = n \log_a x$

底が10（1回転で10倍になる）の対数を常用対数という。動径が2になるときの角度を測ると、θ は約 $108.5°$ だった。

すると、回転数 y は、

$$y = \log_{10} 2 = \frac{108.5°}{360°} = 0.301$$

となった。

($\log_{10} 2 = 0.301$ は、$2 = 10^{0.301}$ と同じことである)

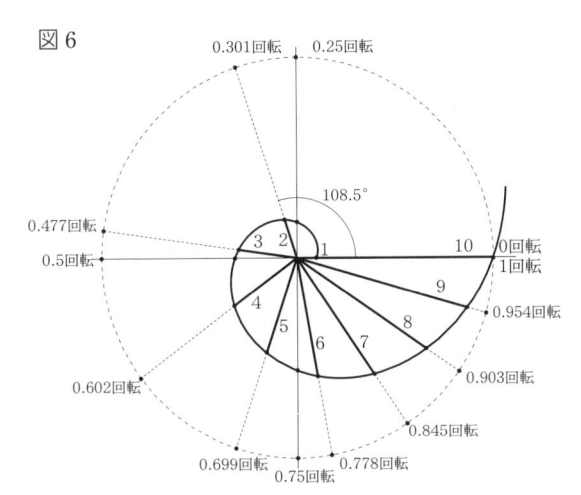

図6

このようにして、$\log_{10} 2 \sim \log_{10} 9$ の値を調べたのが、図6である。

この図を利用すると、大きな数の計算が楽になる。

例えば、3^{20} を考えよう。$x = 3^{20}$ とおくと、

$$\log_{10} x = \log_{10} 3^{20} = 20 \log_{10} 3 = 20 \times 0.477 = 9.54 \text{(回転)}$$

このことから、動径が 3^{20} になるのは、9.542 回転したところである。9 回転すれば動径は 10^9、さらに 0.54 回転すれば、図より動径の位置は 3 と 4 の間にあるので、$3 \times 10^9 < 3^{20} < 4 \times 10^9$ (10桁で最高位の数が3) である。

問1

2^n において、最高位の数が 9 となるような n を 1 つ見つけてみよ
(上の図から、最高位が 1 になる確率が高く、9 になるのは極めて低いことがわかる)。

→解答は巻末にあります。

3 エクスカーション

整数論的関数

● ガウスの記号

どんな実数 α が与えられても、隣り合う整数で作られる区間

$$n \leqq \alpha < n+1$$

のどこかに入れることができる。このとき、整数 n を α の整数部分といい、$d = \alpha - n (0 \leqq d < 1)$ を α の小数部分という。

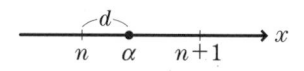

この整数部分を表すのが、ガウス記号である。すなわち

$$n \leqq x < n+1 \text{ のとき } [x] = n$$

小数部分もこのガウス記号を用いて $x - [x]$ と表される。

例えば、円周率 $\pi = 3.14159\cdots$、整数 5、負の数 -1.3 の整数部分、小数部分は

$$[\pi] = 3、 \quad [5] = 5、 \quad [-1.3] = -2$$
$$\pi - [\pi] = 0.14159\cdots、 \quad 5 - [5] = 0、 \quad -1.3 - [-1.3] = 0.7$$

関数 $y = f(x) = [x]$, $y = g(x) = x - [x]$ のグラフは次の図のようになる。

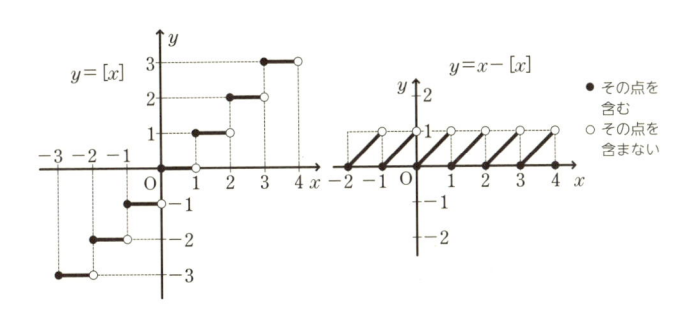

ガウス記号はとても便利な記号で、今まで定式化が難しかったものでもできることがある。

整数 a を 0 でない整数 b でわった商を q、余りを r とすると、

$$商は q = \left[\frac{a}{b}\right]、余りは r = a - b \cdot \left[\frac{a}{b}\right]$$

例えば、$13 \div 3$ は商が 4、余りが 1 だが、ガウス記号で書けば、

$$商は \left[\frac{13}{3}\right] = 4、余りは 13 - 3 \times \left[\frac{13}{3}\right] = 13 - 3 \times 4 = 1$$

四捨五入は $[2x] - [x]$ あるいは $\left[x + \dfrac{1}{2}\right]$ で計算できる。例えば、

$x = 5.43$ のときは、$[2 \times 5.43] - [5.43] = [10.86] - [5.43] = 5$

$x = 5.67$ のときは、$[2 \times 5.67] - [5.67] = [11.34] - [5.67] = 6$

また、x が整数なら 1、x が整数でないなら 0 を対応させる関数 y は

$$y = f(x) = [x] + [-x] + 1$$

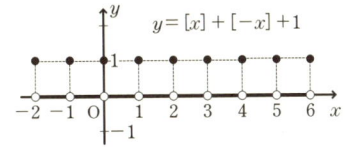

例えば、$x = 3$ のとき

$y = [3] + [-3] + 1 = 3 - 3 + 1 = 1$

$x = 3.1$ のとき

$y = [3.1] + [-3.1] + 1 = 3 - 4 + 1 = 0$

● 約数の個数

自然数 n の約数の個数を表す関数 $T(n)$ を考えよう。例えば 6 の約数は 1, 2, 3, 6 の 4 個なので $T(6) = 4$ となる。下は関数 $T(n)$ のグラフである。

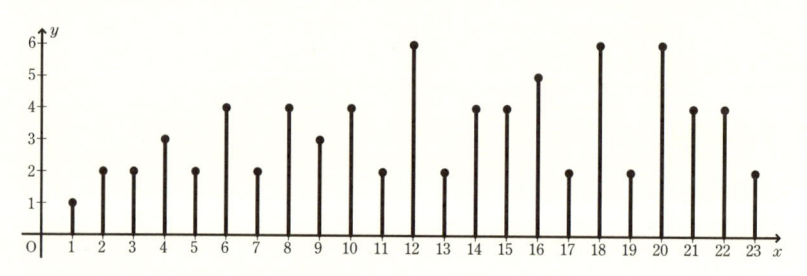

一見不規則でどんな法則なのかわかりづらい。

もう少し大きな数の約数の個数を数えてみよう。$n = 72 = 2^3 \times 3^2$ のとき、2^3 の約数は 1, 2, 2^2, 2^3 の 4 個、3^2 の約数は 1, 3, 3^2 の 3 個である。そして $(2^3$ の約数$) \times (3^2$ の約数$)$ は必ず $2^3 \times 3^2$ の約数になる。したがって n のすべての約数は右の 3 行 4 列の表の中にあり、個数は $3 \times 4 = 12$ 個。

⊗	1	2	2^2	2^3
1	1	2	2^2	2^3
3	3	$2 \cdot 3$	$2^2 \cdot 3$	$2^3 \cdot 3$
3^2	3^2	$2 \cdot 3^2$	$2^2 \cdot 3^2$	$2^3 \cdot 3^2$

一般に自然数 n が $n = p_1^{e_1} \cdot p_2^{e_2} \cdot p_3^{e_3} \cdots$ と素因数分解できたとき、約数の個数 $T(n)$ は、次の式で表せる。

$$T(n) = (e_1 + 1)(e_2 + 1)(e_3 + 1)\cdots$$

● 約数の和

自然数 n の約数の総和(n 自身を含む)を表す関数 $S(n)$ を考えよう。例えば 6 の約数の総和は、$1 + 2 + 3 + 6 = 12$ なので、$S(6) = 12$ となる。

n	1	2	3	4	5	6	7	8	9	10	11	12
$S(n)$	1	3	4	7	6	12	8	15	13	18	12	28

関数 $S(n)$ も変数値と関数値の対応の規則は、とても複雑である。前と同じ数 $n = 72 = 2^3 \times 3^2$ のすべての約数は 3 行 4 列の表の中にある。この表の中の数を全部たせばよいので

$$S(n) = 1+3+3^2+2+2\cdot3+2\cdot3^2+2^2+2^2\cdot3+2^2\cdot3^2+2^3+2^3\cdot3+2^3\cdot3^2$$
$$= (1+3+3^2) + 2(1+3+3^2) + 2^2(1+3+3^2)$$
$$\quad + 2^3(1+3+3^2)$$
$$= (1+2+2^2+2^3)\cdot(1+3+3^2) = 15 \times 13 = 195$$

となる。

一般に自然数 n が $n = p_1^{e_1} \cdot p_2^{e_2} \cdot p_3^{e_3} \cdots$ と素因数分解できたとすると、約数の総和は

$$S(n) = (1 + p_1 + p_1^2 + \cdots + p_1^{e_1}) \cdot (1 + p_2 + p_2^2 + \cdots + p_2^{e_2})$$
$$\cdot (1 + p_3 + p_3^2 + \cdots + p_3^{e_3}) \cdots$$

と表せる。

● **素数関数**

自然数 n 以下の素数の個数を表す関数 $\pi(n)$ を考えよう。例えば、$n = 10$ のとき、10 以下の素数は 2, 3, 5, 7 なので、$\pi(10) = 4$ となる。

この関数 $\pi(n)$ はとても微妙な変動をするので直接値を求める方法は今のところない。しかし、n が非常に大きくなったとき、$\pi(n)$ の大きさは $\dfrac{n}{\log_e n}$ とほぼ同じ (比が 1 に近づく) であることがわかってい

る(素数定理)。

n	10^2	10^4	10^6	10^8	10^{10}	⋯
① $\pi(n)$	25	1229	78498	5761455	455052511	⋯
② $\dfrac{n}{\log_e n}$	21.7	1085.7	72382.4	5428618.0	434294481.9	⋯
①／②	1.15	1.13	1.08	1.06	1.05	⋯

この定理は、数学者アーベルをして「数学全体で最も著しい結果」と言わせたほどである。

問 1

(1) 実数を、小数第2位以下を切り捨てて小数第1位まで求める関数の式を、ガウス記号[ ]を用いて表しなさい。

(2) 次の等式を成り立たせる n はどんな数か。

① $S(n) = n + 1$　　　② $T(n) = 3$

→解答は巻末にあります。

第4章
座標

- ❶ 座標の発明
  直交座標・極座標
- ❷ 図形と方程式
  直線と円
  円錐曲線
- ❸ 不等式
  1元不等式
  2元不等式
- ❹ エクスカーション
  座標変換

第4章 座標

1 座標の発明

直交座標・極座標

平面上の点Pの位置を示すには、図のような方法がある。

＜直交座標＞ 止まっている点を確定するイメージ

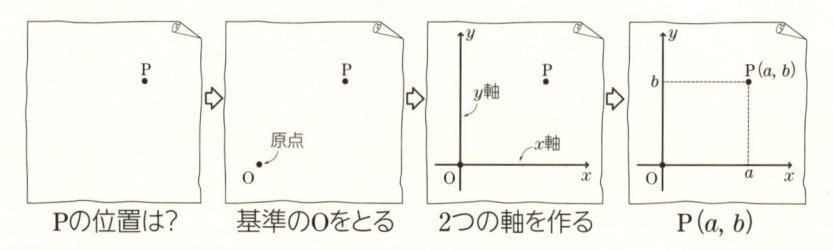

| Pの位置は？ | 基準のOをとる | 2つの軸を作る | P(a, b) |

＜極座標＞ 動き回る点を眼で追いかけるイメージ

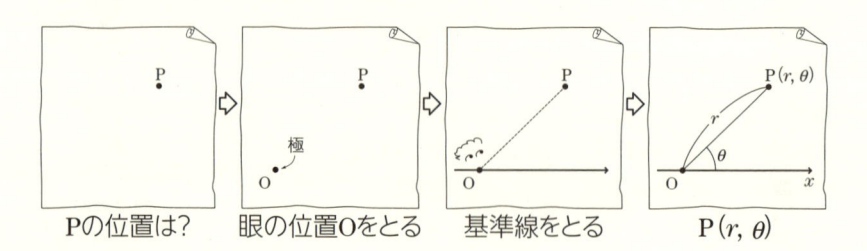

| Pの位置は？ | 眼の位置Oをとる | 基準線をとる | P(r, θ) |

私たちの身の回りにも、座標の考えを眼にすることができる。

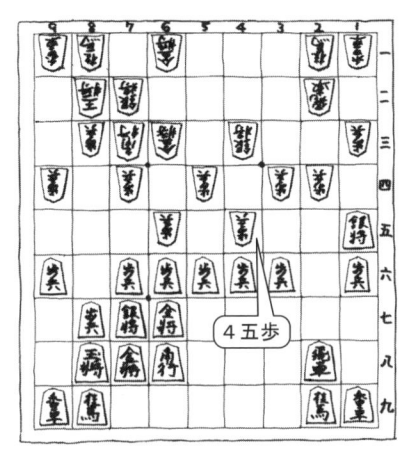

横軸に時間、縦軸に音程を取ると、楽譜で表される音符も座標平面上の点と見ることができる。

x から y への対応を式で表した関数 $y = f(x)$ は、座標平面では、グラフという曲線で表現される。

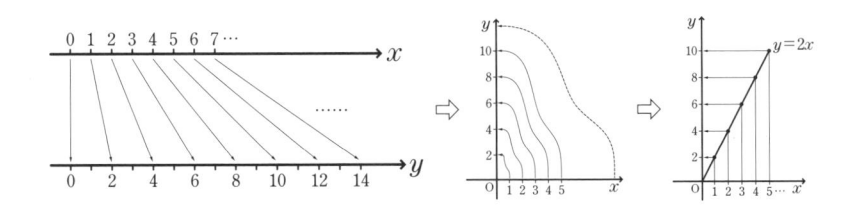

座標平面上に図形をおくことによって、幾何学の問題を、式と計算で解くことが可能になる。これを解析幾何という。

1辺が6の正方形 ABCD において、図のように M、N をとったとき、四角形 ABEN の面積を考えてみよう。

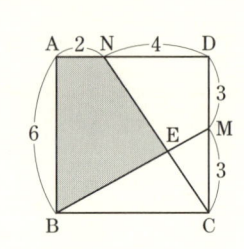

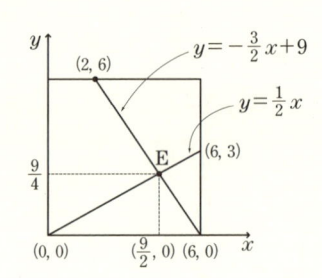

直線 BM、CN の方程式から、交点 E の座標を求めると $\left(\dfrac{9}{2}, \dfrac{9}{4}\right)$ なので、求める面積は台形 ABCN から三角形 BCE の面積をひいて

$$S = \dfrac{1}{2}(2+6) \times 6 - \dfrac{1}{2} \times 6 \times \dfrac{9}{4} = 24 - \dfrac{27}{4} = \dfrac{69}{4}$$

初等幾何で考えると、補助線をうまく引くなど工夫が必要である。しかし、座標を用いると、特別な「ひらめき」がなくても、ごしごしと計算すれば解くことができる。これは座標の良さの一つである。

<名刺で空間座標を勉強しよう>

①名刺を3枚用意し、図1のように縦横の長さが等しくなるように、L字型の切れ目を入れる(図1)。

②2枚の名刺を組み合わせる(図2)。

③切れ目の具合を見ながら、もう一枚を「えいやっ」と入れ込み、どの2枚の名刺も互いに直交するようにする(図3)。

④交わる2平面はただ一つの直線を決定

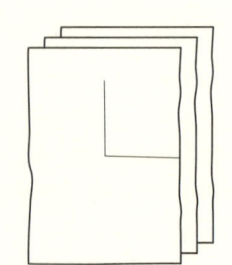

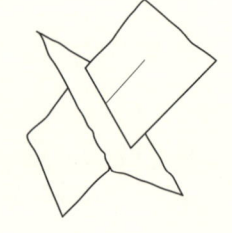

1 座標の発明

するので、平面の交線である x 軸、y 軸、z 軸の 3 つの直線ができる。

3 つのうち 2 直線で作られる平面を xy 平面、yz 平面、zx 平面とする。

また、3 平面が交わる点が原点である。これで、xyz 座標空間ができた (図 4)。

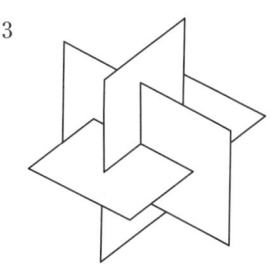

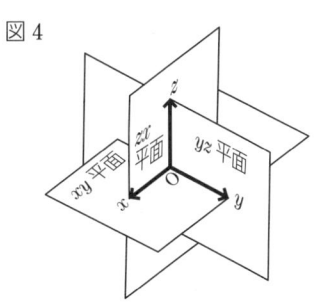

図 3

図 4

名刺の縦横の長さの比は、1 : 1.67、である。これは少し無理をすれば

$1 : \dfrac{1+\sqrt{5}}{2} \fallingdotseq 1 : 1.618$ といえなくもない。ところで、この比は黄金比と呼ばれる。$\phi = \dfrac{1+\sqrt{5}}{2}$ とおくと ϕ は 2 次方程式

$x^2 - x - 1 = 0$ の解である。

さて、今、名刺の横の長さを 2、縦の長さを 2ϕ とすると図において

A$(\phi,\ 0,\ 1)$、B$(1,\ \phi,\ 0)$ となる。ここで、2 点間の距離を計算してみよう。

$$\begin{aligned}
AB &= \sqrt{(\phi-1)^2 + \phi^2 + 1} \\
&= \sqrt{2\phi^2 - 2\phi + 2} \\
&= \sqrt{2(\phi^2 - \phi + 1)}
\end{aligned}$$

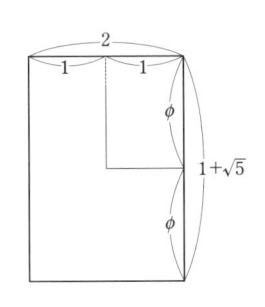

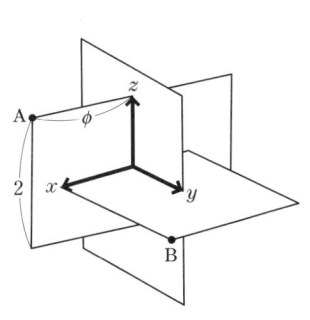

ここで、$\phi^2 - \phi - 1 = 0$ だったので
$\phi^2 - \phi + 1 = 2$　よって、AB = 2

つまり、AB はちょうど名刺の横の長さと一致する。このことから名刺の 12 個の頂点を結ぶと、図のような美しい正 20 面体ができあがることがわかる。

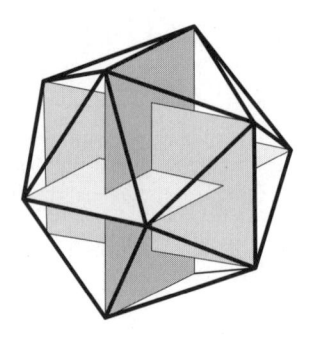

2 図形と方程式

直線と円

● 直線の式

地点 (2, 3) を通り、方向が (2, 1) の直線道路がある。ここで、「方向 (2, 1)」とは、「x 軸方向に 2 進むと、y 軸方向に 1 進む」ことである。

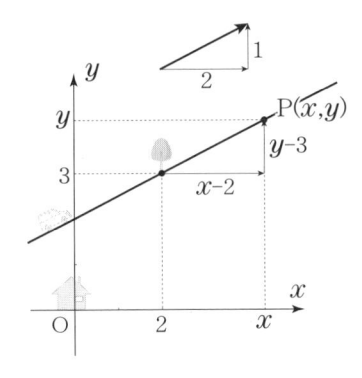

この直線上のどの点 (x, y) にもあてはまる関係式が、直線の式である。それを求めてみよう。

左図をみると、三角形の相似から

$$(x - 2) : (y - 3) = 2 : 1$$

となっている。よって、$x - 2 = 2(y - 3)$ より、

$$x - 2y = -4 \quad \cdots(1)$$

となり、これが、点 (2, 3) を通り、方向が (2, 1) の直線の式である。

「チョット待った！ 直線といえば $y = mx + n$ の形だから、(1)式を変形して $y = \dfrac{1}{2} x + 2$ じゃないのか」と思うかもしれない。それでも当然いいのだが、(1)式の形の方が便利なこともある。

点 $(2, 0)$ を通って y 軸に平行な直線の式は $x = 2$ で、$y = mx + n$ の形では書けない。そこで、より一般的な直線の式を考える。

同時に 0 ではない a と b によって、直線の式は

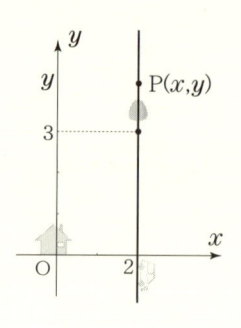

$$ax + by = c \quad \cdots(2)$$

と書ける。

① $b \neq 0$ のとき

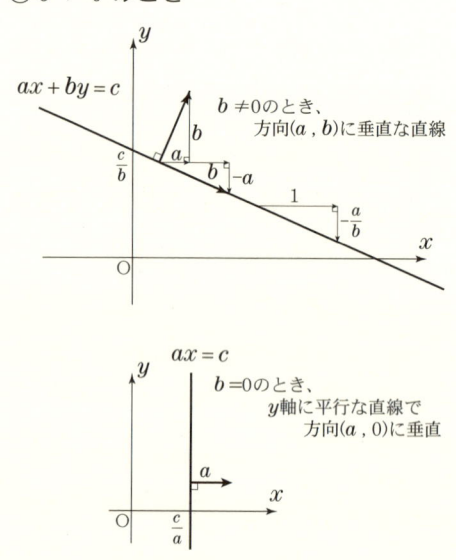

(2)式は

$y = -\dfrac{a}{b}x + \dfrac{c}{b}$ となるので、傾き $-\dfrac{a}{b}$ で、いいかえれば方向 $(b, -a)$ になっている直線。大切なのは、方向 (a, b) と垂直だということだ。

② $b = 0$ のとき

$ax = c$ となり、$x = \dfrac{c}{a}$

を通る y 軸に平行な直線になる。方向は $(a, 0)$ に垂直（x 軸に垂直）なのはいうまでもない。

[例1] 直線 $2x - 3y = -6$ は、方向 $(2, -3)$ に垂直で x 軸とは $x = \dfrac{-6}{2} = -3$、y 軸とは $y = \dfrac{-6}{-3} = 2$ で交わる。

[例2] 点 $(5, 2)$ を通り、直線 $2x - 3y = -6$ と平行な直線を求める。

平行なので、その直線は $2x - 3y = c$ と書ける。点 $(5, 2)$ を通るので、$c = 2 \cdot 5 - 3 \cdot 2 = 4$ より、$2x - 3y = 4$ となる。

問1 点 $(2, -3)$ を通り、直線 $2x - 3y = -6$ と垂直な直線を求めなさい。

● **直線までの距離**

原点から、直線 $ax + by = c$ までの距離を考えよう。ただし、最初は $a > 0$、$b > 0$、$c > 0$ の場合を考える。最初から文字による説明なので、わかりづらいときは、a, b, c を、例えば 3, 4, 15 として考えてほしい。

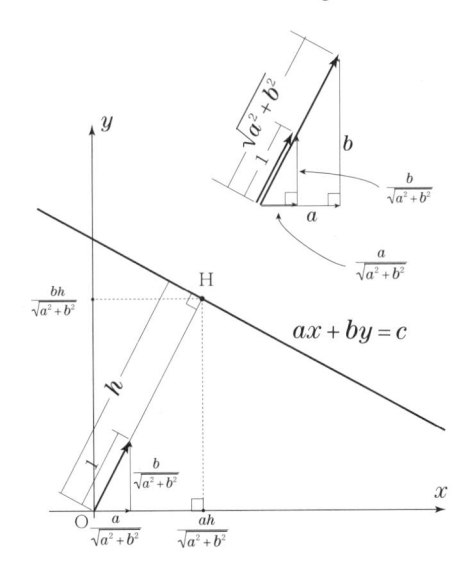

原点から、直線 $ax + by = c$ までの距離 OH を h とする。この直線は方向 (a, b) と垂直である。底辺と高さが a と b の直角三角形の斜辺は $\sqrt{a^2 + b^2}$ なので、斜辺が 1 のときは上図のようになる。

ということは、点 H の座標は図より、

$$\left(\frac{ah}{\sqrt{a^2 + b^2}}, \frac{bh}{\sqrt{a^2 + b^2}} \right)$$

である。さてここからがあっという間。

この点は、直線上にあるので、式 $ax + by = c$ をみたす。よって

第4章 座標

$$a\frac{ah}{\sqrt{a^2+b^2}} + b\frac{bh}{\sqrt{a^2+b^2}} = h\left(\frac{a^2+b^2}{\sqrt{a^2+b^2}}\right) = h\sqrt{a^2+b^2} = c$$

より $h = \dfrac{c}{\sqrt{a^2+b^2}}$ となる。あっという間でもないか。

条件 $a > 0$、$b > 0$、$c > 0$ を外しても、H の座標は同じ式で表されるが、距離 OH $= h$ はプラスでなければならないので、原点から、直線 $ax + by = c$ までの距離 h は c に絶対値をつけて

$$h = \frac{|c|}{\sqrt{a^2+b^2}}$$

となる。

問 2 原点から、直線 $3x + 4y = 15$ までの距離を求めなさい。

　点 (p, q) から直線 $ax + by = c$ までの距離を求める。

　点 (p, q) を通り直線 $ax + by = c$ に平行な直線を $ax + by = c'$ とすると、$c' = ap + bq$ になる。よって、原点から $ax + by = c'$ までの距離は $\mathrm{OH}' = \dfrac{|ap+bq|}{\sqrt{a^2+b^2}}$ である。

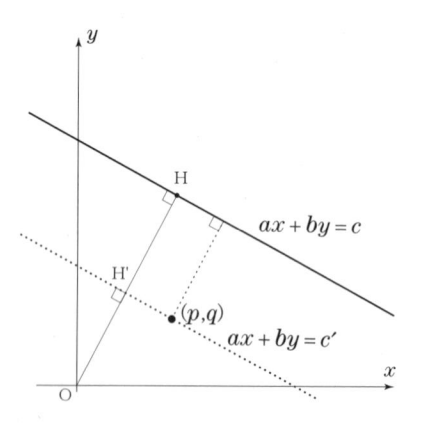

これより、$ap + bq$ と c の差の絶対値が点 (p, q) から直線 $ax + by = c$ までの距離であるから、

$$\mathrm{HH}' = \frac{|ap+bq-c|}{\sqrt{a^2+b^2}}$$

である。

問3 点$(-3, -2)$から、直線$3x + 4y = 15$までの距離を求めなさい。

● **円と接線**

　原点を中心とする、半径がrの円の式を求めよう。円の上のどの点(x, y)にもあてはまる関係式が、円の式である。常に$\mathrm{OP} = \sqrt{x^2 + y^2}$が成り立つから、原点を中心とする、半径が$r$の円の式は

$$x^2 + y^2 = r^2$$

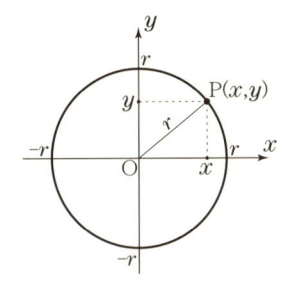

となる。

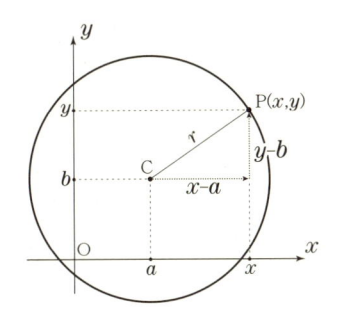

　点$\mathrm{C}(a, b)$を中心とする半径rの円の式は同様に考えると

$$(x - a)^2 + (y - b)^2 = r^2$$

となる。

第4章 座標

問4 $x^2 + y^2 + 4x - 2y + 1 = 0$ を $(x-a)^2 + (y-b)^2 = r^2$ の形に変形して、この円の中心と半径を求めなさい。

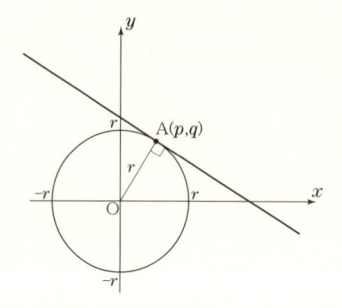

さて、円 $x^2 + y^2 = r^2$ 上の点 $A(p, q)$ における、接線の式はどうなるだろう。接線に垂直な方向は (p, q) なので式は、

$$px + qy = c$$

と書くことができる。また、原点からの距離は

$$\frac{c}{\sqrt{p^2 + q^2}} = r$$

だから、$\sqrt{p^2 + q^2} = r$ より、$c = r^2$ になる。

よって、点 $A(p, q)$ における、接線の式は

$$px + qy = r^2$$

となる。

問5 円 $x^2 + y^2 = 25$ の、点 $(-4, 3)$ における接線の式を求めなさい。

→解答は巻末にあります。

円錐曲線

カクテルを飲みほすとき、表面の図形に注目してみよう。

表面には、円、楕円、放物線、双曲線が現れる。これらは円錐を切断したときに現れる図形なので「円錐曲線」と呼ばれる。また、これらの図形を、座標平面上に図形の方程式で表すと、

$x^2 + by^2 + cxy + dx + ey + f = 0$ …※ と x, y の2次式として統一的に書けるので、円錐曲線のことを2次曲線ともいう。

※式を見ると未定係数が5個あるので、一般の円錐曲線は5個の点が決まると一つに決まる図形と考えることができる。

円錐曲線の研究は、古代、アレクサンドリアの数学者アポロニウス（紀元前265?～190?）以前に遡る。彼は全8巻からなる「円錐曲線論」を著し円錐曲線についてさまざまな研究をまとめた。

● 離心率による円錐曲線の分類

① Oを頂点とする円錐をある平面 π で切り、その切り口（円錐曲線）上の任意の点をPとする。

以下、Pからある特定の点（焦点）までの距離と、ある特定の直線（準線）までの距離の比が一定であることを証明する。

② その円錐と平面 π とに内接する球 S を考え、S と π との接点を F とし(これが焦点)、S と円錐の接点(円になる)を含む平面を π' とする。平面 π, π' が交わる直線を l とする(これが準線)。

③ O から平面 π' に下ろした垂線を OO′、P から平面 π' に下ろした垂線を PQ とする。また、OP と π' の交点を R とすると、PF、PR はどちらも P から同じ球 S に接するように引いた線分であるから、PF = PR、また Q から準線 l に引いた垂線を QH とすると、

∠PRQ = ∠ORO′   : 一定(これを α とおく)
∠PHQ = 平面 π, π' がなす角   : 一定(これを β とおく)

から

$$\text{PF} \sin \alpha = \text{PR} \sin \alpha = \text{PQ} = \text{PH} \sin \beta$$

④ したがって、円錐曲線上の任意の点 P について、

$$\frac{\text{PF}}{\text{PH}} = \frac{\sin \beta}{\sin \alpha} : 一定(e とおく)$$

この比 e は、円錐とそれを切る平面 π だけで決まる定数で、離心率と呼ばれる。$e < 1$ のときは楕円、$e = 1$ のときは放物線、$e > 1$ のときは双曲線になる。

<注意>

垂直に置いた円錐を水平な平面 π で切ったときの切り口は円になるが、この場合は平面 π' は π と平行になってしまい、直線 l は無限の彼方に遠ざかってしまう(存在しない)。

この場合は形式的に $e = 0$ と定める。傾いた π をしだいに水平に近づけたとき、離心率 e はしだいに小さくなり 0 に近づくから、これは

自然な決め方である。

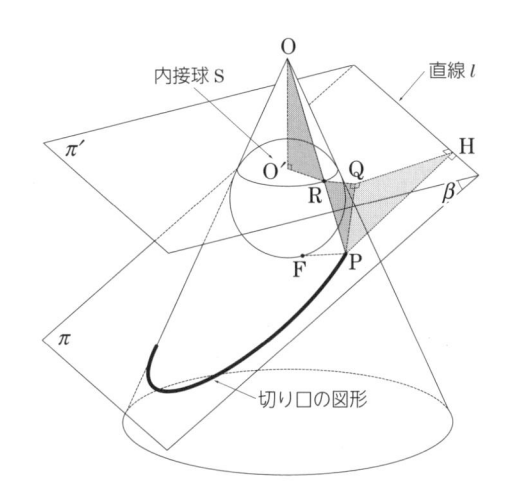

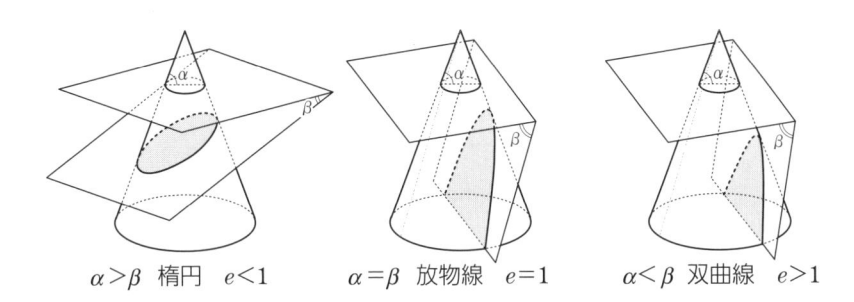

$\alpha > \beta$ 楕円 $e < 1$　　　$\alpha = \beta$ 放物線 $e = 1$　　　$\alpha < \beta$ 双曲線 $e > 1$

● **2 定点からの距離の関係**

円錐と、切り口の楕円に接するように2つの球をとる（接点は F と F'）。
このとき、楕円上の任意の点 P に対し

PF = PA　PF' = PB なので、

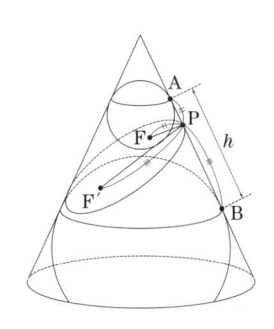

143

$$PF + PF' = PA + PB = AB = h (一定)$$

つまり、楕円は2定点からの距離の和が一定である点の軌跡とも考えることができる。

● **1枚の紙で楕円を作る**

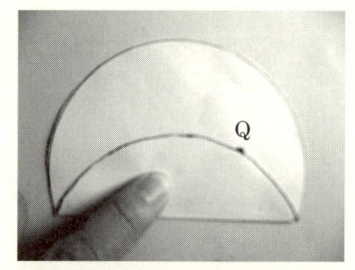

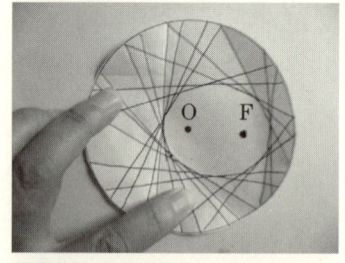

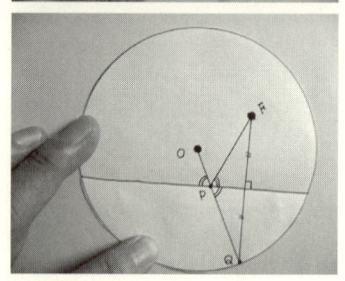

円形に紙を切り、円の内部に適当に点Fをとる。円周上の任意の点QをFに重なるように折る。これをいろいろなところで繰り返すと、楕円が浮かび上がる。折った線は、QFの垂直二等分線なので、その線とOQとの交点をPとすると、

OP + PF = OP + PQ = 半径（一定）

つまり、Pは楕円上の点である。

また、その楕円のPでの法線方向をPXとすると∠OPX＝∠XPFなので、焦点Oから発射した光は、Pで跳ね返ると、もう一つの焦点Fに到達する（入射角と反射角が等しい）ことを示している。この性質を応用したものに「体外衝撃波結石破砕術」と呼ばれる胆石の治療法がある。これは、体外にある装置内の楕円の焦点から、衝撃波をもう一方の焦点に結石の位置を合わせ集中させ結石を砕くという方法である。

3 不等式

1元不等式

不等式　$2x - 6 > 0$　を解いてみよう。

$2x > 6$　…(6を右辺に移項)

$x > 3$　…(両辺を2でわった)　簡単である。

では、1次不等式の一般形　$ax + b > 0$　はどうだろう。

$ax > -b$　…(bを右辺に移項)

$x > -\dfrac{b}{a}$　…(両辺をaでわった)　これはダメ！

a が負のときは、両辺を a でわると大小が逆転する。

では、$a > 0$ のとき $x > -\dfrac{b}{a}$、$a < 0$ のとき $x < -\dfrac{b}{a}$ とすればよいか。それでいいのだが、$a = 0$ のとき、両辺を a でわることはできないので、このときのことも別に考えなければならない。そうなると、頭がこんがらがってくる。

この不等式は、$y = ax + b$ のグラフを考え、y が正となるような x の範囲を調べるとすっきりする。

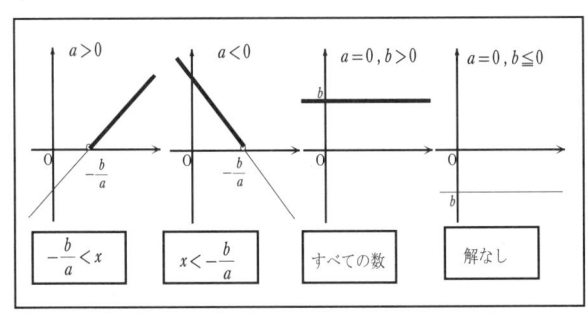

$a > 0$	$a < 0$	$a = 0, b > 0$	$a = 0, b \leqq 0$
$-\dfrac{b}{a} < x$	$x < -\dfrac{b}{a}$	すべての数	解なし

第4章 座標

ある有名進学校の優秀な生徒が、2次不等式 $x^2 - 2x + 4 > 0$ を次のように解いた。

> $x^2 - 2x + 4 = 0$ を解くと、$x = 1 \pm \sqrt{3}\,i$
> よって $x < 1 - \sqrt{3}\,i$、$1 + \sqrt{3}\,i < x$

おそらく彼には、図のような「2次不等式の解法パターン」が一部分だけ意味ぬきで頭に入っていたのだろう。このような誤答が生まれた原因が、複素数という新しい数の概念を学んだことによるものだとすれば皮肉なことである。

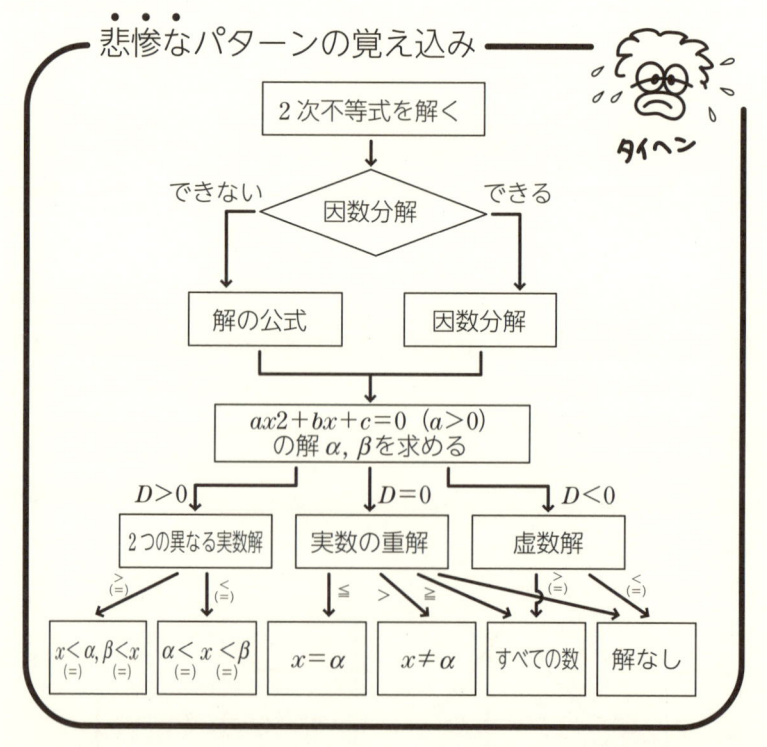

悲惨なパターンの覚え込み

```
            2次不等式を解く
                 ↓
     できない   因数分解   できる
         ↓                  ↓
       解の公式           因数分解
         ↓                  ↓
         ax2+bx+c=0 (a>0)
         の解 α, β を求める
      ↓         ↓         ↓
    D>0       D=0       D<0
      ↓         ↓         ↓
  2つの異なる実数解  実数の重解   虚数解
    >(=)           ≦           >(=)
    <(=)       >   ≧(=)        <(=)
  x<α,β<x  α<x<β   x=α   x≠α   すべての数   解なし
   (=)     (=)
```
タイヘン

不等式は、式をいじるだけでなく、式の持っている図形的なイメージも併せて考えた方がよい。

2次不等式 $ax^2 + bx + c > 0$ は、2次関数 $y = ax^2 + bx + c$ のグラフの $y > 0$ の範囲を考えると納得がいく。$ax^2 + bx + c < 0$ だったら、同じくグラフの $y < 0$ の部分を見ればよい。

フスマを少しずつ開けるイメージで、不等式とグラフの関係を見てみよう。

<例1>　$x^2 - 4x + 3 < 0$

$y = x^2 - 4x + 3$ のグラフで $y < 0$ となるときの x の範囲を考える。

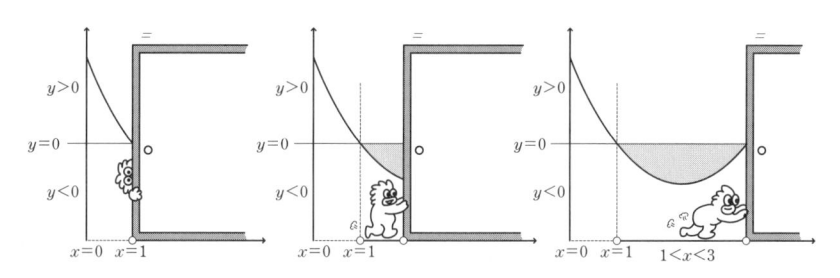

<例2>　$x^2 - 2x + 4 > 0$

$y = x^2 - 2x + 4$ のグラフで $y > 0$ となるときの x の範囲を考える。

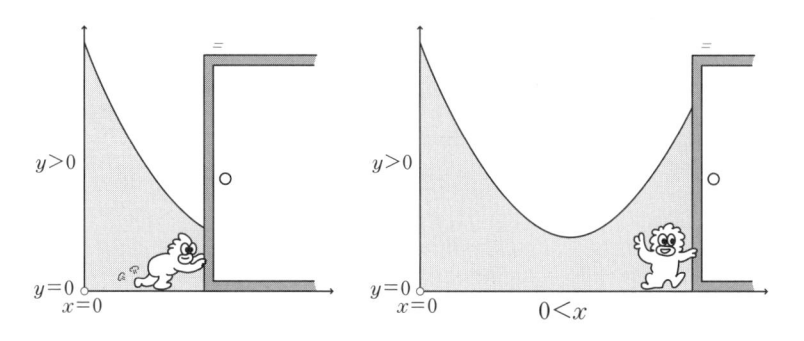

第4章　座標

● 2次不等式はマリンコースターで

　水陸両用のマリンジェットコースターをイメージして2次不等式を考えるとわかりやすい。

水中 … $y<0$ のときの x の範囲

空中 … $y>0$ のときの x の範囲

水面 … $y=0$ のときの x の値

このイメージができれば、

$x^2-2x+3<0$ を、$1-\sqrt{2}\,i<x<1+\sqrt{2}\,i$ なんて誰もしないよね。

$y=x^2-2x+3$
　　$=(x-1)^2+2$

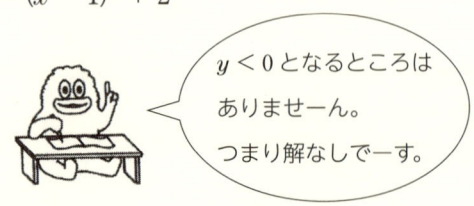

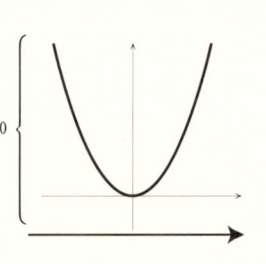

$y<0$ となるところはありませーん。つまり解なしでーす。

問1

(1) 2次不等式　$ax^2+bx+c>0$　が「解なし」となるのは a, b, c にどんな関係があるときか。

(2) グラフを考えることで、3次不等式 $x(x-1)(x-2)<0$ を解け。

→解答は巻末にあります。

2元不等式

● **正領域・負領域**

2つの変数の関数

$$f(x, y) = 4 - x^2 - y^2$$

の符号を調べよう。

例えば $(x, y) = (1, 2)$ のとき $f(1, 2) = 4 - 1^2 - 2^2 = -1$ で負。

また $(x, y) = (1, 1)$ のとき $f(1, 1) = 4 - 1^2 - 1^2 = 2$ で正である。でも1つひとつ調べるのは効率が悪い。

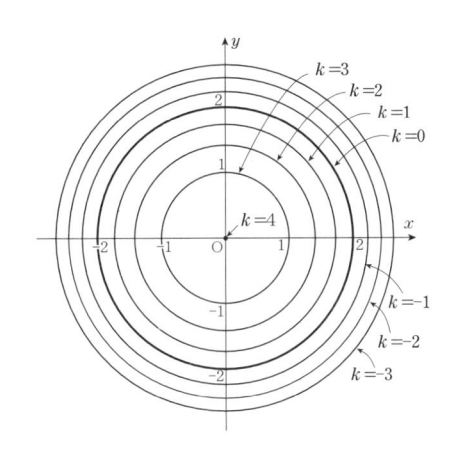

そこで $f(x, y) = k$ とおいて作った方程式 $x^2 + y^2 = 4 - k$ にいろいろな値を当てはめ考察する。$k < 4$ のときはいずれも原点が中心の同心円になる。例えば

$k = 0$ のときは、

$x^2 + y^2 = 4$(半径 2)

この円を C としよう。

$k = 3$ のときは、

$x^2 + y^2 = 1$(半径 1)、C より小さい円

$k = -3$ のときは、$x^2 + y^2 = 7$(半径 $\sqrt{7}$)、C より大きい円

また、$k = 4$ のときは、$x^2 + y^2 = 0$ で点 $(0, 0)$ を表すことがわかる。

k を地形図の高さとみなすと、これらの同心円は等高線と考えられる。つまり、0 の等高線は海岸線で円 C、プラスの等高線は陸地を表し

円 C の内部、マイナスの等高線は海を表し円 C の外部であることがわかる。

一般に $f(x, y)$ について、$f(x, y) > 0$ となる点 (x, y) の全体を正領域、$f(x, y) < 0$ となる点 (x, y) の全体を負領域、そして $f(x, y) = 0$ となる点 (x, y) を零点 (境界) と呼ぶ。

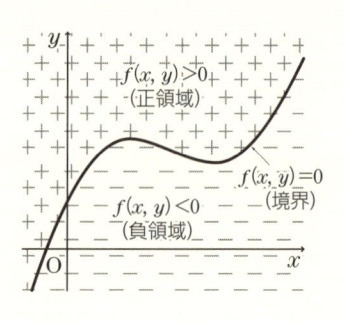

$f(x, y)$ が多項式で境界線がわかっているときは、正領域、負領域の判定は領域ごとに境界線以外の 1 点の座標を代入すればわかる。領域内では値は連続的に変化するので零点 (境界) をまたがない限り符号が変わらないからである。

● **2 元不等式の表す領域**

不等式 $xy(x^2 + y - 4) < 0$ を満足する領域を図示しよう。

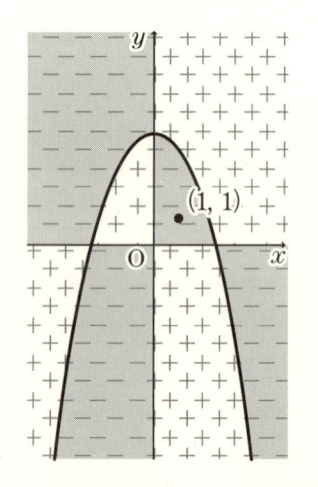

（ⅰ） $f(x, y) = xy(x^2 + y - 4)$ とおき負領域を求める。

（ⅱ） 境界は
$$f(x, y) = xy(x^2 + y - 4) = 0$$
すなわち、直線 $x = 0$ または直線 $y = 0$ または放物線 $y = -x^2 + 4$。これにより図のように平面全体は 8 つの領域に分割される。

（ⅲ） $f(1, 1) = 1 \cdot 1 \cdot (1^2 + 1 - 4) = -2 < 0$ より点 $(1, 1)$ を含む

側は負領域である。残りの領域の符号も同様にして決定する。

（iv）右図の斜線部が求める領域である。ただし境界は含まない。

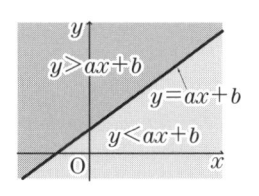

境界が直線 $y = ax + b$ や円 $x^2 + y^2 = r^2$ になるような領域は、簡便法がある。

$y > ax + b$ は境界の上側、

$y < ax + b$ は境界の下側

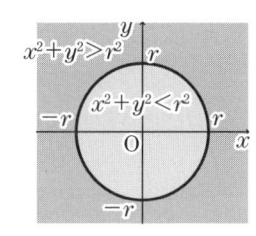

$f(x, y) = y - (ax + b)$ とすると、平面全体は直線 $y = ax + b$ によって2分割される。ある x に対して、y を十分大きくすれば $f(x, y) > 0$ とすることができるので正領域は直線の上側、すなわち $y > ax + b$ は境界線の上側を表す。同様に $y < ax + b$ は境界線の下側を表す。

$x^2 + y^2 < r^2$ は境界の内部

$x^2 + y^2 > r^2$ は境界の外部

$g(x, y) = x^2 + y^2 - r^2$ とすると、平面全体は円 $x^2 + y^2 = r^2$ によって2分割される。x, y を十分大きくすれば $g(x, y) > 0$ とできるので正領域は円の外部、すなわち $x^2 + y^2 > r^2$ は境界線の外部を表す。逆に、$x^2 + y^2 < r^2$ は円の内部を表す。

上の簡便法を用いて、次の2つの不等式

$$\begin{cases} x^2 + y^2 \leqq 4 \cdots ① \\ y \geqq -x + 2 \cdots ② \end{cases}$$

を同時に満足する領域を図示しよう。

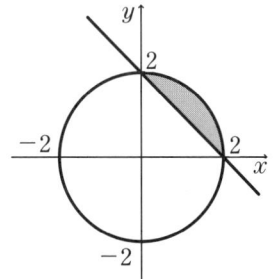

不等式①は、円 $x^2 + y^2 = 4$ の内部で、不等式②は、直線 $y = -x + 2$ の上側の領域を表す。①，②を同時に満足する領域は、図の斜線部になる。ただし境界を含む。

● **不等式の応用**

不等式の表す領域を使った応用問題を考えよう。
x, y が次の不等式を同時に満たすとき、$x + y$ の最大値を求める。

$$x \geq 0, \ y \geq 0, \ 3x + y \leq 9, \ x + 2y \leq 8 \cdots (*)$$

4つの連立不等式が表す領域は右図の斜線部分である。

次に、$x + y = k$ となる線は傾き -1 の直線 $y = -x + k$ である。いろいろな k の値の直線の群れをジッと眺めよう。

$x + y = k$ を高さ k の等高線とみなせば、四角形状で3方が切り立った崖の島のイメージが作れる。この島の最高地点を求めればよい。あきらかに高さ5の等高線がかする点 B(2, 3) が最高地点であることがわかる。

これより、$x = 2, y = 3$ のとき、最大値は $x + y = 2 + 3 = 5$ となる。

次に、同じ領域 $(*)$ で $x^2 + y^2$ の最大値を求めよう。高さ k の等高線 $x^2 + y^2 = k$ は、原点が中心の円である。いろいろな k の値の円の

群れをジッと眺めよう。すると下図より点 C $(0, 4)$ が最高地点であることがわかる。

これより、$x = 0,\ y = 4$ のとき、最大値は $x^2 + y^2 = 0^2 + 4^2 = 16$ となる。

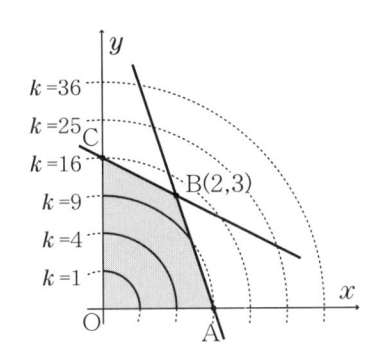

問1

(1) 不等式 $f(x, y) = xy(x + y - 1) > 0$ を満たす領域を図示しなさい。

(2) 前ページの領域 ($*$) で $7x + 2y$ の最大値を求めなさい。

→解答は巻末にあります。

4 エクスカーション

座標変換

● 平行移動の怪

　放物線 $y = x^2$ を x 軸方向に＋2 だけ平行移動すると、放物線 $y = (x - 2)^2$ になる。あれ？　平行移動の量が＋2 のとき式の符号が反対の $x - 2$ になっている、どうしてだろうか？

　これを理解するには、"放物線くん"の気持ちになって考えれば良い。"放物線くん"は右方向に＋2 だけ動かされたが、逆に"放物線くん"から見たら x 軸にそって y 軸が左方向に 2 だけ移動したように思うだろう。これが $x - 2$ になった原因である。

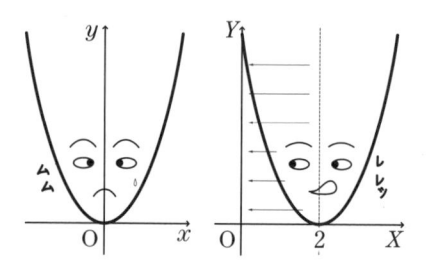

　これを正確に論じるため座標変換の考えを使う。上の図の x-y 座標を旧座標、X-Y 座標を新座標、新旧の座標の書き換えを座標変換という。上の平行移動の場合、もとの放物線は

$$y = x^2 \quad \cdots ①$$

座標変換の式は

$$X = x + 2, \quad Y = y \quad \cdots ②$$

である。①の放物線の座標の書き換えをするには②の式を変形して

$$x = X - 2, \ y = Y \ \cdots ③$$

としなければならない。これを①に代入すれば、変換後の放物線の方程式は、

$$Y = (X - 2)^2$$

になる。この放物線をもとの x-y 座標に埋め込む($X,\ Y$ を $x,\ y$ に書きかえる)と

$$y = (x - 2)^2$$

となる。座標変換では新座標から旧座標をみた③の式(逆変換)が重要で、これが放物線くんの気持ちを表している。

関数のグラフ $y = f(x)$ を x 軸方向に p、y 軸方向に q だけ平行移動したグラフの方程式を求めよう。

新旧座標の関係は、
$X = x + p, \ Y = y + q$
これを $x,\ y$ について解いた

$$x = X - p, \ y = Y - q$$

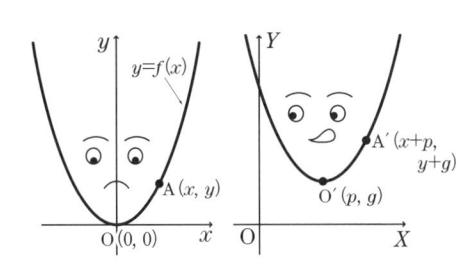

を旧座標の方程式 $y = f(x)$ に代入すると、求める方程式

$$y - q = f(x - q)$$

が導ける。

第4章 座標

● **わかりやすい？　対称移動**

放物線 $y = (x-2)^2$ を y 軸について対称移動したらどうなるだろうか。新旧座標の関係は、

$$X = -x, \quad Y = y \quad \cdots ④$$

で表される。式変形をすると

$$x = -X, \quad y = Y \cdots ⑤$$

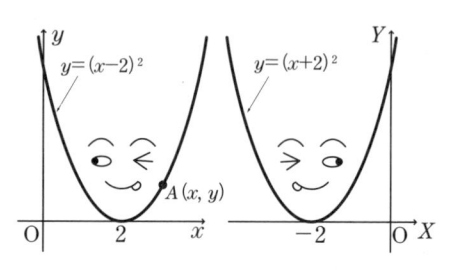

⑤を旧座標の方程式に代入すると

$$Y = (-X - 2)^2 = (X + 2)^2$$

すなわち放物線 $y = (x + 2)^2$ になる。

ところで、④と⑤は同じ形である。この特有の性質のためグラフの移動と座標軸の移動が同じ表現になってしまう。この場合は座標変換しなくても点の移動を追いかけてもよい。

一般に、グラフ $y = f(x)$ を対称移動したグラフは次のようになる。

x 軸対称　　点の移動 $(x, y) \to (x, -y)$　　　方程式　$-y = f(x)$

y 軸対称　　点の移動 $(x, y) \to (-x, y)$　　　方程式　$y = f(-x)$

原点対称　　点の移動 $(x, y) \to (-x, -y)$　　方程式　$-y = f(-x)$

● **相似変換の怪**

今度は座標軸の目盛りを拡大、縮小する変換を考える。

まず、x 軸、y 軸方向にそれぞれ 2 倍する相似変換について考える。

一夜にして 2 倍に大きくなった子どもは、まわりのものがすべて $\frac{1}{2}$ 倍になっているような感覚をもつだろう。

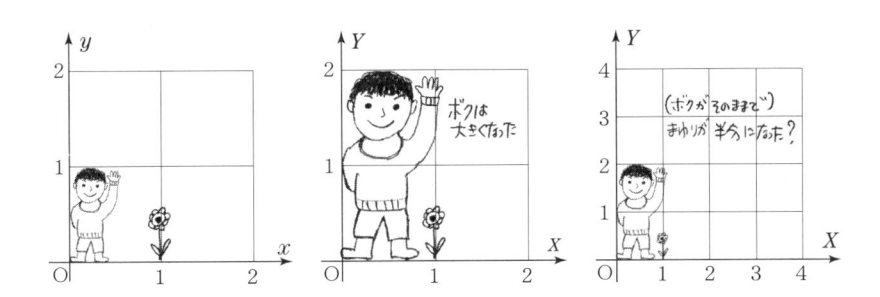

この座標変換の式は $X = 2x$, $Y = 2y$ であるので、逆に解いた

$$x = \frac{X}{2}, \quad y = \frac{Y}{2}$$

がこの子どもの感覚を表している。

　放物線 $y = x^2$ …① を $\frac{1}{3}$ 倍に縮小しよう。座標変換の式は、$X = \frac{x}{3}$, $Y = \frac{y}{3}$ であるので、逆に解いた $x = 3X$, $y = 3Y$ を①に代入すると、$Y = 3X^2$ を得る。ということは、この放物線は①を遠くから眺めたものと考えることができる。同様に、①を3倍に拡大した放物線 $Y = \frac{1}{3}X^2$ は、①を近くから眺めたものである。

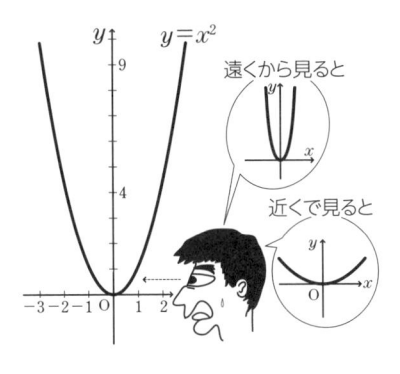

　つまり、放物線の形は①の1つだけで、他の放物線は①を拡大・縮小したもの(相似形)とみなせることがわかる。

　次に、原点が中心で半径1の円 $x^2 + y^2 = 1$ を x 軸方向に3倍、y 軸方向に2倍に拡大するような座標変換を考えよう。

第 4 章 座標

座標変換の式は $X = 3x,\ Y = 2y$ であるので、式変形した

$$x = \frac{X}{3},\ y = \frac{Y}{2}$$

を円の方程式に代入すると原点が中心で長軸半径 3, 短軸半径 2 の楕円の方程式

$$\frac{X^2}{9} + \frac{Y^2}{4} = 1$$

が導ける。

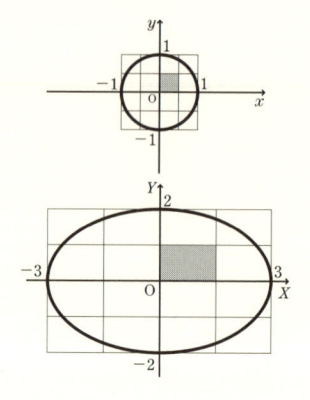

よって $\dfrac{x^2}{9} + \dfrac{y^2}{4} = 1$ となる。

問 1

正弦曲線 $y = \sin x$ を x 軸方向に $\dfrac{1}{2}$ 倍に縮小、y 軸方向に 2 倍に拡大した曲線の方程式を求めなさい。

→解答は巻末にあります。

第5章
数列

❶ 数列
等差数列・等比数列

❷ いろいろな数列とその和
Σ記号とn乗和

❸ 漸化式
漸化式

❹ 数列の極限
無限級数

❺ エクスカーション
母関数で遊ぶ

第 5 章　数列

1　数列

等差数列・等比数列

● 等差数列

最初の段だけはどういうわけか 30cm の高さで、他は 20cm の高さの階段が続いている。

1 段目、2 段目、3 段目、…と階段の高さを並べると、

　　30、50、70、90、…

という数列ができ、各数を項という。

古代ローマ時代の階段

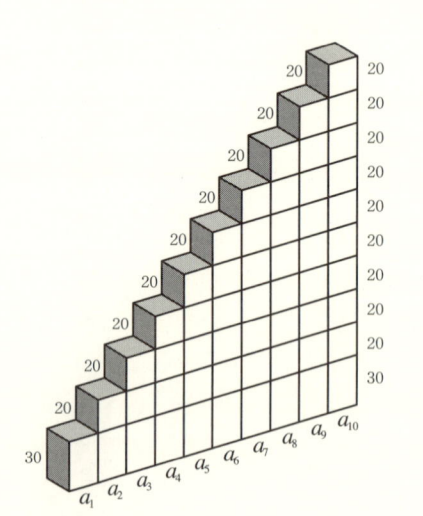

最初の数を初項といい、普通 a_1 と書く。この場合、初項 $a_1 = 30$ で、いずれの 2 項間の差も 20 なので、初項 30、公差 20 の等差数列という。

「この階段を 10 段上ったら、高さはいくらになるか」は、「この数列の 10 番目の項 a_{10} はいくら」ということになる。

左図から考えれば、

$a_1 = 30$

$a_2 = a_1 + 20 = 30 + 20 = 50$

$a_3 = a_2 + 20 = 30 + 2 \times 20 = 70$

$a_4 = a_3 + 20 = 30 + 3 \times 20 = 90$

…

$a_{10} = a_9 + 20 = 30 + 9 \times 20 = 210$

となっている。初項 30、公差 20 の等差数列の n 番目の項 a_n は、初項 30 に公差 20 を $(n-1)$ 回加えればいいので、

$$a_n = 30 + (n-1) \times 20$$
$$= 20n + 10$$

となる。

一般に、初項 a、公差 d の等差数列の n 番目の項 a_n は

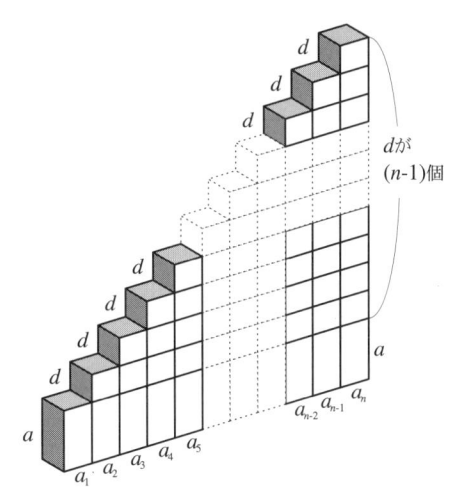

$$a_n = a + (n-1)d$$

となる。

問 1 次の数列はすべて、等差数列である。a_{101} と a_n を求めよ。

① $-5,\ 0,\ 5,\ 10,\ \cdots$

② $8,\ 5,\ 2,\ -1,\ \cdots$

③ $50,\ 51,\ 52,\ 53,\ \cdots$

第 5 章 数列

数列を「階段の高さの列」とだけ考えると、全部を加える気にはならない。しかし、「毎日もらう小遣いの額」と思うと、加えたくなる。

等差数列 30、50、70、90、…の初項から 10 番目までの和 を考える。

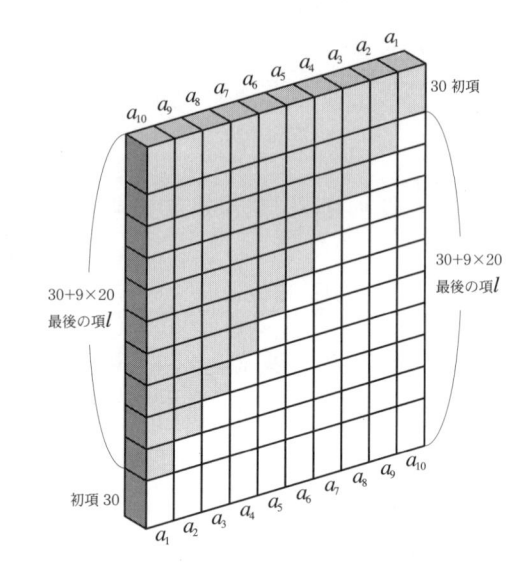

$$S_{10} = 30 + 50 + 70 + 90 + 110 + 130 + 150 + 170 + 190 + 210$$

の値は、図のように S_{10} の階段を 2 つドッキングすると、横が 10 個で縦が（初項＋最後の項）＝ $(30 + 210)$ の長方形になり、その総数は $10(30 + 210)$ になり、S_{10} はその半分なので、

$$S_{10} = \frac{10(30 + 210)}{2} = 1200 \text{ となる。}$$

一般のときも、図のように S_n の階段を二つドッキングすると、横が n 個で縦が（初項＋最後の項）＝ $(a + l)$ の長方形になり、その総数は $n(a + l)$ である。よって、初項 a、公差 d の等差数列で初項 a から n 番目の項 $a_n = l$ までの和 S_n は

$$S_n = \frac{項数(初項+最後の項)}{2}$$
$$= \frac{n(a+l)}{2}$$
$$= \frac{n\{a+a+(n-1)d\}}{2}$$
$$= \frac{n\{2a+(n-1)d\}}{2}$$

となる。

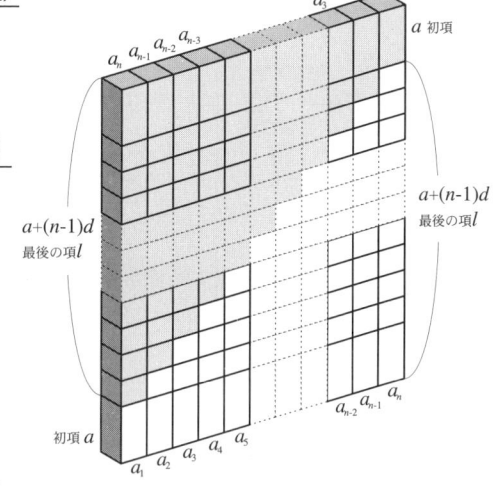

問2 次の等差数列の、初項から a_{101} までの和と、初項から a_n までの和を求めよ。

① $-5, \ 0, \ 5, \ 10, \ \cdots$

② $8, \ 5, \ 2, \ -1, \ \cdots$

③ $50, \ 51, \ 52, \ 53, \ \cdots$

● **等比数列**

階段の高さが、前の 1.3 倍になるようにしたらどうなるだろうか。ここでは、まず一般的に考えよう。

数列で、隣り合う 2 項の比が一定であるものを等比数列という。2 項の比が一定であるということは、次の項が前の項の r 倍であるということ。この r 倍を公比という。そこで、初項が a で、公比が r の等比数列のとき

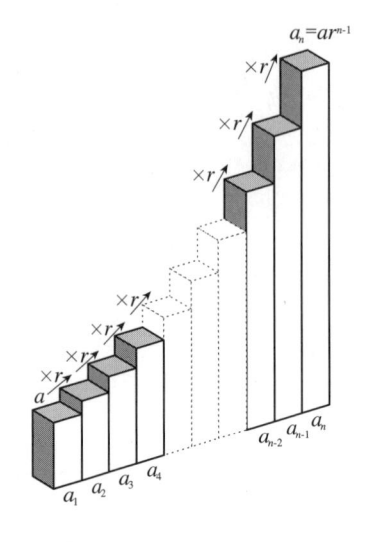

$a_1 = a$

$a_2 = a_1 r = ar$

$a_3 = a_2 r = ar^2$

$a_4 = a_3 r = ar^3$

…

$a_n = a_{n-1} r = ar^{n-1}$

となる。

そこで、初項が 30 で、公比が 1.3 のとき

$a_{10} = 30 \times 1.3^9 ≒ 318.1$

となる。

問3 厚さ 0.3mm の紙を半分に切って重ねると、2 倍の厚さ 0.3×2 (mm) になる。それをまた半分に切って重ねると 0.3×2^2 (mm) となる。これを 23 回繰り返すと厚さ(高さ)はいくらになるか求めよ。

〈注意〉

やってみればわかるが、こんなことは実行不可能である。しかし、「仮にできたとすると、こうなるはず」といえるのが、数の力の面白いところである。

では、等比数列の初項から n 番目までの和

$$S_n = \underbrace{a + ar + ar^2 + ar^3 + \cdots + ar^{n-1}}_{n \text{ 個}}$$

はどうなるだろう。上の式の両辺に r をかけて次のように計算する。

$$\begin{aligned}rS_n &= ar + ar^2 + ar^3 + \cdots + ar^{n-1} + ar^n \\ -)S_n &= a + ar + ar^2 + ar^3 + \cdots + ar^{n-1} \\ \hline (r-1)S_n &= -a \phantom{+ ar + ar^2 + ar^3 + \cdots + ar^{n-1}} + ar^n\end{aligned}$$

公比 r が 1 でなければ、

$$S_n = a \cdot \frac{r^n - 1}{r - 1}$$

となる。当然、$S_n = a \cdot \dfrac{1 - r^n}{1 - r}$ でもいい。また、初項が $a = 1$ のとき

$$S_n = 1 + r + r^2 + r^3 + \cdots + r^{n-1} = \frac{1 - r^n}{1 - r}$$

になる。

問 4 次の等比数列の和を求めよ。

① $3 + 3 \cdot 2 + 3 \cdot 2^2 + 3 \cdot 2^3 + \cdots + 3 \cdot 2^9$

② $1 + \dfrac{1}{3} + \dfrac{1}{3^2} + \dfrac{1}{3^3} + \cdots + \dfrac{1}{3^{10}}$

③ $8 - 8 \cdot 3 + 8 \cdot 3^2 - 8 \cdot 3^3 + \cdots - 8 \cdot 3^9$

問 5 ジュンさんは会社の経営を心配して、次のようなことを社長に申し入れた。「経営も苦しいでしょうから、私は今月の給料は 1 円で結構です。来月は 2 円、3 ヶ月目は 4 円、4 ヶ月目は 8 円と、倍々にしてください。3 年間はこれで辛抱します。」ジュンさんは、36 ヶ月で合計いくらの給料を受け取ることになるか求めよ。

→解答は巻末にあります。

2 いろいろな数列とその和

Σ記号と n 乗和

$\sum_{k=1}^{n} k, \ \sum_{k=1}^{n} k^2, \ \sum_{k=1}^{n} k^3$ を眺める

Σ（シグマ）の記号を見ると、思考停止になるという高校生が多い。そんなに恐ろしいものではないのだ。そこで…。

1, 2, 3, 4, 5, 6, 7, 8, 9, 10 と数が並んでいたら、たしたくなる。その昔、○を使っていろいろな数列の和を求めた。

まず、1 + 2 + 3 + 4 + 5 + 6 + 7 + 8 + 9 + 10 を○で眺めてみる。

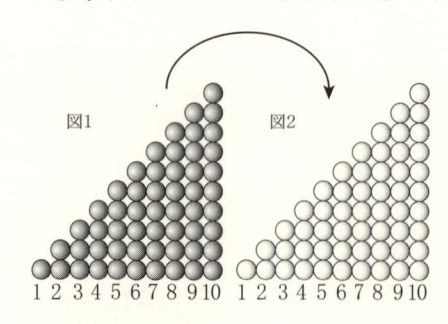

図1、図2とも○の数は同じ個数で、1 + 2 + 3 + 4 + 5 + 6 + 7 + 8 + 9 + 10 で求められる。図1を図2へ合体すると図3になる。

図3の○の個数は

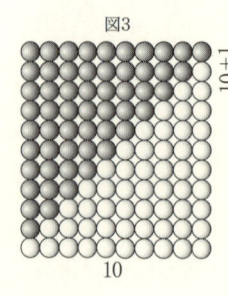

$10 \times (10 + 1) = 10 \times 11 = 110$。

ということで、図1、図2ともその個数は半分で

$1 + 2 + 3 + 4 + 5 + 6 + 7 + 8 + 9 + 10$
$= \dfrac{10 \times (10 + 1)}{2}$
$= \dfrac{110}{2} = 55$。同じように考えると、

$1 + 2 + 3 + 4 + \cdots + n = \dfrac{n(n+1)}{2}$ がわかる。

さて突然、$1 + 2 + 3 + 4 + 5 + 6 + 7 + 8 + 9 + 10 + 9 + 8 + 7 + 6 + 5 + 4 + 3 + 2 + 1 = 10^2$

となる。

同じようにして、

$1 + 2 + 3 + \cdots + (n-1) + n + (n-1) + \cdots + 3 + 2 + 1 = n^2$ となる。

どうして急にこんなことをいうの？ それは後で使うから。

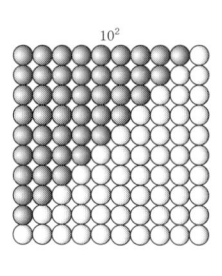

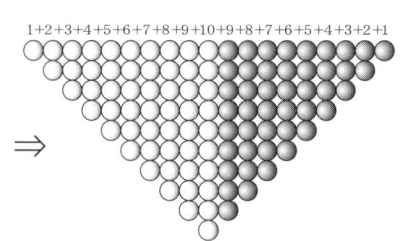

さて、Σ は「シグマ」といってギリシャ文字で、英語のSにあたる。sumは英語で"和"のこと。そこで、よく数列の和は

$\displaystyle\sum_{k=1}^{5} k = 1 + 2 + 3 + 4 + 5$

$\displaystyle\sum_{k=1}^{5} k^2 = 1^2 + 2^2 + 3^2 + 4^2 + 5^2$

$\displaystyle\sum_{k=1}^{5} k^3 = 1^3 + 2^3 + 3^3 + 4^3 + 5^3$

$\displaystyle\sum_{k=3}^{6} k(k+1) = 3\cdot 4 + 4\cdot 5 + 5\cdot 6 + 6\cdot 7$

どこまで
Σ
この変数を、どこから

などと、Σ を使って書く。すると、$1 + 2 + 3 + 4 + \cdots + n$ は

$\displaystyle\sum_{k=1}^{n} k = 1 + 2 + 3 + 4 + \cdots + n = \dfrac{n(n+1)}{2}$ と書ける。

今度は、

第5章 数列

$\sum_{k=1}^{n} k^2 = 1^2 + 2^2 + 3^2 + 4^2 + \cdots + n^2$

を考えよう。とりあえず、

$\sum_{k=1}^{5} k^2 = 1^2 + 2^2 + 3^2 + 4^2 + 5^2$ で工夫する。

次の図の〇の個数の総数が $\sum_{k=1}^{5} k^2$ になるので、〇の総数の求め方を考えよう。

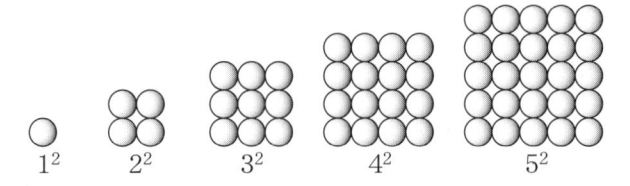

1^2 2^2 3^2 4^2 5^2

もう、後は眺めるだけ。

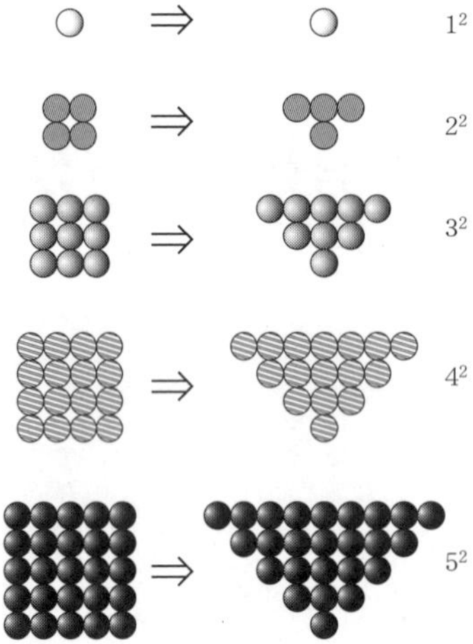

⇒ 1^2
⇒ 2^2
⇒ 3^2
⇒ 4^2
⇒ 5^2

1^2
2^2
3^2
4^2
5^2

前ページの上の性質で n^2 を変形。そして、$1^2, 2^2, 3^2, 4^2, 5^2$ 各2つで作った枠の中に入れていく。

すると、「完成！」のように長方形になる。ということは

$3 \times (1^2 + 2^2 + 3^2 + 4^2 + 5^2)$
$= (1 + 2 + 3 + 4 + 5)(2 \times 5 + 1)$
$= \dfrac{5(5+1)(2 \times 5 + 1)}{2}$

よって1つ分は

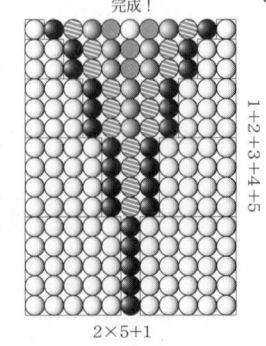

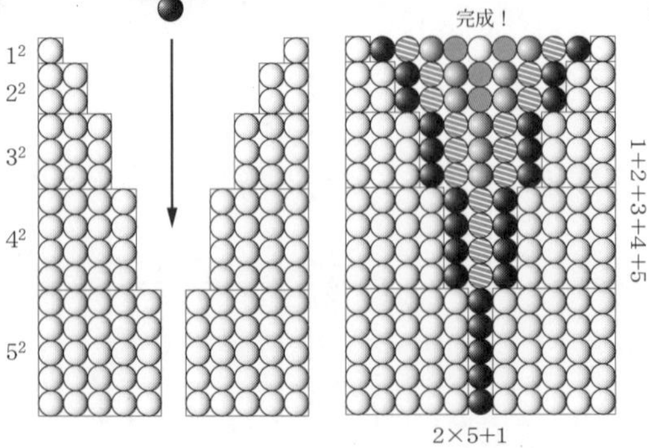

完成！

$1+2+3+4+5$

$2 \times 5 + 1$

$$\sum_{k=1}^{5} k^2 = 1^2 + 2^2 + 3^2 + 4^2 + 5^2 = \frac{5(5+1)(2 \times 5+1)}{6} = \frac{5 \cdot 6 \cdot 11}{6} = 55$$

一般化するために、「5」を n と考えると

$$\sum_{k=1}^{n} k^2 = 1^2 + 2^2 + 3^2 + \cdots + n^2 = \frac{n(n+1)(2n+1)}{6}$$

で間違いない！

今度は $\sum_{k=1}^{n} k^3 = 1^3 + 2^3 + 3^3 + \cdots + n^3$。

とりあえず、$\sum_{k=1}^{5} k^3 = 1^3 + 2^3 + 3^3 + 4^3 + 5^3$ で工夫しよう。

〇 1^3

2^2 が2個で 2^3

3^2 が3個で 3^3

4^2 が4個で 4^3

5^2 が5個で 5^3

1+2+3+4+5

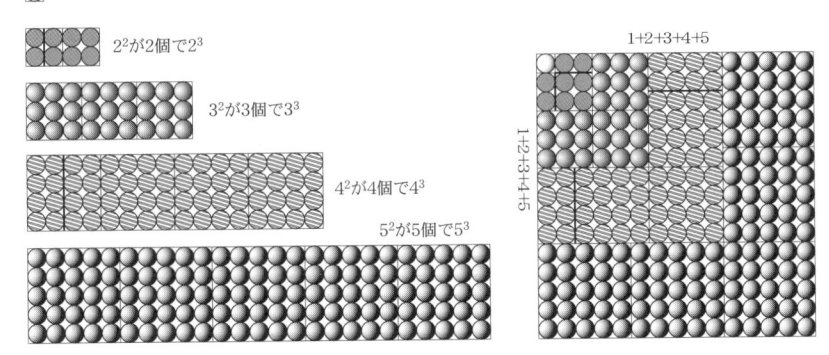

1+2+3+4+5

左の〇をくっつけていけば、右の図になる。なんと正方形！ その一辺は、$1+2+3+4+5$ なので、

$$\sum_{k=1}^{5} k^3 = 1^3 + 2^3 + 3^3 + 4^3 + 5^3 = (1+2+3+4+5)^2$$

$$= \left\{\frac{5(5+1)}{2}\right\}^2 = 225。$$

ということは、

$$\sum_{k=1}^{n} k^3 = 1^3 + 2^3 + 3^3 + \cdots + n^3 = \left\{\frac{n(n+1)}{2}\right\}^2$$

で大丈夫。

さて、式で $\sum_{k=1}^{n} k^2$ を求めるのに $\sum_{k=1}^{n} k = \frac{n(n+1)}{2}$ がわかっているとして、次のような方法がある。

恒等式 $(x+1)^3 = x^3 + 3x^2 + 3x + 1$ の x に 1, 2, 3, 4, …, n を代入して、それぞれの左辺と右辺を加えると左下のようになる。最後の式を変形すると

$$3\sum_{k=1}^{n} k^2 = (n+1)^3 - 1^3 - 3\sum_{k=1}^{n} k - n = \frac{2n^3 + 3n^2 + n}{2}$$

$$\begin{array}{r}
2^3 = 1^3 + 3 \cdot 1^2 + 3 \cdot 1 + 1 \\
3^3 = 2^3 + 3 \cdot 2^2 + 3 \cdot 2 + 1 \\
4^3 = 3^3 + 3 \cdot 3^2 + 3 \cdot 3 + 1 \\
5^3 = 4^3 + 3 \cdot 4^2 + 3 \cdot 4 + 1 \\
\cdots \\
+\ (n+1)^3 = n^3 + 3 \cdot n^2 + 3 \cdot n + 1 \\
\hline
(n+1)^3 = 1^3 + 3\sum_{k=1}^{n} k^2 + 3\sum_{k=1}^{n} k + n
\end{array}$$

となる。これから

$$\sum_{k=1}^{n} k^2 = \frac{n(n+1)(2n+1)}{6}$$

となる。この方法を聞くと、「○で考えた方が面白い」と思う。でも、この方法の良い点は、次々と $\sum_{k=1}^{n} k^3$, $\sum_{k=1}^{n} k^4$, $\sum_{k=1}^{n} k^5$ が求められることだ。

問1 $\sum_{k=1}^{n} k, \sum_{k=1}^{n} k^2, \sum_{k=1}^{n} k^3$ は既知として、$(x+1)^5 = x^5 + 5x^4 + 10x^3 + 10x^2 + 5x + 1$ の x に 1, 2, 3, 4, …, n を代入して、$\sum_{k=1}^{n} k^4$ を求めよ。

問2 $\sum_{k=1}^{n}(ma_k + nb_k) = m\sum_{k=1}^{n} a_k + n\sum_{k=1}^{n} b_k$ を使い、次の和を求めよ。

① $\sum_{k=1}^{n} k(k+1)$ ② $1^2 + 3^2 + 5^2 + \cdots + (2n-1)^2$

→解答は巻末にあります。

3 漸化式

漸化式

● $a_{n+1} = pa_n + q$ 型漸化式から一般項を求める

　唐の都、洛陽の西の門の下で、財産を使いつくしたイトジュンが空をあおいでいた。そこに、ネコ仙人が現れた。「どうしたのじゃ。」「腹がへって動けないのです。」「ではこれをお前にやろう。」ネコ仙人は、バイバイ饅頭という1日に2倍に増える不思議な饅頭をイトジュンに与えた。「この饅頭を今食べてしまえば、空腹はしのげるが、また明日からは何もない生活が始まる。どうすればよいか考えるのじゃ。ではバイバイ〜ン。」ネコ仙人はそう言い残して消えてしまった。

　では、イトジュンにかわって、いろいろなケースを考えてみよう。

＜ケース①＞　何もしない場合

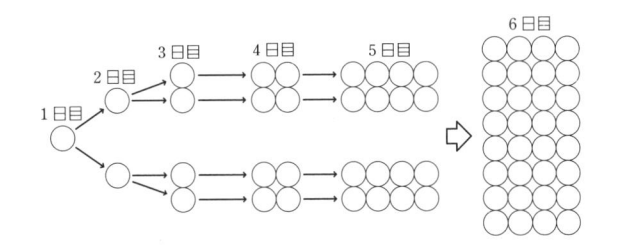

n 日目の饅頭の個数を a_n、$n+1$ 日目の個数を a_{n+1} とし、関係式を作ると、$a_{n+1} = 2a_n\ (a_1 = 1)$ となる。これが漸化式である。n 日目の個数（一般項）は、$a_n = 2^{n-1}$ 個となり、爆発的に増え続け、これでは洛陽どころか、宇宙が饅頭で埋め尽くされてしまう。

<ケース②> 2日目に2個食べてしまう

ケース②を漸化式で表すと、$a_{n+1} = 2a_n - 2\ (a_1 = 1)$ となるが、2日目以降は、饅頭がなくなってしまう。お楽しみ消滅型である。

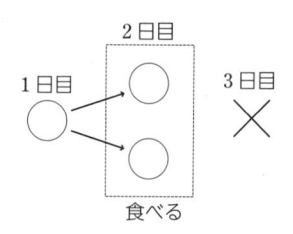

<ケース③> 2日目から毎日1個食べる

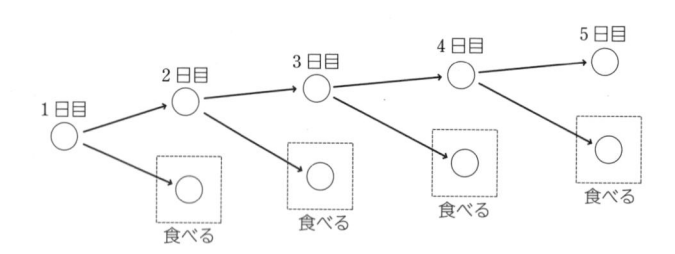

漸化式では、$a_{n+1} = 2a_n - 1\ (a_1 = 1)$。$2 \times 1 - 1 = 1$ なので、毎日同じ状態が継続される。これだと宇宙は饅頭で埋め尽くされないし、毎日お楽しみが継続する。つまり、イトジュンは毎日1個食べるか、人に食べさせればよいことがわかった。

3 漸化式

● サンバイ饅頭だったら

　もし、バイバイ饅頭ではなく、1日で3倍に増える「サンバイ饅頭」だったらどうなるだろう。

<ケース①>　毎日1個食べる

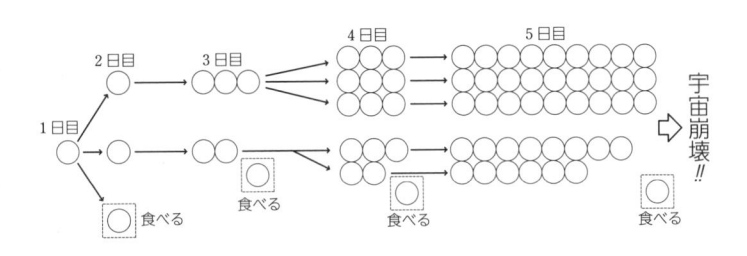

<ケース②>　毎日2個食べる

　ケース①では、食べる分が増える分を押さえられず、爆発的に増加していく。ケース②では、常に同じ状態がキープされていることがわかる。

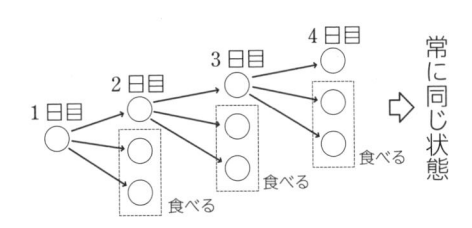

　では、もし饅頭が最初に2個あったとして、毎日2個食べることにすると（漸化式は $a_{n+1} = 3a_n - 2$、$a_1 = 2$）、n 日目は何個になるか考えてみよう。

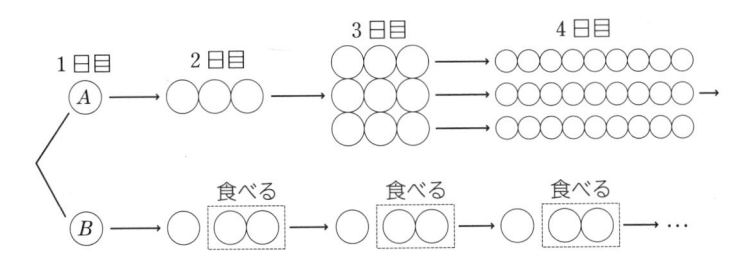

Aから生まれていく饅頭には手をつけず、Bの方から毎日2個ずつ食べることにすると、

Aは $1 \to 3 \to 9 \to 27 \to 81 \to 243 \to \cdots\cdots$ (n 日目は 3^{n-1})

Bは $1 \to 1 \to 1 \to 1 \to \cdots\cdots\cdots\cdots\cdots\cdots\cdots\cdots\cdots$ (n 日目は 1)

よって、n 日目の個数は $3^{n-1} + 1$ 個となる。つまり、漸化式

$a_{n+1} = 3a_n - 2\,(a_1 = 2)$ を解くと、一般項 $a_n = 3^{n-1} + 1$ が得られる。

● **ヨンバイ饅頭だったら**

漸化式 $a_{n+1} = 4a_n - 6$ $(a_1 = 3)$ を解こう。これは毎日4倍に増え続ける饅頭を、6個食べていくというケースである。

まず、4倍になって6個食べたとき、前と同じ状態になるような個数を求める。$4 \times \alpha$ 個 $- 6$ 個 $= \alpha$ 個　を解いて、$\alpha = 2$

$a_1 = 3$ なので、$3 = 1 + 2$ と分解して考えるとわかりやすくなる。

$a_n = 4^{n-1} + 2$　と一般項が得られた。

これまでのことから、$a_{n+1} = pa_n + q$ 型の漸化式は、次のような流れで解いていけばよいことがわかる。

＜例＞　$a_{n+1} = 3a_n + 2$ $(a_1 = 1)$ …※

① $\alpha = 3\alpha + 2$ となる α を求める $(\alpha = -1)$

② これら2つの式の辺々の差をとると

$$\begin{array}{r} a_{n+1} = 3a_n + 2 \\ -\underline{)\quad \alpha = 3\alpha + 2} \\ a_{n+1} - \alpha = 3(a_n - \alpha) \end{array}$$

このように $a_n - \alpha = a_n - (-1) = a_n + 1$ は初項が $a_1 + 1 = 2$、公比3の等比数列なので $a_n + 1 = 2 \times 3^{n-1}$ すなわち、$a_n = 2 \times 3^{n-1} - 1$

問1

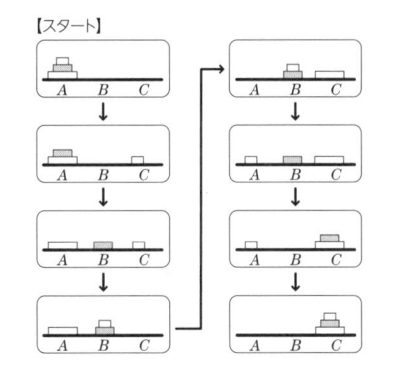

ハノイの塔というパズルがある。3つのバーに何枚かの円板が重ねてあって、それを別のバーに移動させる。ルールは一度に1枚ずつ移動させることと、小さい円板の上に大きい円板を乗せてはならないというものである。図は円板が3枚の例で、このときの最短移動手数は7手である。

円板が n 枚のとき、最短移動手数を求めるために漸化式を作り、一般項を求めよ。

→解答は巻末にあります。

④ 数列の極限

無限級数

● 数列の極限

　17世紀にウォリスが導入した無限大の記号（∞）は、アッという間に数学者だけでなく世間一般に広がった。どうやら∞には、人々を引きつける神秘的魅力があるらしい。

　さて、自然数 n が"どんどん増え続ける状態"をどう表現したらよいだろうか。「$n = \infty$」と表すのは大きな問題がある。本当に n は ∞ になれるのか。もしそうなら ∞ より大きな数 は何を表すのか…。

　そこで生まれたのが極限の記号（→）。この記号を使うと上の状態は

$$n \to \infty$$

と書ける。これなら問題は起こらない。

　さて $n \to \infty$ のときの数列 $\{a_n\}$ の振る舞いを調べよう。

　例えば、等比数列 $\{2^n\}$ は、

$$2, \ 4, \ 8, \ 16, \ 32, \ 64, \ \cdots$$

と際限なく大きくなる。この状態を ∞ に発散するといい、

$$n \to \infty \quad \text{のとき} \quad 2^n \to \infty \quad \text{または} \quad \lim_{n \to \infty} 2^n = \infty$$

と書く。極限記号 lim はリミット（limit；限界、極限）と読む。

次に、等比数列 $\left\{\left(\dfrac{1}{2}\right)^n\right\}$ は

$$\dfrac{1}{2},\ \dfrac{1}{4},\ \dfrac{1}{8},\ \dfrac{1}{16},\ \dfrac{1}{32}\cdots$$

と際限なく 0 に近づく。この状態を 0 に収束するといい、

$$n\to\infty\ \text{のとき}\ \left(\dfrac{1}{2}\right)^n\to 0\ \text{または}\ \lim_{n\to\infty}\left(\dfrac{1}{2}\right)^n=0$$

と書く。また、この 0 を極限値という。

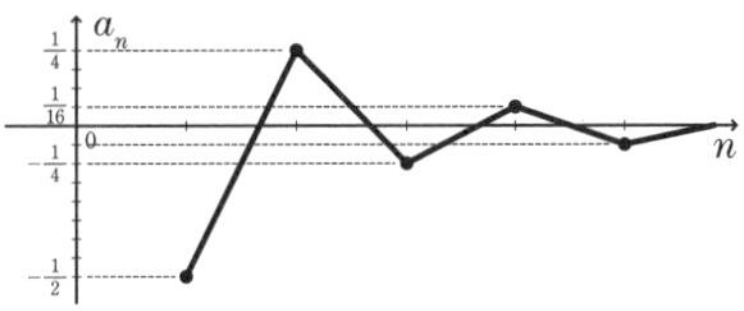

等比数列 $\left\{\left(-\dfrac{1}{2}\right)^n\right\}$ の振る舞いは少し複雑で、図のように

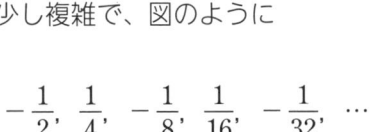

$$-\dfrac{1}{2},\ \dfrac{1}{4},\ -\dfrac{1}{8},\ \dfrac{1}{16},\ -\dfrac{1}{32},\ \cdots$$

と振動しながら 0 に近づく。この状態も 0 に収束するといい、

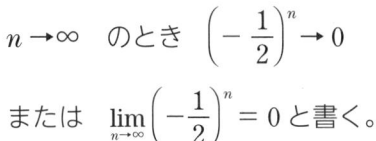

$$n\to\infty\ \text{のとき}\ \left(-\dfrac{1}{2}\right)^n\to 0$$

または $\lim\limits_{n\to\infty}\left(-\dfrac{1}{2}\right)^n=0$ と書く。

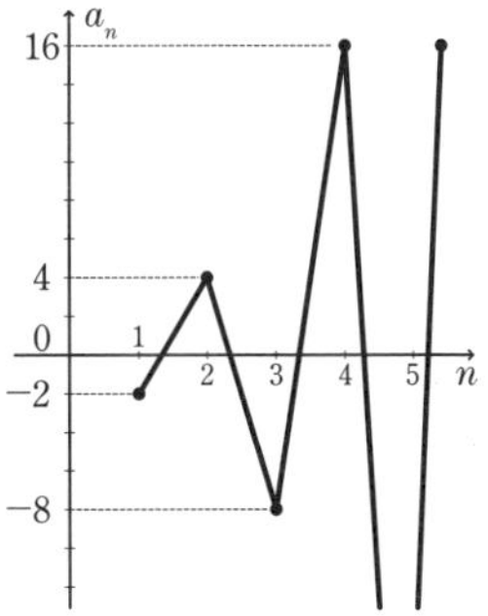

等比数列 $\{(-2)^n\}$ の振る舞いは、

$$-2,\ 4,\ -8,\ 16,\ -32,\ \cdots$$

と振動の幅を大きくしながら暴れ回る。この状態は振動しながら発散という。

一般に、等比数列 $\{r^n\}$ の収束、発散は右のようにまとめられる。$-1 < r \leq 1$ のとき、収束、さもなければ発散ということである。

$$\lim_{n \to \infty} r^n = \begin{cases} \infty & (r > 1) \\ 1 & (r = 1) \\ 0 & (-1 < r < 1) \\ \text{振動しながら発散} & (r \leq -1) \end{cases}$$

● **無限等比級数**

初項が a、公比が r の無限に続く等比数列 $\{ar^{n-1}\}$ を考えよう。この数列の項を＋で結んだ式

$$a + ar + ar^2 + \cdots + ar^{n-1} + \cdots \quad \cdots ①$$

を無限等比級数という。また、初項から第 n 項までの和

$$S_n = a + ar + ar^2 + \cdots + ar^{n-1}$$

を①の部分和という。そして、

$$\lim_{n \to \infty} S_n$$

が有限の値 S に収束するとき、①は収束しこの S を①の和という。また部分和 S_n が発散するとき、①は発散するという。

①の部分和 S_n は $r \neq 1$ のとき等比数列の和の公式より、

$$S_n = a + ar + ar^2 + \cdots + ar^{n-1} = \frac{a(1-r^n)}{1-r}$$

と書ける。$-1 < r < 1$ のとき、$\lim_{n \to \infty} r^n = 0$ なので①の和 S は

$$S = \lim_{n \to \infty} \frac{a(1-r^n)}{1-r} = \frac{a}{1-r}$$

となる。また、$r \geqq 1$ や $r \leqq -1$ のとき、①は発散する。すなわち①の収束条件は $-1 < r < 1$ で、その和は

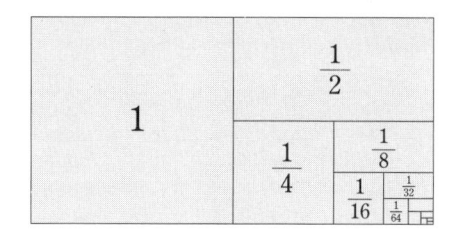

$$S = \frac{a}{1-r}$$

となる。例えば、初項が 1、公比が $\frac{1}{2}$ の無限等比級数の和は、

$$1 + \frac{1}{2} + \left(\frac{1}{2}\right)^2 + \left(\frac{1}{2}\right)^3 + \cdots = \frac{1}{1-\frac{1}{2}} = 2$$

となる。信じられない人は、上の図を見れば納得できるはず。

● **無限等比級数の応用**

循環小数の循環する部分は、無限等比級数と見なすことができる。例えば、$0.\dot{4}\dot{5}$ は、初項が $\frac{45}{100}$、公比 $\frac{1}{100}$ の無限等比級数である。よって

$$0.4545\cdots = \frac{45}{100} + \frac{45}{100^2} + \frac{45}{100^3} + \cdots = \frac{45}{100} \cdot \frac{1}{1-\frac{1}{100}} = \frac{5}{11}$$

また、$0.\dot{9}$ は、初項が $\frac{9}{10}$、公比 $\frac{1}{10}$ の無限等比級数である。よって

$$0.9999\cdots = \frac{9}{10} + \frac{9}{10^2} + \frac{9}{10^3} + \cdots = \frac{9}{10} \cdot \frac{1}{1-\frac{1}{10}} = 1$$

となる。素朴な直感では $0.999\cdots < 1$ だが、数学では厳密に $0.999\cdots$ は 1 に等しいことが示せる。それは $0.999\cdots$ という記号で「等比級数の極限値を表す」と解釈するからである(「9 を次々と並べていく」過程ではない!)。

第5章 数列

問1

次の計算をしなさい。（まず分母分子を 3^n で割る）

① $\displaystyle\lim_{n\to\infty} \frac{2^n}{3^n - 2^n}$ ② $\displaystyle\lim_{n\to\infty} \frac{3^n - 2^n}{3^n + 2^n}$

問2 この図から

$$1 + \frac{1}{3} + \left(\frac{1}{3}\right)^2 + \left(\frac{1}{3}\right)^3 \cdots$$

を予想し、公式での答えと一致することを示せ。

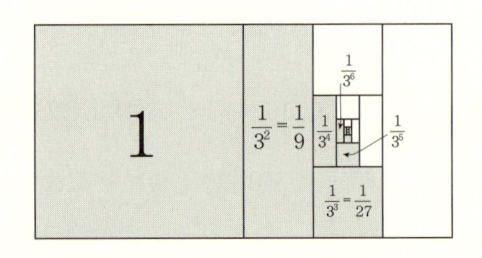

問3 銀行は、預金者から預かった10億円の10％を手元におき、90％の9億円を企業に貸し付ける。9億円は回り回ってまた銀行に預けられる。銀行は、その9億円の10％を手元におき90％の8.1億円を企業に貸し付け…。こうして、銀行と企業の間を循環するうちに銀行の預金通貨がどんどん増えていく。はじめの10億円はどこまで増えるのだろうか？

→解答は巻末にあります。

5 エクスカーション

母関数で遊ぶ

x の多項式から、係数を取り出して数列を作ることを考える。

例えば、$(1+x)^3 = 1 + 3x + 3x^2 + x^3 \rightarrow (1, 3, 3, 1)$

つまり、$f(x) = (1+x)^3$ は、数列 $(1, 3, 3, 1)$ を産み出す関数といえる。

今度は逆に、$\{1, 2, 4, 8, 16, \cdots\}$ という無限数列を 1 つの式で表すことを考えよう。

$f(x) = 1 + 2x + 4x^2 + 8x^3 + \cdots$ とおくと、これは、公比 $2x$ の無限等比級数の和なので、$|2x| < 1$ のとき収束して、$f(x) = \dfrac{1}{1-2x}$ と書ける。

$$\begin{array}{r} 1+2x+4x^2+8x^3+\cdots \\ 1-2x \overline{)1} \\ \underline{-)\,1-2x} \\ 2x \\ \underline{-)\,2x-4x^2} \\ 4x^2 \\ \underline{-)\,4x^2-8x^3} \\ 8x^3 \end{array}$$

実際、図 1 のように「無理やり」わり算をして係数を調べると、確かに 1、2、4、8 $\cdots$ が生成されている。

この $f(x)$ を、数列 $a_n = 2^{n-1}$ の母関数という。

等比数列 $(a, ar, ar^2, ar^3, \cdots)$ を表す母関数は、$f(x) = \dfrac{a}{1-rx}$ と表せる。

例えば、$f(x) = 1 + 2x + 3x^2$ を数列 $(1, 2, 3, 0, 0, \cdots)$ の母関数

と考えることにすると、母関数の実数倍や母関数どうしの和・差はベクトルの計算と同じように定義することができる。また、$x^2 f(x) = (0, 0, 1, 2, 3, 0, 0, \cdots)$ のように、x^k をかけると、数列が k 桁右にシフトされることがわかる。このことから、例えば、かけ算 $(1 + 3x + x^2)f(x)$ は次のように行なう。

$(1 + 3x + x^2)f(x)$
$= (1, 2, 3, 0, 0, \cdots) + 3(0, 1, 2, 3, 0, 0, \cdots) + (0, 0, 1, 2, 3, 0, 0, \cdots)$
$= (1, 5, 10, 11, 3, 0, 0, \cdots) = 1 + 5x + 10x^2 + 11x^3 + 3x^4$

無限数列 $(1, 2, 3, 4, 5, \cdots)$ の母関数 F を次の手順で求めてみる。
 $F = (1, 2, 3, 4, 5, \cdots)$
 $xF = (0, 1, 2, 3, 4, \cdots)$ (x をかけたので右に 1 桁シフト)
これらを辺々ひくと $(1 - x)F = (1, 1, 1, 1, \cdots)$

ここで、$(1, 1, 1, 1, \cdots) = \dfrac{1}{1-x}$ なので(公比 1 の等比数列)

$(1 - x)F = \dfrac{1}{1-x}$ つまり、$F = \dfrac{1}{(1-x)^2}$

今度は漸化式 $a_{n+2} = a_{n+1} + a_n$ ($a_1 = 1$, $a_2 = 1$) で表される数列(フィボナッチ数列)の母関数を求めてみよう。項を並べてみると
 $1, 1, 2, 3, 5, 8, 13, 21, \cdots$ この数列の母関数を f とおく。

 $f = (1, 1, 2, 3, 5, 8, \cdots)$ $\cdots$ ①
 $xf = (0, 1, 1, 2, 3, 5, 8, \cdots)$ $\cdots$ ②
 $x^2 f = (0, 0, 1, 1, 2, 3, 5, 8, \cdots)$ $\cdots$ ③

②+③とすると $(x + x^2)f = (0, 1, 2, 3, 5, 8, \cdots)$ 両辺に 1 をたして

$1 + (x + x^2)f = (1, 1, 2, 3, 5, 8, \cdots) = f$

この式から f を求めると、$f = \dfrac{1}{1 - x - x^2}$ (これがフィボナッチ数列の母関数)

では、この母関数から一般項を求めてみよう。

$$f = \frac{1}{1 - x - x^2} = \frac{1}{(1 - \alpha x)(1 - \beta x)} \quad \text{とおくと}$$

$$f = \frac{1}{(\alpha - \beta) x} \left(\frac{1}{1 - \alpha x} - \frac{1}{1 - \beta x} \right) \quad \text{と変形できる。}$$

ここで、$\dfrac{1}{1 - \alpha x}$, $\dfrac{1}{1 - \beta x}$ はそれぞれ等比数列 $\{\alpha^{n-1}\}$, $\{\beta^{n-1}\}$ の母関数だったから

$$f = \frac{1}{(\alpha - \beta) x} \{(1 + \alpha x + \alpha^2 x^2 + \alpha^3 x^3 + \cdots) - (1 + \beta x + \beta^2 x^2 + \beta^3 x^3 + \cdots)\}$$

$$= \frac{1}{(\alpha - \beta) x} \{(\alpha - \beta) x + (\alpha^2 - \beta^2) x^2 + (\alpha^3 - \beta^3) x^3 + \cdots\}$$

$$= 1 + \frac{\alpha^2 - \beta^2}{\alpha - \beta} x + \frac{\alpha^3 - \beta^3}{\alpha - \beta} x^2 + \frac{\alpha^4 - \beta^4}{\alpha - \beta} x^3 + \cdots$$

第 n 項目の係数が $\{a_n\}$ なので、$a_n = \dfrac{\alpha^n - \beta^n}{\alpha - \beta}$ と一般項が求められた。

ところで、α, β は

$1 - x - x^2 = (1 - \alpha x)(1 - \beta x) = 1 - (\alpha + \beta) x + \alpha \beta x^2$

から、$\alpha + \beta = 1$, $\alpha \beta = -1$ を満たす。

すなわち、$t^2 - t - 1 = 0$ の解なので、

$$\alpha = \frac{1 + \sqrt{5}}{2}, \beta = \frac{1 - \sqrt{5}}{2} \quad \text{である。}$$

$$a_n = \frac{\alpha^n - \beta^n}{\alpha - \beta} \quad \text{より} \quad a_n = \frac{1}{\sqrt{5}}\left\{\left(\frac{1+\sqrt{5}}{2}\right)^n - \left(\frac{1-\sqrt{5}}{2}\right)^n\right\}$$

整数の列であるフィボナッチ数列が、なんと無理数 $\sqrt{5}$ を使って表されたのである。

ところで、$\left|\dfrac{1-\sqrt{5}}{2}\right| = 0.618\cdots < 1$ なので、

$n \to \infty$ のとき $\left(\dfrac{1-\sqrt{5}}{2}\right)^n \to 0$

つまり、n が大きいところでは、$a_n \fallingdotseq \dfrac{1}{\sqrt{5}}\left(\dfrac{1+\sqrt{5}}{2}\right)^n$ （等比数列）

このとき、$\dfrac{a_{n+1}}{a_n} \fallingdotseq \dfrac{1+\sqrt{5}}{2}$ となることがわかる。

$1 : \dfrac{1+\sqrt{5}}{2} = 1 : 1.618\cdots$ は、黄金比と呼ばれている。

つまり、フィボナッチ数列の隣り合う 2 項の比は黄金比に収束していくことがわかる。

$$\frac{1}{1} = 1, \; \frac{2}{1} = 2, \; \frac{3}{2} = 1.5, \; \frac{5}{3} = 1.66\cdots, \; \frac{8}{5} = 1.6, \; \cdots\cdots$$

5 エクスカーション

● おまけ　パスカルの三角形は母関数の隠し絵！

パスカルの三角形の横

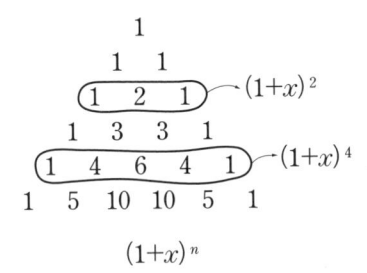

```
        1
       1 1
      1 2 1        ← $(1+x)^2$
     1 3 3 1
    1 4 6 4 1      ← $(1+x)^4$
   1 5 10 10 5 1
```

$(1+x)^n$

パスカルの三角形の斜め

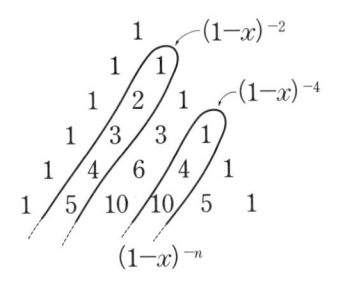

```
        1           $(1-x)^{-2}$
       1 1
      1 2 1         $(1-x)^{-4}$
     1 3 3 1
    1 4 6 4 1
   1 5 10 10 5 1
```

$(1-x)^{-n}$

パスカルの三角形「桂馬」の和

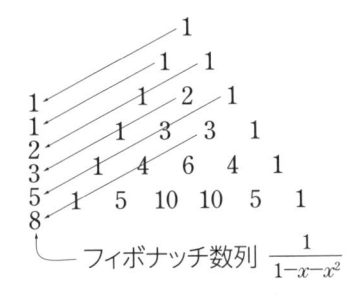

```
        1
       1 1
    1 1 2 1
    1 1 3 3 1
    2 1 4 6 4 1
    3 1 5 10 10 5 1
    8
```

フィボナッチ数列　$\dfrac{1}{1-x-x^2}$

パスカルの三角形の縦

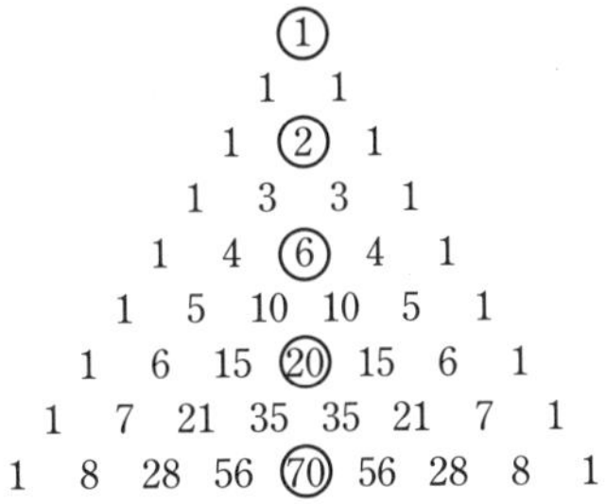

```
        ①
       1 1
      1 ② 1
     1 3 3 1
    1 4 ⑥ 4 1
   1 5 10 10 5 1
  1 6 15 ⑳ 15 6 1
 1 7 21 35 35 21 7 1
1 8 28 56 ⑦⓪ 56 28 8 1
```

横の平方和の数列　$\dfrac{1}{\sqrt{1-4x}}$

（カタラン数の母関数の導関数）

第6章 微積分

❶ 微積分の発明
微分学への道・積分学への道

❷ 微分法の展開
微分係数・導関数
微分を手作業で
いろいろな微分法

❸ 最大・最小問題
箱を作ろう

❹ 関数のべき展開
関数のべき展開
テーラー展開と近似値

❺ 積分法の展開
定積分
微積分学の基本定理
積分の計算
いろいろな積分法

❻ 求積法
面積・体積

❼ エクスカーション
微分方程式

第6章 微積分

1 微積分の発明

微分学への道・積分学への道

● ゼノンのパラドックス

　古代ギリシャのエレア派のゼノンは、論敵たちにいくつかのパラドックスを投げかけた。このパラドックスをめぐるにぎやかな論議が微積分の誕生の土壌を作ったともいえる。その一つを考える。

　ゼノン曰く「飛んでいる矢は止まっている！」

　目にも止まらぬ"飛んでいる矢"でさえ、シャアシャアと"止まっている"と主張されたら、誰だって「そんなバカな！」といいたくなる。まさにパラドックス。ゼノンの言い分はこうである。

　飛んでいる矢は、ある瞬間（それ以上分割できない時間の原子）にはある位置を占めている。ならば矢はその瞬間止まっていなければならない。もしわずかでも動こうものならある位置を占めていることに矛盾してしまう。矢が各瞬間に静止していれば、当然矢は運動することはできない。

　これを解決するには、時間はいくらでも細かくできると考え、非常に

短い時間 Δt における極めてわずかな移動 Δx を"速さ $\frac{\Delta x}{\Delta t}$"としてとらえなければならない。この定式化の工夫が微分法の道を拓いたのだ。

● **アルキメデスの挑戦**

　円周を直径でわった比率は円周率 π である。これより直ちに半径 r の円周 L は、$L = 2\pi r$ となる。また、この面積 S は r^2 に比例するので、次の式が成り立つ。

$$S = kr^2 \quad \cdots ①$$

　アルキメデスは、巧妙な方法を使い、この比例定数が π であることを証明した。その証明の要点(簡略化した)は次の通りである。

　半径 r の円に内接する正 n 角形 ABCD… を考える。このとき n が非常に大きければ面積 S は、近似的に次のように書ける。

$S ≒ (\triangle OAB) + (\triangle OBC) + (\triangle OCD) + \cdots$

$ ≒ \frac{1}{2}r \cdot AB + \frac{1}{2}r \cdot BC + \frac{1}{2}r \cdot CD + \cdots$

$ = \frac{1}{2}r(AB + BC + CD + \cdots) ≒ \frac{1}{2}rL$

　ここで $L = 2\pi r$ であるので $S = \pi r^2$ が導ける。

　また、アルキメデスは放物線とその上の点 A、B を結ぶ直線 AB で囲まれた面積 S を次のようにして求めた(これも要点だけ述べる)。

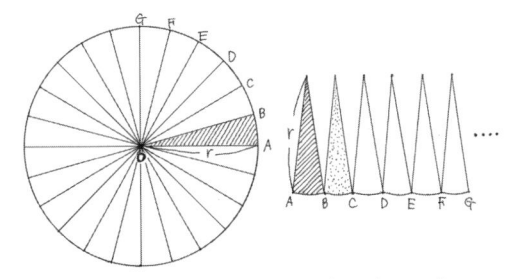

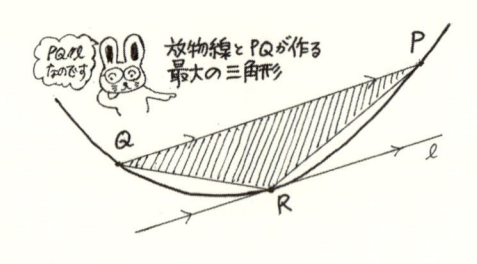

線分 AB と放物線上の点 C の作る△ ABC の面積は、点 C における接線が AB と平行であるとき最大になる。この放物線と線分が作る最大三角形を、放物線の中に次々と作るのである。

まず、図のように放物線と線分 AB の作る最大三角形を△ ABC とし、この面積を 1 とする。すると放物線と線分 AC, CB の作る 2 つの最大三角形の面積の和は $\frac{1}{4}$ となる。さらに、放物線と AD, DC, CE, EB の作る 4 つの最大三角形の和は $\frac{1}{16}$ となる。この作業はどこまでも続けられる。アルキメデスはまたも巧妙な方法で求めたい領域の面積 $S = 1 + \frac{1}{4} + \frac{1}{16} + \cdots$ (☆) を証明し、線分 AB と放物線で囲まれた面積 S は、$\frac{4}{3}$ (△ ABC の $\frac{4}{3}$ 倍)であることを示した。

このように、図形を細かく分け、たし合わせて求積する方法が積分への道を拓いたのだ。

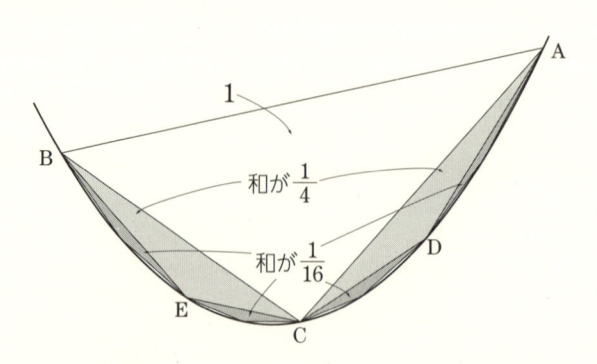

1 微積分の発明

● ニュートン＆ライプニッツ

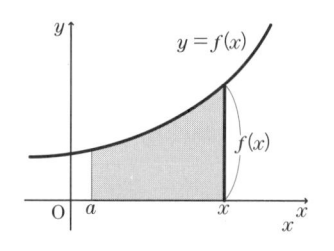

曲線の接線を求める方法や曲線や曲面で囲まれた図形の求積法は、近代までに別物として発展してきた。

17世紀、この2つが関連していることをニュートンとライプニッツが独立に見つけた。この発見は「微積分の基本定理」と呼ばれ、これを契機に微分・積分学が誕生した。

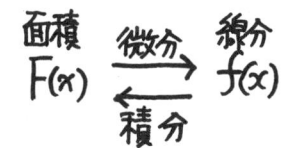

図のように関数 $y = f(x)$ の a から x までの面積は、x の値が決まれば面積が決定するので、x の関数とみなすことができる。そこでこれを $F(x)$ と表す。すると、何と

$$F'(x) = f(x)$$

成立するというのである。つまり面積関数 $F(x)$ を微分すると関数 $f(x)$ が求まる。また、微分の逆操作が積分なので、関数 $f(x)$ を積分すると面積関数 $F(x)$ を得る。

● 無限小から関数の極限へ

微積分学の創生期の頃は、素朴に「無限に小さい正の数 h」を取り扱って、いろいろな成果をあげた。しかし、この量「無限小」の取り扱いをめぐっていろいろな議論が発生する。

アイルランドのバークリー司教の

第6章 微積分

批判は辛辣だった。彼は微分計算に出てくる $\frac{0}{0}$ に噛み付いた。
「どのようにして0でない増分がとられ、それを用いて計算をし、結局は0に等しいとしてしまうのか？」

　この批判に答えるべくいろいろな解決策が練られる。そして19世紀コーシーは、無限小 h を固定した量ではなく

$$\text{「0に限りなく近づく変量」}$$

として定義し、極限概念 $h \to 0$ を用いて微積分学を再構築した。このスタイルが現在の微積分の教科書に受け継がれている。

問1

　(☆)の右辺を計算して $\frac{4}{3}$ であることを確かめよ。

　　　　　　　　　　　　　　　　　　→解答は巻末にあります。

2 微分法の展開

微分係数・導関数

　直線上を上下に運動するカメがいる。カメの動きを調べるために尻尾にペンをつけて動きを調べてみる。

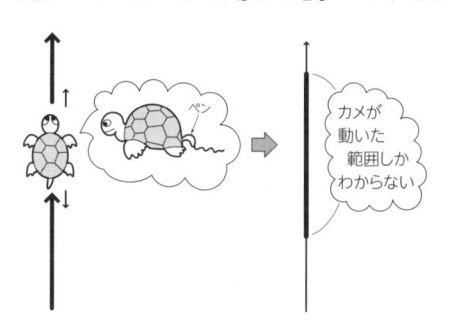

　しかし、これではカメの動きはよくわからない。そこで、今度は、カメの下に紙を敷いて、1秒間に1だけの速さで紙を右から左に動かしてみる。

　すると、下のようなカーブができた。このカーブからどんなことがわかるか考えてみよう。

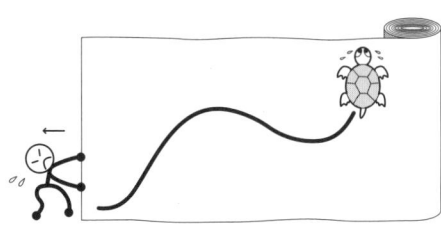

第 6 章　微積分

● グラフから時間と位置の関係がわかる。

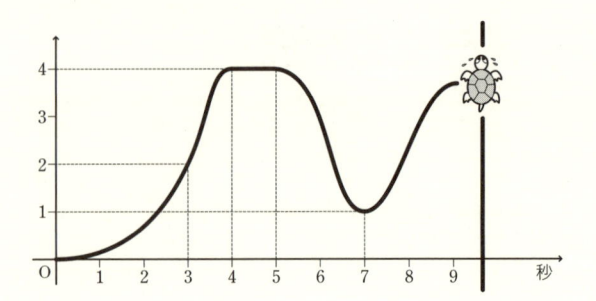

● カメが「ほんのちょっと」変化したときの軌跡

カメは止まっている　　　カメが上にゆっくり動いた

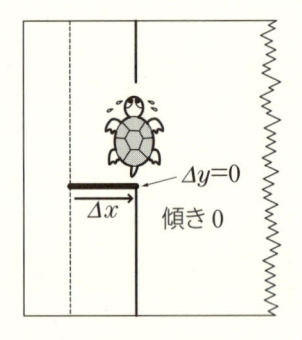

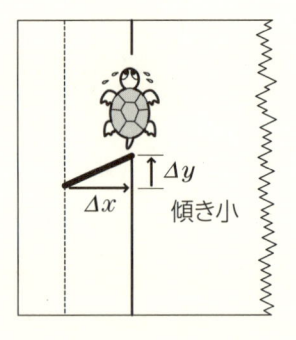

$\Delta y = 0$
Δx
傾き 0

Δy
Δx
傾き小

カメが上に速く動いた 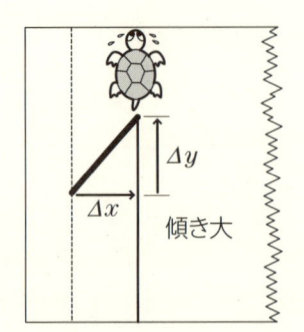　　カメは下向きに動いた
　　　　　　　　　　　（向きは変えずにバックステップ）

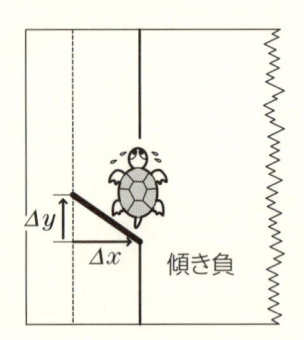

Δy
Δx
傾き大

Δy
Δx
傾き負

カメが少し動いたときの軌跡は、ほぼ直線なので、その傾きを見れば、カメの移動した向きや、速く動いたか遅く動いたかがわかる。

このことから、グラフの勾配の具合を見て、カメの移動の向きや、速さを知ることができる。

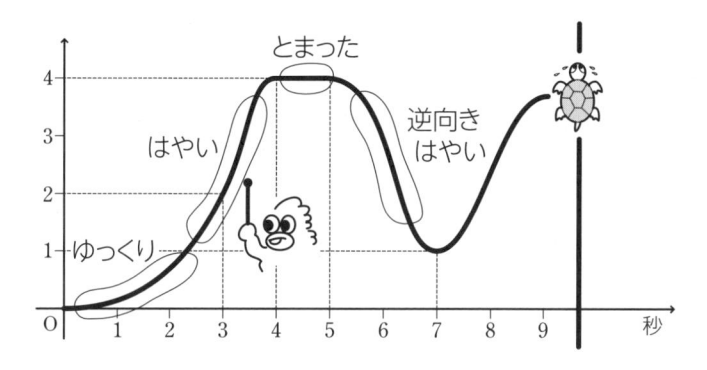

上の図から、カメの瞬間の速さの変化の度合いは、接線の傾きに現れていることがイメージできると思う。

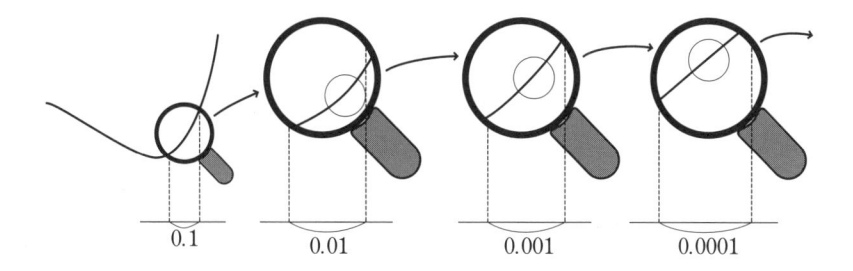

時間の変化量を Δx、それに対するカメの位置の変化量を Δy とすると、$\dfrac{\Delta y}{\Delta x}$ の値を、平均変化率といい、カメのその時間内における平均の速さを表す。また、この値を図形的に考えると、カメの最初の地点と最後の地点を結んだ線分の傾きである。ここで、Δx をどんどん 0 に近づけたとき、$\dfrac{\Delta y}{\Delta x}$ が近づいていく値はカメの瞬間の速さ、そして、図形的にはその点における接線の傾きを表すことがイメージ

できる。

　時間 x におけるカメの位置 y が、$y = f(x)$ という関数で表されるとき、$x = a$ における瞬間の速さ（図形的には $x = a$ における接線の傾き）を表す値を、$x = a$ における変化率または微分係数といい、$f'(a)$ と書く。$f'(a)$ は次の式で定義される。

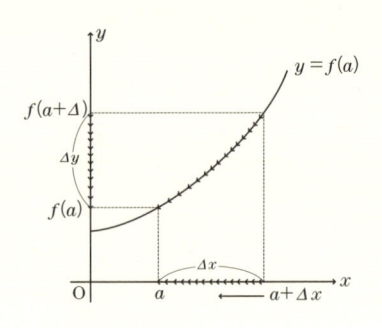

$$f'(a) = \lim_{\Delta x \to 0} \frac{\Delta y}{\Delta x} = \lim_{\Delta x \to 0} \frac{f(a + \Delta x) - f(a)}{\Delta x}$$

　a の値をいろいろ変化させると、それにともなって、接線の傾き $f'(a)$ も変化する。そこで、$f'(a)$ の a を x に置き換えて、$f'(x)$ とすると、$y = f'(x)$ は、いろいろな点 x における接線の傾きを求める関数と考えることができる。この $y = f'(x)$ を接線の傾きを**導く関数**、つまり導関数という。導関数を求めることを微分するという。

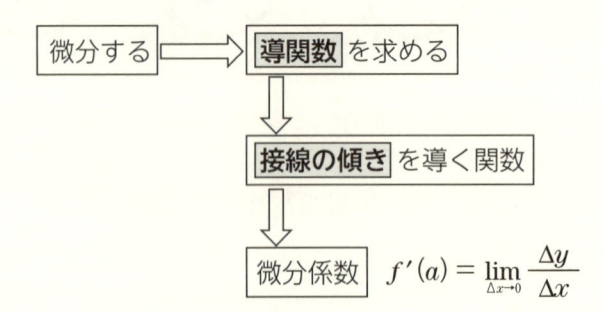

微分を手作業で

幼い頃、金魚が入った水槽を眺めていて、感動したことがある。母親にその話をしたら「何を訳のわからないことを言っているの。そんなヒマがあったら勉強しなさい！」と叱られた。

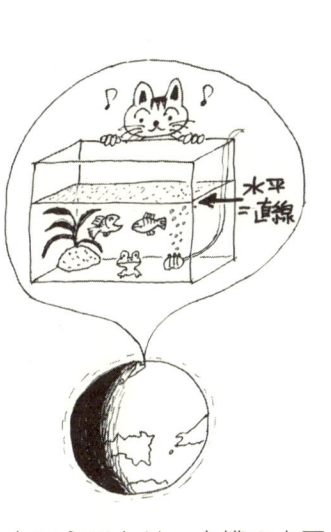

水槽の水面を横から見ると、水平である。そして、「水平＝直線」と思っていた。しかし、ロケットで宇宙から地球を見ると丸く、球に見える。ということは、水槽の水平も円の一部だから「この水平線は円だよ！」と母親に言ったのだ。

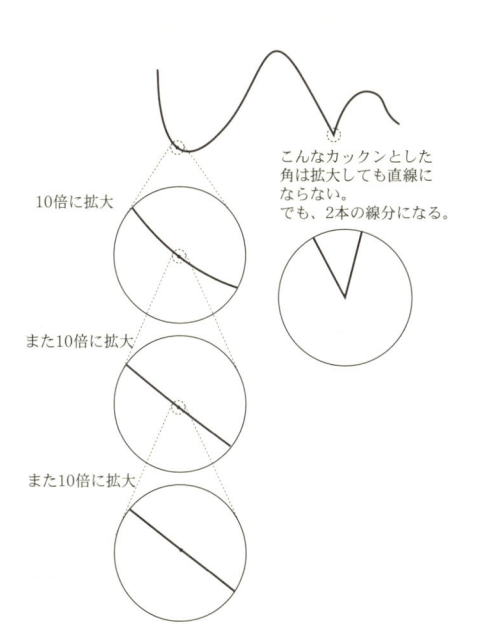

どんなに曲がっている曲線も一部をドンドン拡大すると、直線と同じように真っすぐになってしまうと予想できる。そこで、曲線を描いて正確に拡大をしてみた。

3回10倍に拡大した図は、もう直線！　局所的に

第6章 微積分

は、直線の世界と考えてよさそうだ。拡大して"直線"になった直線を、元の場所に持っていくと"接線"になった。

接線が引けるところは、接線は、曲線をグーンと拡大したときの姿と考えてよさそうだ。

さて、曲線の各点での「接線の傾き＝微分係数」がわかれば、導関数の様子がわかる。

計算で導関数を導くのも大切だが、手作業で「接線の傾き＝微分係数」を求めて、導関数を予想するのは、わくわくする。そこで手作業微分をしてみよう。

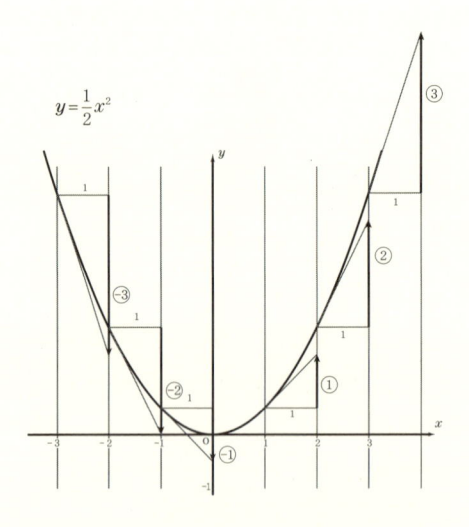

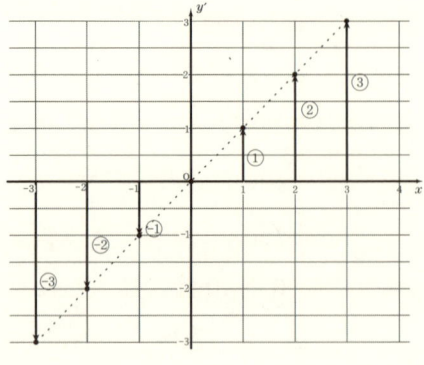

例えば、$x = 2$ のところに実際に定規で接線を引き、右へ1進んだときの高さを測る。このときは上がっているので正の傾きとなり②の長さを下の座標の $x = 2$ のところに黒丸・をプロットする。$x = -3$ から $x = 3$ まで、接線の傾きを手作業で求めて・をプロットすると、左図のようになった。・を点線で結ぶと導関数が見えてくる。

この関数は、$y = \dfrac{1}{2} x^2$

2 微分法の展開

なので、その導関数は $y' = x$ であるので、ピッタリ！ 当然といえば当然だが、手作業でできるのは少し感動。

問1 右はある3次関数のグラフ。説明のように、$x = -3$ から $x = 3$ まで、グラフの接線の傾きを手作業で求めて、下の座標に・をプロットしなさい。

定規を使って接線を引いて、x 方向に1行ったとき上下への長さを描いていくのは少々面倒。また、細かい x の値で接線の傾きを手作業で求めるのは相当面倒。

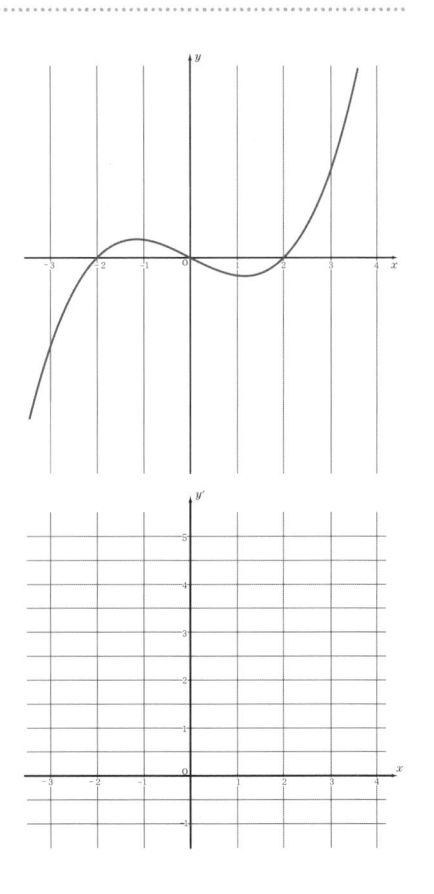

そこで、簡単に傾きが測れるものを作った。

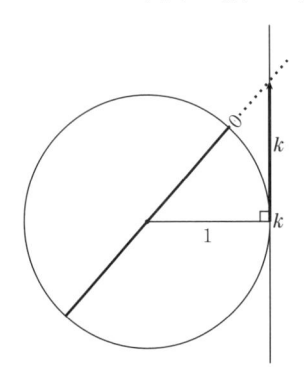

直線の傾きは、水平に1進んだときの"高さ"なので、左図のように、円板の中心線の傾きが k のとき、水平と円との交点に「k」と書いた。この教具の名前は「セッセンサー」という、接線を認識するもの（センサー）と安易な名前をつけた。

第6章 微積分

右の図を透明のOHPシートにコピーして、説明の図のように使う。

使い方はわりと簡単！

① セッセンサーの中心をグラフ上の測りたい点に置く。例えば、$x = -1.5$ のときの曲線上に置く。

② 中心線が"接線になったな～"と思うところまで傾ける。

③ 中心から水平方向に進んで、円と交わったところの数値が、接線の傾き。$x = -1.5$ のときは、傾きは -1.5 になっている。

④ 下の座標の $(-1.5, -1.5)$ のところに・をつける。

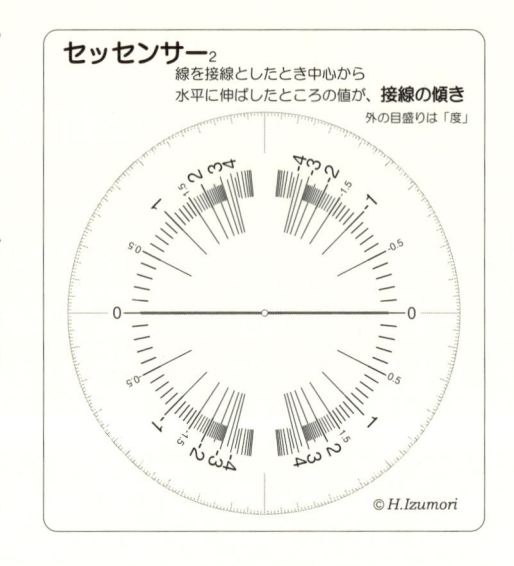

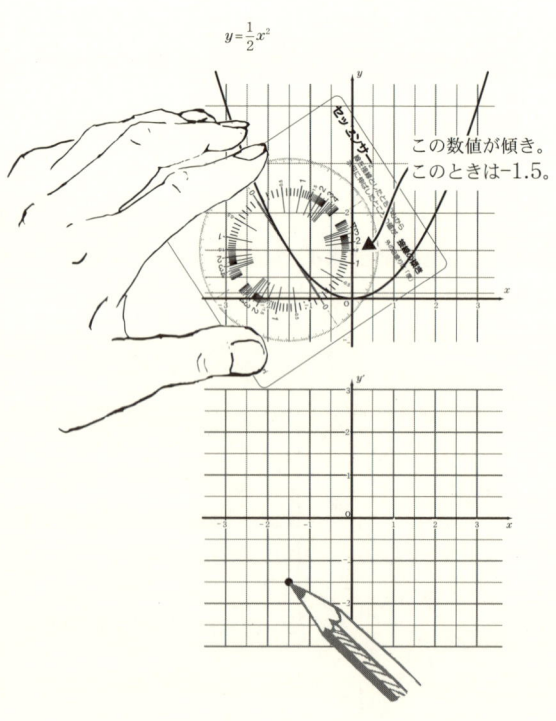

セッセンサー₂
線を接線としたとき中心から水平に伸ばしたところの値が、**接線の傾き**
外の目盛りは「度」

© H.Izumori

$y = \frac{1}{2}x^2$

この数値が傾き。
このときは-1.5。

問2 次のグラフは $y = \sin x$ のグラフ。各点での接線の傾きを測って下にその値をプロットしよう。セッセンサーを使えないときは、「定規方式」で挑戦してはどうでしょう。

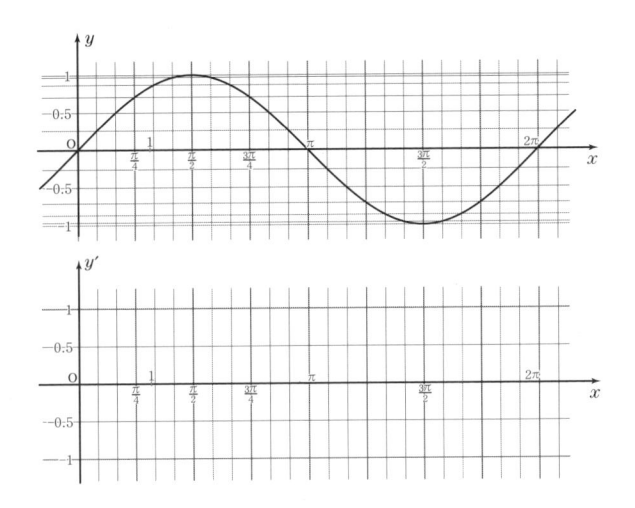

問3 次は指数関数。結果にきっとオドロク（？）

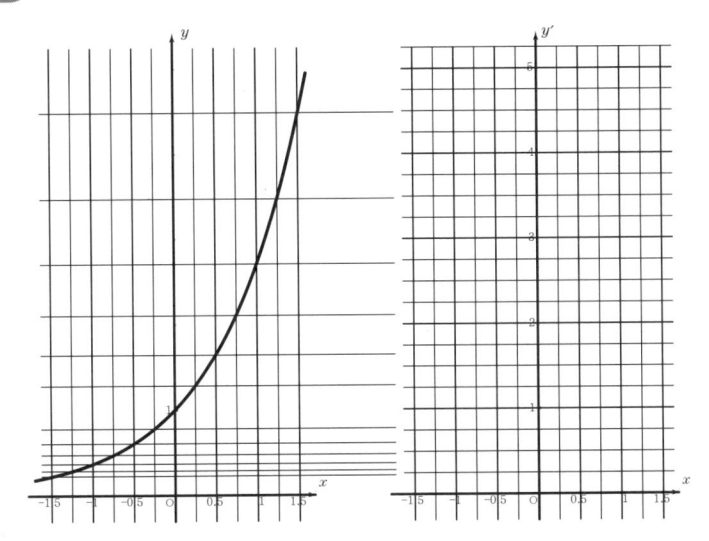

→解答は巻末にあります。

いろいろな微分法

● **微分公式**

基本的な関数を微分するための公式をまとめておこう。

1. $(x^n)' = nx^{n-1}$,　$(c)' = 0$
2. $(\sin x)' = \cos x$,　$(\cos x)' = -\sin x$
3. $(e^x)' = e^x$,　$(\log_a |x|)' = \dfrac{1}{x}$

以下の"いろいろな微分法"によって、これらの関数を組み合わせたより複雑な関数も微分できるようになる。

● **和と定数倍の微分法**

和の関数 $F(x) = f(x) + g(x)$ を微分しよう。導関数の定義より

$$F'(x) = \lim_{h \to 0} \frac{F(x+h) - F(x)}{h}$$

$$= \lim_{h \to 0} \frac{f(x+h) + g(x+h) - f(x) - g(x)}{h}$$

$$= \lim_{h \to 0} \left\{ \frac{f(x+h) - f(x)}{h} + \frac{g(x+h) - g(x)}{h} \right\} = f'(x) + g'(x)$$

これより、

$$\{f(x) + g(x)\}' = f'(x) + g'(x)$$

が成り立つ。つまり、「和の微分」は「微分の和」に等しくなる。これを和の微分法という。

また、同様にして

$$\{cf(x)\}' = cf'(x)$$

が成り立つ。つまり、「定数倍の微分」は「微分の定数倍」に等しくなる。これを定数倍の微分法という。

和と定数倍の微分法を使ってみよう。

$$(x^3 - 4x^2 + 5x - 3)' = (x^3)' - 4(x^2)' + 5(x)' - (3)' = 3x^2 - 8x + 5$$

$$(2\sin x + 3\cos x)' = 2(\sin x)' + 3(\cos x)' = 2\cos x - 3\sin x$$

● 合成関数の微分法

関数 $y = f(x)$ を x で微分した導関数を $\dfrac{dy}{dx}$ とも表す。この記号はとても便利で、x, y の変化量をそれぞれ Δx, Δy と表すと

$$\frac{dy}{dx} = \lim_{\Delta x \to 0} \frac{\Delta y}{\Delta x}$$

と書ける。さて、$y = g(u)$, $u = f(x)$ の合成関数 $y = g(f(x))$ を x で微分しよう。x, y, u の変化量の間に次の関係が成り立つ。

$$\frac{\Delta y}{\Delta x} = \frac{\Delta y}{\Delta u} \cdot \frac{\Delta u}{\Delta x}$$

$\Delta x \to 0$ のとき、$\Delta u \to 0$, $\Delta y \to 0$ であるので

$$\lim_{\Delta x \to 0} \frac{\Delta y}{\Delta x} = \lim_{\Delta u \to 0} \frac{\Delta y}{\Delta u} \cdot \lim_{\Delta x \to 0} \frac{\Delta u}{\Delta x}$$

したがって、

$$\frac{dy}{dx} = \frac{dy}{du} \cdot \frac{du}{dx}$$

これを書き換えると、

$$\{g(f(x))\}' = g'(f(x)) \cdot f'(x)$$

となる。つまり、「f と g の合成関数の微分」は「g の微分×f の微分」に等しくなる。これを合成関数の微分法という。

　例えば、$y = (2x + 1)^5$ のときは、$u = 2x + 1$ とおくと $y = u^5$ となり

$$\frac{dy}{dx} = \frac{dy}{du} \cdot \frac{du}{dx} = 5u^4 \cdot 2 = 10u^4 = 10(2x + 1)^4$$

また、$y = \sin^3 x$ のときは、$u = \sin x$ とおくと $y = u^3$ となり

$$\frac{dy}{dx} = \frac{dy}{du} \cdot \frac{du}{dx} = 3u^2 \cdot \cos x = 3\sin^2 x \cos x$$

● **積と商の微分法**

　関数 $y = \log_e |f(x)|$ の導関数を求める。
$u = f(x)$ とおくと $y = \log_e |u|$ となり、合成関数の微分法より

$$\frac{dy}{dx} = \frac{dy}{du} \cdot \frac{du}{dx} = \frac{1}{u} \cdot f'(x) = \frac{f'(x)}{f(x)}$$

すなわち、

$$\{\log_e |f(x)|\}' = \frac{f'(x)}{f(x)} \quad \cdots ①$$

が成り立つ。
　さて、対数の性質により

$$\log_e |f(x)g(x)| = \log_e |f(x)| + \log_e |g(x)|$$

が成り立つ。この両辺を x で微分すると、①より

$$\frac{\{f(x)g(x)\}'}{f(x)g(x)} = \frac{f'(x)}{f(x)} + \frac{g'(x)}{g(x)}$$

両辺に $f(x)g(x)$ をかけると、どの分母も約分できて

$$\{f(x)g(x)\}' = f'(x)g(x) + f(x)g'(x)$$

が得られる。意外に複雑な形である。これを積の微分法という。また、同様に

$$\left\{\frac{f(x)}{g(x)}\right\}' = \frac{f'(x)g(x) - f(x)g'(x)}{\{g(x)\}^2}$$

が成り立つ。これを商の微分法と呼ぶ。

積や商の微分法は次のように使う。

$$\{x^2 \sin x\}' = (x^2)' \sin x + x^2 (\sin x)' = 2x \sin x + x^2 \cos x$$

$$\left\{\frac{x}{x^2+1}\right\}' = \frac{(x)'(x^2+1) - x(x^2+1)'}{(x^2+1)^2}$$

$$= \frac{1 \cdot (x^2+1) - x \cdot 2x}{(x^2+1)^2} = \frac{-x^2+1}{(x^2+1)^2}$$

問 1 次の関数を微分しなさい。

(1) $y = x^3 - 4x^2 - x + 2$ （和と定数倍の微分法）

(2) $y = (3x-2)^4$ （合成関数の微分法）

(3) $y = \sin^2 x - 2\sin x + 1$ （合成関数の微分法）

(4) $y = e^x \sin x$ （積の微分法）

(5) $y = \tan x$ （$\tan x = \dfrac{\sin x}{\cos x}$ として商の微分法）

→解答は巻末にあります。

第6章 微積分

③ 最大・最小問題

箱を作ろう

● **自然現象は最大最小の原理が働いている**

「数学とは何か」の答えの1つとして、「数学とは自然現象を支配する物理法則を調べる道具である」と述べることができる。では、物理法則とは何か。それは荒っぽくいうと「最大になろうとしたり、最小になろうとしたりする原理」のことだ。

雪が降ると犬は庭をかけまわるが、ネコは炬燵で丸くなる。なぜ丸くなるのだろう。体に熱（エネルギー）を取り込んだり、放射したりするのは体の表面の皮膚である。ネコは寒くなると熱を放出したくないので、できるだけ体の表面を小さくしようとする。

ところで、球はある決まった体積を覆う最小の表面積をもつ図形である。そう。ネコはそのことを知っていたのである！

球は体積が一定のとき、表面積が最小の図形であるが、別のいい方をすると、表面積が一定の図形の中で最も体積が大きい図形が球である。シャボン玉はなぜ球体なのか。それは玉の内部の空気が外にはじけたいため、限られた表面積で最大の体積をも

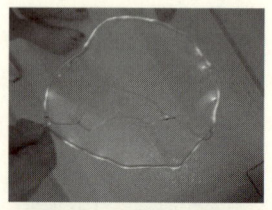

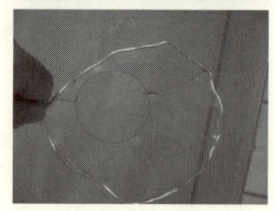

つ球に近づこうとするからである。

　針金の輪を石鹸液に浸して膜を作る。中の糸で囲まれた膜を破ると円ができあがる。円は周一定のとき面積が最大の図形である。糸の外側に残った膜が表面張力によって小さくなろうとするため、結果的に糸の内側の面積が最大になるのである。

● **フェルマー点**

　例えば、ぎゅうぎゅう詰めの満員電車に乗ったとしよう。最初はいろいろなところに歪みがあり、不安定なのだが、不思議なことに、だんだん各部分の歪みが緩和され、全体が安定した状態に落ち着く。皆で考えて行動しているわけではないのに、全体的なストレスやエネルギーを最小にしようという見えない力が働いているようだ。

　このことを食べ物をモデルにして考えてみよう。

◆団子を少しずつくっつけてみる。正6角形が浮かび上がる。

◆イクラに醤油をさしてみる。表面張力で互いがくっつき合う。このときもやはり、正6角形の構造（120°の枝）が見られる。

　つまり、120°で隣接するような構造になると安定するということがいえそうである。

　さて、次の図のような鋭角三角形△ABC の内部に点 D をとる。D

と、3つの頂点 A、B、C からの距離の和が最小となるのはどの地点だろうか。

図のように適当に D をとったとき、△ABD を点 A を中心にして時計回りに 60°回転させて△AEF を作る。

このとき、△AEB、△ADF は正三角形であり、△ABD と△AEF は合同になっていることに注意しよう。

すると、3頂点からの距離の和

AD + BD + CD は FD + EF + CD と同じである。この長さが最小になるのは、折れ線 EFDC がまっすぐになるときである。(図)

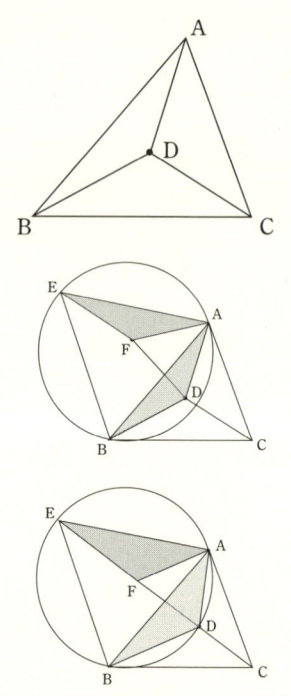

このとき∠ADB = ∠ADC = ∠BDC = 120°になっていることがわかる。この点 D を△ABC のフェルマー点(あるいはシュタイナー点)という。

● **微分法を応用する**

自然現象などには、2つの量が関連しながら変化していることが数多くある。つまり、ある現象に関数の関係があるとき、その最大最小を考えるには微分法が大いに力を発揮する。

1辺 20cm の厚紙の 4 スミを同じ長さだけ切り取り、フタのない箱を作る。切り取る長さを何 cm にすれば容積が最大になるだろう。

とりあえず、1cm ずつ、切り取る長さを増やして容積を調べてみる。

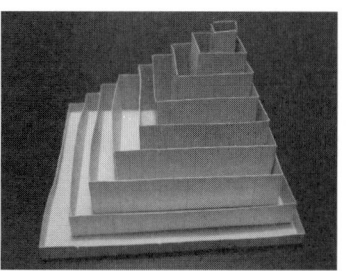

どうやら、3cm 付近のとき最大となりそうだ。

切り取る長さを x とすると、容積 V は x の関数として

$$V = (20 - 2x)^2 x = 4x^3 - 80x^2 + 400x$$

$(0 < x < 10)$ と書ける。この V を x で微分して

$$\frac{dV}{dx} = 12x^2 - 160x + 400$$
$$= 4(x - 10)(3x - 10)$$

グラフの増減の変わり目、つまり、$\frac{dV}{dx} = 0$ のところを調べれば、山の頂上、つまり最大となるところがわかる。

こうして V は、$x = \dfrac{10}{3} = 3.333\cdots$ のときに最大になることがわかる。

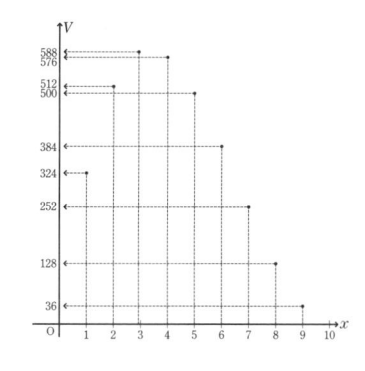

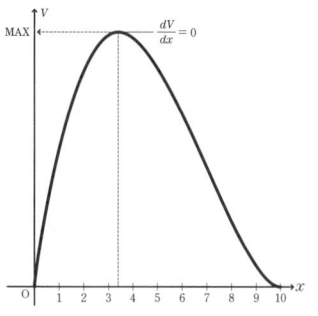

x	0	$\cdots$	$\dfrac{10}{3}$	$\cdots$	10
$\dfrac{dV}{dx}$		+	0	−	
V		↗	最大	↘	

第6章 微積分

4 関数のべき展開

関数のべき展開

● 高次関数のべき展開

関数 $f(x) = x^3 - 3x + 1$ の $x = 2$ 付近での変動を詳しく調べるために、

$$f(x) = a(x-2)^3 + b(x-2)^2 + c(x-2) + d$$

の形に変形しよう。これを $x = 2$ におけるべき展開という。

$f(x)$ を $x - 2$ でわった商は $a(x-2)^2 + b(x-2) + c$、余り d

この商を $x - 2$ でわった商は $a(x-2) + b$、余り c

この商を $x - 2$ でわった商 a、余り b

であるので、右のように組立除法によって、係数 a, b, c, d を決定できる。これより、

```
2 | 1   0   -3   1
  |     2    4   2
2 | 1   2    1   3 = d
  |     2    8
2 | 1   4    9 = c
  |     2
    a = 1    6 = b
```

$$y = (x-2)^3 + 6(x-2)^2 + 9(x-2) + 3 \quad \cdots ①$$

を得る。

この①の式から作った次の近似関数を考える。

$y = 3$ 　　　　　　　　　(0 次近似関数) $\cdots ②$

$y = 9(x-2) + 3$ 　　　　 (1 次近似関数) $\cdots ③$

$$y = 6(x-2)^2 + 9(x-2) + 3 \quad (\text{2次近似関数}) \cdots ④$$

①と②を連立すると、方程式

$$(x-2)^3 + 6(x-2)^2 + 9(x-2) = 0$$

が導ける。明らかに $x=2$ は解なので、②は①に $x=2$ で交わることがわかる。つまり0次近似関数②は関数 $f(x)$ を $x=2$ の点で近似したものとみなせる。

①と③を連立すると、方程式

$$(x-2)^3 + 6(x-2)^2 = 0$$

が導かれる。この解 $x=2$ は2重解なので、③は①に $x=2$ で接していることがわかる。つまり1次近似関数③は関数 $f(x)$ を直線で近似したものとみなせる。

①と④を連立すると、方程式

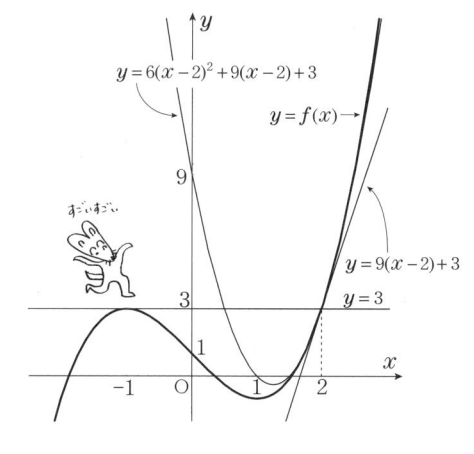

$$(x-2)^3 = 0$$

が導かれる。この解 $x=2$ は3重解なので、④は①にいっそうフィットしていることがわかる。つまり、2次近似関数④は関数 $f(x)$ を放物線で近似したものとみなせる。

3次関数 $f(x) = x^3 + ax^2 + bx + c$ の係数 a, b, c の意味について考えてみよう。この式は $f(x)$ を $x=0$ でべき展開したものとみなすこ

とができる。したがって、近似関数

$y = c$ は、$x = 0$ における関数値なので c は y 切片

$y = bx + c$ は、$x = 0$ における接線なので、b はその傾き

$y = ax^2 + bx + c$ は、$x = 0$ で接する放物線なので a はその凹凸を表す。

この3次関数 $f(x)$ のグラフが右図のようになる場合、y 切片は $+$、$x = 0$ での接線の傾きは $+$、$x = 0$ でフィットする放物線は上に凸であるので、

$$c > 0, \ b > 0, \ a < 0$$

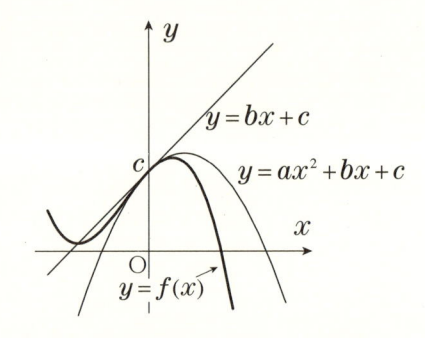

がわかる。

● **分数関数のべき展開**

分数関数 $f(x) \ \dfrac{1}{1+x}$ を $x = 0$ でべき展開するには、右のような昇べき（次数の低い順に整理）のわり算を実行すればよい。すなわち、

$$\frac{1}{1+x} = 1 - x + x^2 - x^3 + \cdots$$

1次近似関数 $y = 1 - x$ は、この関数のグラフの $x = 0$ における接線の傾きが -1 であることを示している。また、2次近似関数 y

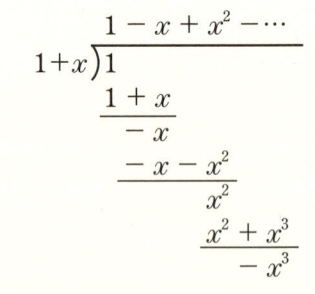

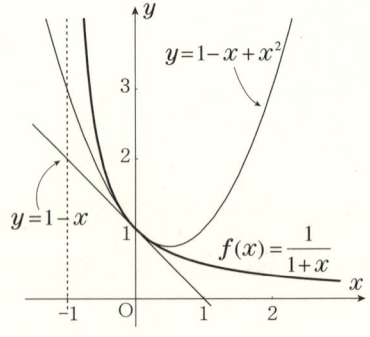

$= 1 - x + x^2$ は、図のような $x = 0$ で接する下に凸の放物線を表している。

● **無理関数のべき展開**

無理関数 $f(x) = \sqrt{1 + x}$ を $x = 0$ でべき展開するには、図のような正方形状の面積図を利用して、2乗して $1 + x$ になるような多項式を求めればよい。

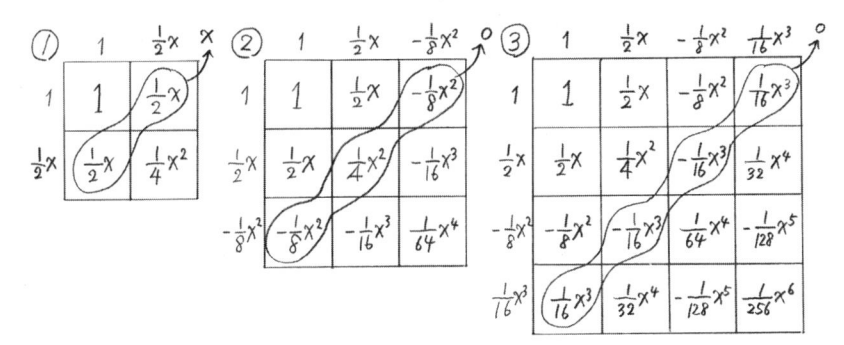

すなわち、

$$\sqrt{1 + x} = 1 + \frac{1}{2}x - \frac{1}{8}x^2 + \frac{1}{16}x^3 - \cdots$$

右図はこの関数と $x = 0$ における 1 次近似関数 $y = 1 + \frac{1}{2}x$、2 次近似関数 $y = 1 + \frac{1}{2}x - \frac{1}{8}x^2$ のグラフである。

任意の実数が小数で表されるように、高次関数、分数関数、無理関数などのほとんどの関数はべき展開で表さ

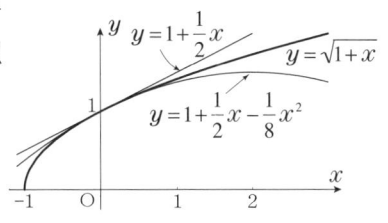

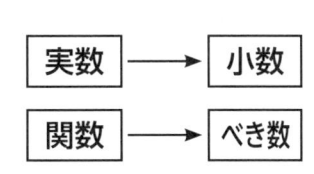

れる。今回は関数の特性を利用して個別的にべき展開をしたが、統一的にべき展開するには微分法の力を借りる。次の節でそれを述べる。

問 1 関数 $f(x) = x^3 - 6x^2 + 11x - 3$ について

(1) $x = 1$ でべき展開しなさい。

(2) $x = 1$ における 1 次近似関数、2 次近似関数を求めなさい。

→解答は巻末にあります。

テーラー展開と近似値

● **関数のべき展開（マクローリン）**

ここでは、ちょっと感動することを考えよう。

下は、$f(x) = -3x^3 + 5x^2 + x - 1$ のグラフ。ふつう多項式は、次数が高い順（降順）に書くが、ここでは低い順（昇順）に書く。すなわち、

$$f(x) = -1 + x + 5x^2 - 3x^3。$$

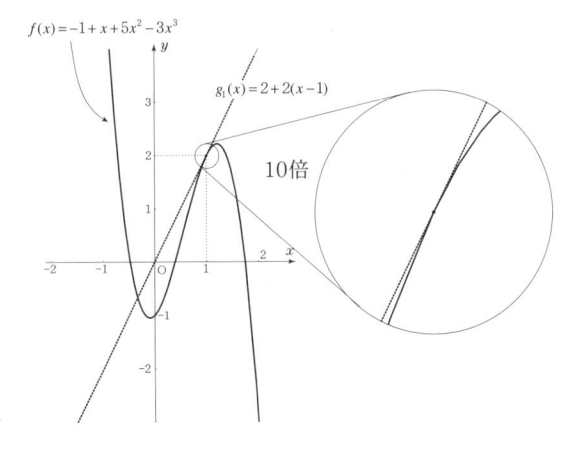

さて、この曲線上の点 $(1, f(1)) = (1, 2)$ での接線を求める。
$f'(x) = 1 + 10x - 9x^2$
より、点 $(1, 2)$ での接線の傾きは
$f'(1) = 1 + 10 - 9 = 2$
なので、

接線の式は $g_1(x) = f(1) + f'(1)(x - 1) = 2 + 2(x - 1)$。

点 $(1, 2)$ での付近を10倍に拡大したら、上図のようになる。ここで、欲を出して、

$$f(x) = 2 + 2(x - 1) + b_2(x - 1)^2 + b_3(x - 1)^3$$

と変形したくなる。そこで、

$$f'(x) = 2 + 2b_2(x-1) + 3b_3(x-1)^2、\quad また f'(x) = 1 + 10x - 9x^2$$
$$f''(x) = 2b_2 + 6b_3(x-1)、\quad また f''(x) = 10 - 18x$$
$$f'''(x) = 6b_3 \quad また f'''(x) = -18$$

よって、$b_2 = \dfrac{1}{2}f''(1)$, $b_3 = \dfrac{1}{6}f'''(1)$。

これから、
$$b_2 = \frac{1}{2}f''(1) = \frac{1}{2}(-8) = -4,\quad b_3 = \frac{1}{6}(-18) = -3。$$

よって、
$$f(x) = 2 + 2(x-1) - 4(x-1)^2 - 3(x-1)^3 \quad\cdots\cdots※$$

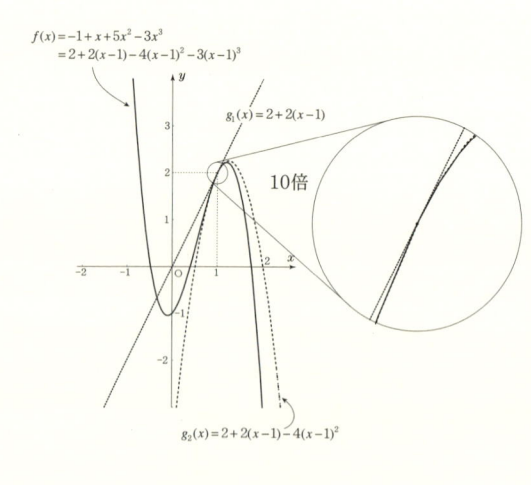

拡大してみると、2次関数 $g_2(x) = 2 + 2(x-1) - 4(x-1)^2$ は、接線 $g_1(x)$ よりも、$f(x)$ に近づいていることがわかる。※のような式に変形することを、$f(x)$ を「$x = 1$」を中心に展開するという。

ここで、一気に一般化してみよう。

$f(x)$ が、n 次の多項式関数のとき
$$f(x) = b_0 + b_1(x-a) + b_2(x-a)^2 + b_3(x-a)^3 + \cdots + b_n(x-a)^n$$

と変形するための、b_0, b_1, b_2, b_3, $\cdots$, b_n の求め方を考える。まず、

順次微分すると、

$$f'(x) = b_1 + 2b_2(x-a) + 3b_3(x-a)^2 + 4b_4(x-a)^3 + \cdots + nb_n(x-a)^{n-1}$$

$$f''(x) = 2b_2 + 3\cdot 2b_3(x-a) + 4\cdot 3b_4(x-a)^2 + \cdots + n(n-1)b_n(x-a)^{n-2}$$

$$f'''(x) = 3\cdot 2b_3 + 4\cdot 3\cdot 2b_4(x-a) + 5\cdot 4\cdot 3b_5(x-a)^2 + \cdots + n(n-1)(n-2)b_n(x-a)^{n-3}$$

$$f^{(4)}(x) = 4\cdot 3\cdot 2b_4 + 5\cdot 4\cdot 3\cdot 2b_5(x-a) + \cdots + n(n-1)(n-2)(n-3)b_n(x-a)^{n-4}$$

……

$$f^{(n)}(x) = n(n-1)(n-2)\cdots 3\cdot 2b_n$$

となる。

ここで $x=a$ とすると、

$f(a) = b_0,\ f'(a) = b_1,\ f''(a) = 2b_2,\ f'''(a) = 3!b_3,\ f^{(4)}(a) = 4!b_4,\ \cdots,\ f^{(n)}(a) = n!b_n$ より、

$$b_0 = f(a),\ b_1 = f'(a),\ b_2 = \frac{f''(a)}{2!},\ b_3 = \frac{f'''(a)}{3!},\ b_4 = \frac{f^{(4)}(a)}{4!},\ \cdots$$

$$b_n = \frac{f^{(n)}(a)}{n!}$$

となる。そこで、

$$f(x) = f(a) + f'(a)(x-a) + \frac{f''(a)}{2!}(x-a)^2 + \frac{f'''(a)}{3!}(x-a)^3 + \cdots + \frac{f^{(n)}(a)}{n!}(x-a)^n \quad \cdots\cdots ※$$

と書ける。少しシンドかったけど、感動にはほど遠い。この式は、は

じめの 2 項まででは、点 $(a, f(a))$ での接線となっている。

問 1 $f(x) = 1 - 42x + 51x^2 - 17x^3 + 2x^4$ を $x = 2$ を中心に展開しよう。まず、$f(2), f'(2), f''(2), f'''(2), f^{(4)}(2)$ を求め、式※を使うとよい。

多項式関数で考えたことを、グッと大胆に $f(x) = \sin x$ や $f(x) = e^x$ などの他の関数でも同じように考えてみる。$f(x)$ が無限回微分可能なとき、無限級数として

$$f(x) = f(a) + f'(a)(x-a) + \frac{f''(a)(x-a)^2}{2!} + \frac{f'''(a)(x-a)^3}{3!} + \cdots$$
$$+ \frac{f^{(n)}(a)(x-a)^n}{n!} + \cdots$$

となることが期待できる。ここでは詳しい説明は省くが、多くの関数について右辺の級数は収束することが証明できる。これを、$f(x)$ を $x = a$ を中心とするテーラー展開という。

特に $x = 0$ を中心とする展開をマクローリン展開といい

$$f(x) = f(0) + f'(0)x + \frac{f''(0)x^2}{2!} + \frac{f'''(0)x^3}{3!} + \frac{f^{(4)}(0)x^4}{4!} + \cdots$$
$$+ \frac{f^{(n)}(0)x^n}{n!} + \cdots$$

となる。

さっそく、$f(x) = \sin x$ をマクローリン展開してみよう。

$f'(x) = \cos x, \ f''(x) = -\sin x, \ f'''(x) = -\cos x, \ f^{(4)}(x) = \sin x, \cdots$

だから

$f(0) = 0, \ f'(0) = 1, \ f''(0) = 0, \ f'''(0) = -1, \ f^{(4)}(0) = 0, \ f^{(5)}(0) = 1 \cdots$

となり、よって

$$\sin x = x - \frac{x^3}{3!} + \frac{x^5}{5!} - \frac{x^7}{7!} + \frac{x^9}{9!} - \frac{x^{11}}{11!} + \frac{x^{13}}{13!} - \frac{x^{15}}{15!} + \frac{x^{17}}{17!} - \cdots$$

となる。途中までの関数のグラフを描くとあざやかにサインのグラフに近づいていっているのがわかる。少しは、感動？

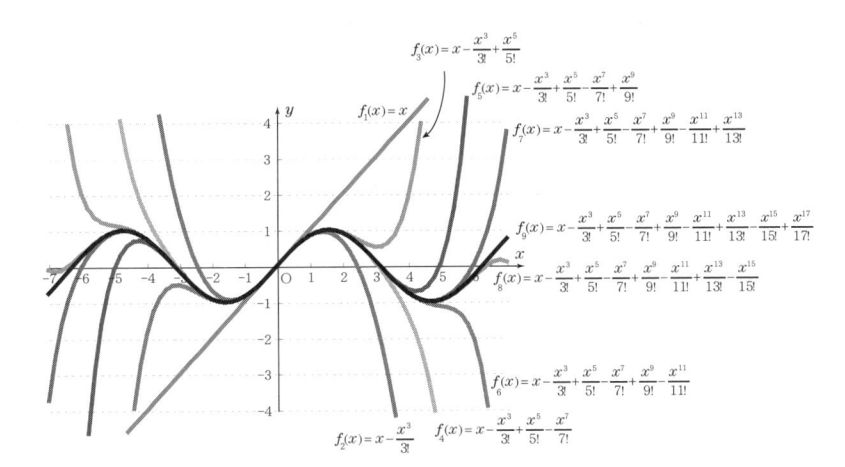

問2 $f(x) = \cos x$ をマクローリン展開してみよう。

問3 $f(x) = e^x$ をマクローリン展開して、

$$e^x = 1 + x + \frac{x^2}{2!} + \frac{x^3}{3!} + \frac{x^4}{4!} + \frac{x^5}{5!} + \frac{x^6}{6!} + \frac{x^7}{7!} + \frac{x^8}{8!} + \frac{x^9}{9!} + \cdots$$

になることを確かめよう。

→解答は巻末にあります。

5 積分法の展開

定積分

● 丸いものを四角で測る

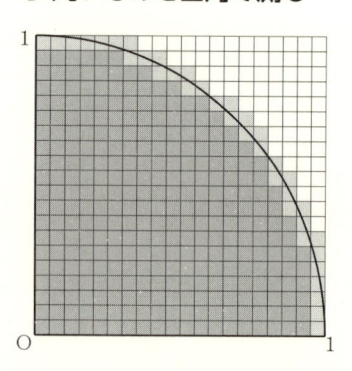

円の面積の近似を四角を使って求めてみる。図のように、一辺1の正方形に、半径1の円の $\frac{1}{4}$ を描いた。そして、正方形を $20 \times 20 = 400$ の1辺 $\frac{1}{20}$ の小正方形に分けた。小正方形の面積は $\frac{1}{400}$。完全に $\frac{1}{4}$ 円内に入っている小正方形を、濃いグレーで、円弧が内部を通っている小正方形を、薄いグレーで表した。そうすると、

濃いグレー部分 < $\frac{1}{4}$ 円の面積 < 濃いグレー部分＋薄いグレー部分

だから、近似値は

$\frac{1}{4}$ 円の面積 ≒ 濃いグレー部分＋薄いグレー部分 ÷ 2。

数えると、濃いグレー = 294（個）、薄いグレー = 37（個）なので、

円の面積 = $4 \times \frac{1}{4}$ 円の面積 ≒ $4 \left(294 + \frac{37}{2}\right) \frac{1}{400} = 3.125$

となり、3.14に結構近い。もっと細かくするともっと正確になると期待が膨らむ。第2章の4 図形の性質「円」で、円の面積の式は考え

● 面積を細かく分けて測る

今度は、$f(x) = x^2$ の $x = 0$ から 3 までの面積 S を考えよう。図 1 のグレー部分である。

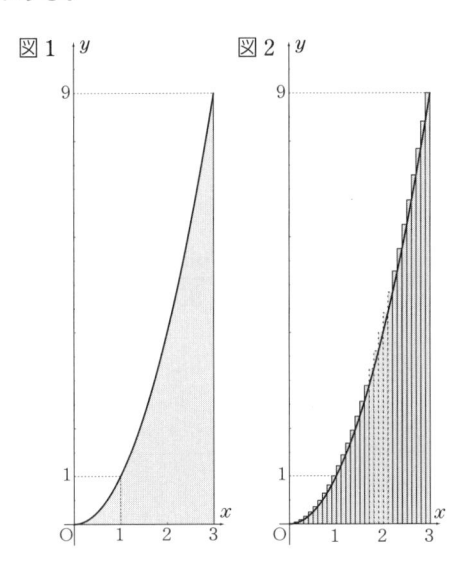

図 2 は、$x = 0$ から 3 までを n 等分している。

図 2 の階段図形の面積 S_n を求める。各長方形の幅は $\dfrac{3}{n}$ で長方形は n 個あるので、

$$S_n = \left(\frac{3}{n}\right)^2 \frac{3}{n} + \left(\frac{2\cdot 3}{n}\right)^2 \frac{3}{n} + \left(\frac{3\cdot 3}{n}\right)^2 \frac{3}{n} + \cdots + \left(\frac{n\cdot 3}{n}\right)^2 \frac{3}{n}$$

$$= \left(\frac{3}{n}\right)^3 (1 + 2^2 + 3^2 + \cdots + n^2) = \frac{27}{n^3} \cdot \frac{n(n+1)(2n+1)}{6}$$

$$= 27 \cdot \frac{2n^3 + 3n^2 + n}{6n^3} = 9 + \frac{27}{2n} + \frac{9}{2n^2}$$

となる。ここで n を限りなく増やすと、いくらでも図 1 の真の面積 S

に近づくという発想！　そこで n を限りなく増やすと $\dfrac{27}{2n}$, $\dfrac{29}{2n^2}$ は限りなく 0 に近づき、

$$\lim_{n\to\infty} S_n = \lim_{n\to\infty}\left(9 + \frac{27}{2n} + \frac{9}{2n^2}\right) = 9$$

となるので、$S = 9$ と確信できる。

　一般に $x = 0$ から b までを n 等分したときの階段図形の面積を S_n として、曲線の下の面積 S を求めよう。各長方形の幅は $\dfrac{b}{n}$ だから

$$\begin{aligned}
S_n &= \left(\frac{b}{n}\right)^2 \frac{b}{n} + \left(\frac{2b}{n}\right)^2 \frac{b}{n} + \left(\frac{3b}{n}\right)^2 \frac{b}{n} + \cdots + \left(\frac{nb}{n}\right)^2 \frac{b}{n} \\
&= \left(\frac{b}{n}\right)^3 (1 + 2^2 + 3^2 + \cdots + n^2) = \frac{b^3}{n^3} \frac{n(n+1)(2n+1)}{6} \\
&= \frac{b^3}{3} + \frac{b^3}{2n} + \frac{b^3}{6n^2}
\end{aligned}$$

となる。そこで早速 n を限りなく増やすと

$$\lim_{n\to\infty} S_n = \lim_{n\to\infty}\left(\frac{b^3}{3} + \frac{b^3}{2n} + \frac{b^3}{6n^2}\right) = \frac{b^3}{3}$$

となる。

　この方法は、曲線 $y = f(x)$ と直線 $x = a$ と $x = b$、および x 軸で囲まれた面積 S を求めるのにも使える(ただし計算がいつも簡単にできるかどうかは保証できない)。

　そこで、次ページの図のように $x = a$ から b までを n 等分して、各長方形の幅を $\dfrac{b-a}{n}$ $= \Delta x$ とすると S_n は長方形の面積「縦×横」を n 個加えればよいから、次のようになる。

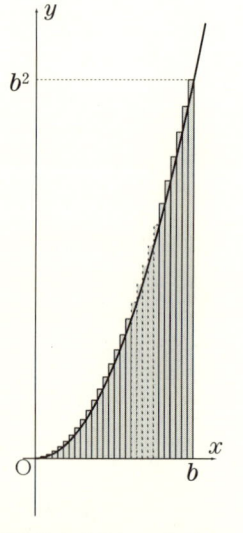

$$S_n = f(x_1)\Delta x + f(x_2)\Delta x + f(x_3)\Delta x + f(x_4)\Delta x + \cdots + f(x_n)\Delta x$$

ここでまた早速 n を限りなく増やすと、その極限値はこの区間で $f(x) > 0$ なら面積 S になる。

そこで、$\lim_{n \to \infty} S_n$ を $\int_a^b f(x)\,dx$ と書き、$y = f(x)$ の $x = a$ から b までの定積分という。記号は「インテグラル」と読むが、加える意味の sum の S が上下に伸びたもので、dx は極限まで細くなった横幅と思えばよい。気分としては

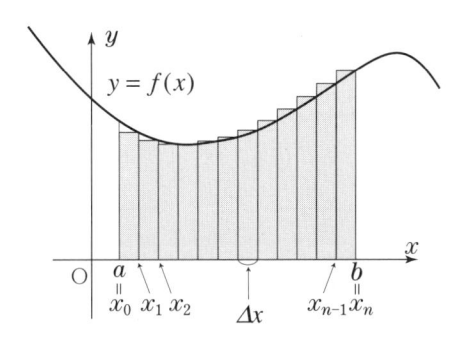

$$\boxed{\text{細かくベターと和}(縦 \times 横)}$$

ということは、前に求めた $f(x) = x^2$ の $x = 0$ から 3 までの面積 S は

$$\int_0^b x^2\,dx = \frac{b^3}{3}$$

と表される。

問1 $\int_0^b 1\,dx$ と $\int_0^b x\,dx$ を図を描いて求めなさい。

問2 $\int_a^b x^2\,dx = \dfrac{b^3}{3} - \dfrac{a^3}{3}$ になることを、図から確かめなさい。

→解答は巻末にあります。

第6章 微積分

微積分学の基本定理

● 積分をどう説明するか

　日本の多くの高校教科書では、関数 $y = f(x)$ の積分を次のように導入している。

A1 微分すると $f(x)$ になる関数 $F(x)$、すなわち、$F'(x) = f(x)$ を満たす関数 $F(x)$ を $f(x)$ の不定積分といって、次の記号で表す：

$$F(x) = \int f(x)\,dx + C$$

最後の"$+ C$"は定数項（積分定数）であるが、省略する流儀もある。

A2 定積分とは「$x = a$ から $x = b$ まで」というような変数値の範囲が指定されたときの積分で、次の式の左辺で表し、右辺で定義される：

$$\int_a^b f(x)\,dx = F(b) - F(a)$$

ただし $F(x)$ は $f(x)$ の不定積分である。

　なお、右辺の式はよく出てくるので、次の記号で表すことがある。

$$\left[F(x)\right]_a^b$$

A3 関数 $y = f(x)$ のグラフが、$x = a$ から $x = b$ までの範囲で x 軸と囲む領域の面積（図※参照）は、ある条件のもとで、**A2** の定積分で表される。ただし、$f(x) < 0$ の部分は、面積に符号マイナ

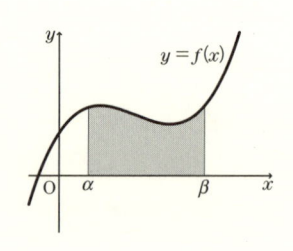

スをつけて和を求める。

<注意> このことは「面積」という数値が存在することを仮定し、a から x までの領域の「面積」を $S(x)$ とすると、$S'(x) = f(x)$ が成り立つことから説明される。

こうすると「話が非常に簡単になる」という利点はあるが、次のような欠点がある。

(ア) 関数 $f(x)$ を少し制限しないと、こうはならない。

(イ) 記号 $\int$、$\int_a^b$ の意味がまるでわからないし、dx の意味も見えないので、将来学ぶ公式の理解や、具体的な面積・体積の計算が困難になる。

(ウ) 世界標準はこうではなく、大学(特に理工系)の微積分学は世界標準に従っているので、その間に大きなギャップができる。

世界標準は 17 世紀に始まり、19 世紀に整備された方法で、次のように進む。

$\boxed{B1}$ まず定積分 $\int_a^b f(x)\,dx$ を、$\boxed{A3}$ の図※の面積によって定義する。その基本は、図※のグラフを縦に細かく区切って、その区間の面積を　関数値(の代表)$f(x)$ × 区間の横幅 Δx
で近似し、その近似値の総和 $\sum f(x)\Delta x$ の Δx を非常に小さくしたときの値(厳密にいえば、x の大きさを限りなく 0 に近づけたときの極限値) を $\int_a^b f(x)\,dx$ で表す、と約束するのである。

$f(x)$ は小区間の縦、dx は微小な横幅を表し、記号 $\int$ は総和を表す。(Σ は sum の頭文字 s にあたるギリシャ文字、$\int$ は s を引き延ばして作った記号である)。

第6章 微積分

　この途中で使っている「区間を細かく区切って、長方形(や台形など、直線図形)に置き換え総和を求める」方法を**区分求積法**といい、具体的な面積・体積の計算(コンピュータの数値計算を含む)で非常に役立つ。

<注意>　図※は $a < b$ の場合を示しているが、それ以外の場合は次のように定める。

(1) $\int_a^a f(x)\,dx = 0$　　(2) $\int_b^a f(x)\,dx = -\int_a^b f(x)\,dx$

<補足>　17世紀には dx を「無限小の幅」と考えて、直感的に処理していたが、厳密性を欠き批判も強かったため、19世紀になって「極限概念」によって合理化され、「無限小」の概念は必要なくなった。しかし今でも「dx は非常に小さい横幅」と考えると、わかりやすい部分もあるので、嫌いでない人は上手に利用するとよい。あとで述べる「カバリエリの原理」などは、それがうまく働く典型的な例である。

B2 $F'(x) = f(x)$ を満たす関数 $F(x)$ が存在する場合には、その関数 $F(x)$ を $f(x)$ の**原始関数**という。そしてある条件のもとで、17世紀にニュートンとライプニッツが独立に証明した次の定理が成り立つ。

微積分学の基本定理　$\int_a^b f(x)\,dx = F(b) - F(a)$

<注意>　**A2** のやり方では、これを「定義」にしてしまったので、証明が必要なくなるのはいいが、証明に必要な条件がすべて無視されてしまう。

B3 微積分学の基本定理が成り立つ場合には、原始関数 $F(x)$ のことを不定積分ともいい、記号 $\int f(x)\,dx$ で表すことがある。

★ （ウ）の問題（特に大学数学とのギャップ）は重大かもしれないので、もう少し説明を加えておこう。

① 変化量と微分

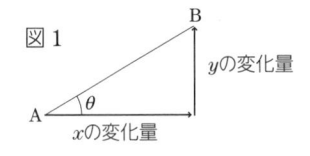

平面上を運動する物体が、A 地点から B 地点に動いたとする（図 1）。x 方向の変化量を Δx, y 方向の変化量を Δy とすると

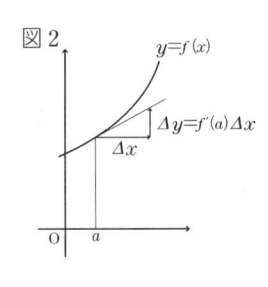

$$\frac{\Delta y}{\Delta x} = \tan\theta = (直線\ AB\ の傾き)$$

がいえるので $\Delta y = (AB\ の傾き) \times \Delta x$ という関係が成り立つ。図 2 のように、曲線上を物体が運動している場合は、$y = f(x)$ の x における接線の傾きは $f'(x)$ なので、$\Delta y \fallingdotseq f'(x)\Delta x$ という関係が成り立っている。

② 微積分学の基本定理

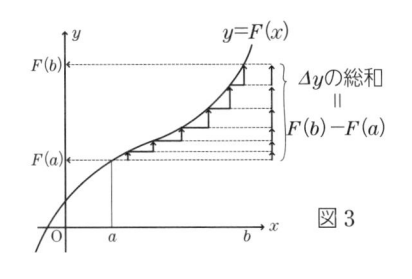

$F'(x) = f(x)$ であるとする。すると上の関係に $F(x)$ を当てはめると、

$$\Delta y \fallingdotseq F'(x)\Delta x = f(x)\Delta x \quad \cdots (\#)$$

となる。一方 $y = F(x)$ 上を $x = a$ の地点から $x = b$ の地点まで、（それが可能であるとして）物体が運動するとき、y 方向の変化量の総和は、図 3 から分割の仕方によらず $F(b) - F(a)$ となることがわかる。つまり、

($x = a$ から $x = b$ までの変化量 Δy の総和) $= F(b) - F(a)$　である。

そこで、上の等式（#）の総和を考えると、左辺 Δy の総和は $F(b) - F(a)$ に等しく、右辺 $f(x)\Delta x$ の総和は $\Sigma f(x)\Delta x$ と書ける。

Δx を限りなく小さくすれば（その極限を考えれば）、式（#）の"≒"は"="になり、右辺の総和"Σ"は定積分になるから、次の等式が成り立つ。$F(b) - F(a) = \int_a^b f(x)\,dx$

左右は逆であるが、これが「微積分学の基本定理」である。

〈補足〉

厳密には「$y = f(x)$ のグラフに、切れ目や飛びがない（f は連続）」という仮定が必要である。

● 微積分学の基本定理から導かれる定積分の性質

微積分学の基本定理より

$$\int_a^b \{k \cdot f(x) + l \cdot g(x)\}\,dx = kF(b) + lG(b) - \{kF(a) + lG(a)\}$$
$$= k\{F(b) - F(a)\} + l\{G(b) - G(a)\} = k\int_a^b f(x)\,dx + l\int_a^b g(x)\,dx$$

がいえる。

2つの関数を「たしたりひいたり」してから定積分したものと、それぞれ定積分してから「たしたりひいたり」しても同じ結果になるという意味をもつ式である。これを定積分の線形性という。

また、微積分学の基本定理から次の性質も示しておこう。

Ⅰ $\displaystyle\int_a^a f(x)\,dx = F(a) - F(a) = 0$

Ⅱ $\displaystyle\int_a^b f(x)\,dx = F(b) - F(a) = -\{F(a) - F(b)\} = -\int_b^a f(x)\,dx$

Ⅲ $\displaystyle\int_a^c f(x)\,dx + \int_c^b f(x)\,dx = F(c) - F(a) + F(b) - F(c) = F(b) - F(a)$

$\displaystyle\quad = \int_a^b f(x)\,dx$

これは、ベクトルの性質 $\overrightarrow{AA} = \overrightarrow{O}$、$\overrightarrow{AB} = -\overrightarrow{BA}$、$\overrightarrow{AC} + \overrightarrow{CB} = \overrightarrow{AB}$
と同様で、加法性といわれる。

問1 次のいくつかの曲線で囲まれた図形の面積を、積分を利用して求めよ。

→解答は巻末にあります。

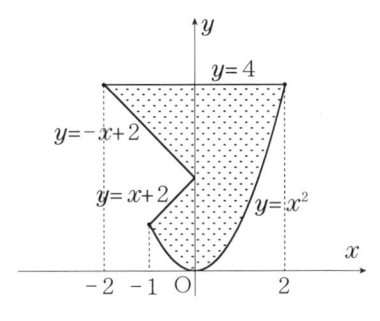

第6章 微積分

積分の計算

● 積分の計算

積分に強力な助っ人が登場した。

積分を $\int_a^b f(x)\,dx = \lim_{x \to \infty} \sum_{k=1}^n f(x_k)\Delta x$ の定義通り、

　　　　　細かくベターと**和**(縦×横)

で考えると、さまざまな関数の積分が行き詰まる。そこへ、微積分学の基本定理 $\int_a^b f(x)\,dx = F(b) - F(a)$ の登場。心は「細かくベター」で、計算は原始関数を使う。

まず、主な関数の原始関数を表にした。ただし、積分定数の c は略してある。

関数	原始関数
1	x
x^α	$\dfrac{x^{\alpha+1}}{\alpha+1}$
$\dfrac{1}{x}$	$\log|x|$
e^x	e^x
$\sin x$	$-\cos x$
$\cos x$	$\sin x$

● 1次関数、2次関数、3次関数、4次関数の健気(けなげ)さ

1次関数から4次関数を $x = 0$ から b までを原始関数を使って積分する。

$$\int_0^b x\,dx = \left[\frac{x^2}{2}\right]_0^b = \frac{b^2}{2}, \quad \int_0^b x^2\,dx = \left[\frac{x^3}{3}\right]_0^b = \frac{b^3}{3}$$

$$\int_0^b x^3\,dx = \left[\frac{x^4}{4}\right]_0^b = \frac{b^4}{4}, \quad \int_0^b x^4\,dx = \left[\frac{x^5}{5}\right]_0^b = \frac{b^5}{5}$$

と、助っ人(原始関数)のおかげですぐできてしまう。さて、これらは何を示しているかを、グラフで見てみる。

濃淡を合わせた
グレー部分の長方形の面積 $S_長$

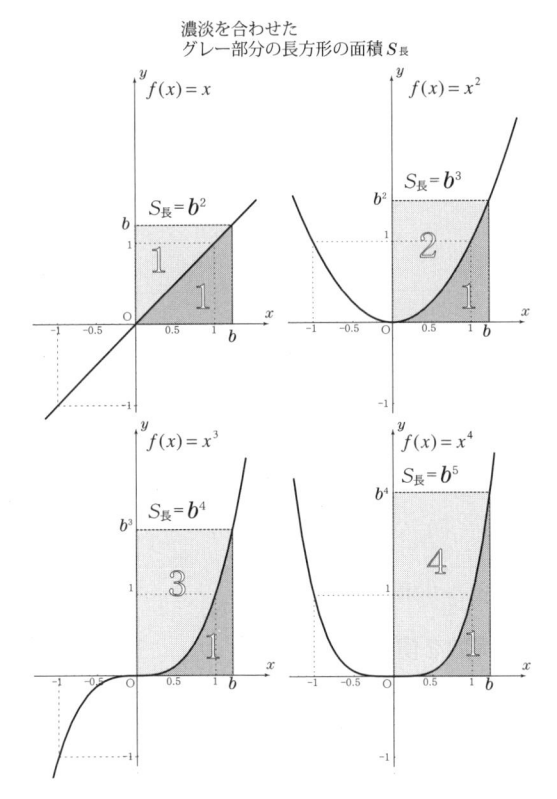

各グラフの、濃淡合わせたグレー部分の長方形の面積を $S_長$ とすると、各面積は上のようになっている。積分で計算した、濃い部分の面積は、それぞれ $\dfrac{b^2}{2}$, $\dfrac{b^3}{3}$, $\dfrac{b^4}{4}$, $\dfrac{b^5}{5}$ となっている。ということは、各関数のグラフは、x, y とも正の部分（第1象限）を上図のような比に分けながら進んでいるといえる。健気に思われるのだが？（健気：心がけがよく、しっかりしているさま）

● **無理関数のときの予想**

　関数 $f(x) = \sqrt{x}$ は、$0 \leqq x$ の範囲で $f(x) = x^2$ の逆関数だから、グラフは

231

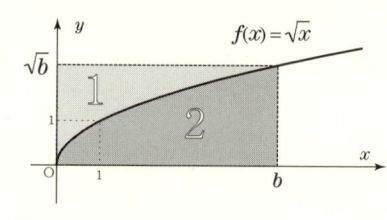

$f(x) = x^2$ を $y = x$ を軸に回転したものである。だから、図から見て濃いグレーは、全体の長方形の $\dfrac{2}{3}$ となるはずである。では、計算してみよう。

$$\int_0^b \sqrt{x}\,dx = \left[\dfrac{2x^{\frac{3}{2}}}{3}\right]_0^b = \dfrac{2b^{\frac{3}{2}}}{3} \text{ となる。}$$

濃淡合わせたグレー部分の面積は $b\sqrt{b} = b^{\frac{3}{2}}$ なので、確かに $\dfrac{2}{3}$ になっている。

● サイン、コサインの積分でピッタリ

三角関数のサインとコサインも楽々。

$$\int_0^{\frac{\pi}{2}} \sin x\,dx = \Big[-\cos x\Big]_0^{\frac{\pi}{2}} = 0 - (-1) = 1,$$

$$\int_0^{\pi} \sin x\,dx = \Big[-\cos x\Big]_0^{\pi} = 1 - (-1) = 2$$

$$\int_0^{2\pi} \sin x\,dx = \Big[-\cos x\Big]_0^{2\pi} = -1 - (-1) = 0$$

となる。$x = 0$ から 2π までの積分は、グラフを見れば積分の定義から当然だなと思われる。x 軸より下は「縦」がマイナスなので積分の値がマイナスになるからだ。

それにしても、$x = 0$ から $\dfrac{\pi}{2}$ までが1、π までが2と整数値になるのには興味が引かれる。1辺1の正方形と面積が同じになっていると思うと、サインも健気だな〜。

5 積分法の展開

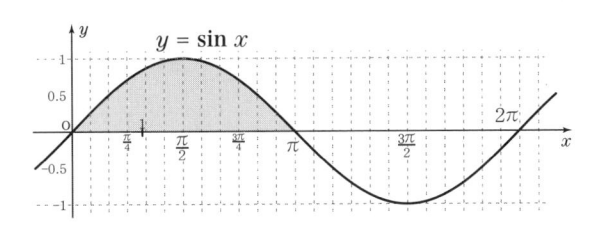

問1 次の定積分の値を求めなさい。

① $\displaystyle\int_0^{\frac{\pi}{2}} \cos x \, dx$　　② $\displaystyle\int_0^{\pi} \cos x \, dx$　　③ $\displaystyle\int_{-\pi}^{2\pi} \sin x \, dx$

● $f(x) = \dfrac{1}{x^2}$ の積分もすっきり

$\displaystyle\int_1^b \dfrac{1}{x^2} \, dx = \left[-\dfrac{1}{x}\right]_1^b = -\dfrac{1}{b} + 1$　　だから、

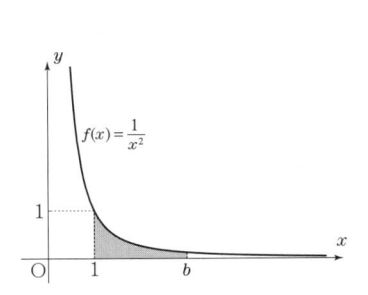

$$\int_1^2 \dfrac{1}{x^2} \, dx = \dfrac{1}{2}$$

$$\int_1^3 \dfrac{1}{x^2} \, dx = \dfrac{2}{3}$$

$$\int_1^4 \dfrac{1}{x^2} \, dx = \dfrac{3}{4}$$

$$\int_1^5 \dfrac{1}{x^2} \, dx = \dfrac{4}{5}$$

となる。これもキレイに並ぶな〜。b がずーっと大きくなったら、グレーの部分の面積は1にドンドン近づくと思って大丈夫のようだ。

第6章 微積分

問2 $\int_1^{1000} \frac{1}{x^2} dx$ の値を求めなさい。

● $f(x) = \frac{1}{x}$ を考える

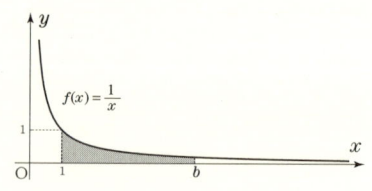

早速 $\int_1^b \frac{1}{x} dx$ を求めてみよう。

$\int_1^b \frac{1}{x} dx = \log_e |x| = \log_e b$ となる。アレー、b がずーっと大きくなったら、$\log_e b$ はドンドン大きくなるから、グレーの部分の面積はいくらでも大きくなると考えてよさそうだ。

問3 次の定積分の値を求めなさい。

① $\int_1^e \frac{1}{x} dx$　② $\int_1^{e^4} \frac{1}{x} dx$　③ $\int_1^{e^{100}} \frac{1}{x} dx$

→解答は巻末にあります。

$1 + \frac{1}{2} + \frac{1}{3} + \frac{1}{4} + \frac{1}{5} + \frac{1}{6} + \cdots$ と無限に足していくと、ある値に近づくか、いくらでも大きくなるかが問題になる。左図を見るとわかるように、常に $\int_1^b \frac{1}{x} dx = \log_e b$ の値より、長方形の面積の和の方が大きくなっている。そこで、

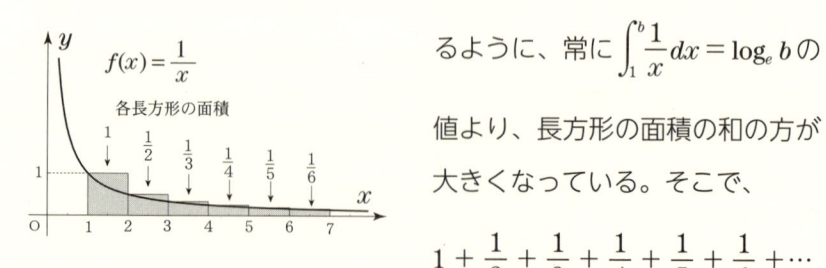

$$1 + \frac{1}{2} + \frac{1}{3} + \frac{1}{4} + \frac{1}{5} + \frac{1}{6} + \cdots$$

は無限に大きくなると結論つけてよい。

いろいろな積分法

● **置換積分法**

次の定積分を計算してみよう。

$$I = \int_{\frac{1}{2}}^{1} (2x-1)^2 dx \quad \cdots ①$$

$$I = \int_{\frac{1}{2}}^{1} (4x^2 - 4x + 1) dx$$

$$= \left[\frac{4}{3}x^3 - 2x^2 + x \right]_{\frac{1}{2}}^{1}$$

$$= \left\{ \frac{4}{3} \cdot 1^3 - 2 \cdot 1^2 + 1 \right\} - \left\{ \frac{4}{3} \cdot \left(\frac{1}{2}\right)^3 - 2 \cdot \left(\frac{1}{2}\right)^2 + \frac{1}{2} \right\} = \frac{1}{6}$$

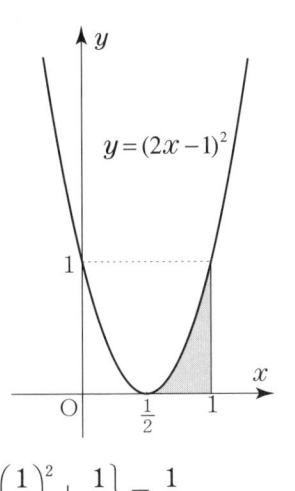

もう少し簡単に求められないだろうか？ そこで $t = 2x - 1 \cdots ②$

とおくと、$I = \int_{\frac{1}{2}}^{1} t^2 dx$ となるが、これでは基本となる微小長方形の縦 t^2 と横 dx の変数が一致しないので、これ以上計算は進まない。②の両辺を x で微分すると

x	$\frac{1}{2}$	$\to$	1
t	0	$\to$	1

$$\frac{dt}{dx} = 2 \quad \text{すなわち} \quad dx = \frac{1}{2} dt$$

となる。また積分の区間も右のように変わる。これより、①は

$$I = \int_0^1 t^2 \left(\frac{1}{2} dt \right) = \int_0^1 \frac{1}{2} t^2 dt \quad \cdots ③$$

と書き換えられ

$$I = \int_0^1 \frac{1}{2} t^2 dt = \left[\frac{1}{6} t^3\right]_0^1$$

$$= \frac{1}{6} \cdot 1^3 - \frac{1}{6} \cdot 0^3 = \frac{1}{6}$$

と計算できる。どうして①＝③となるのだろうか？　グラフで確認してみよう。

つまり、放物線で囲まれた面積の横が2倍になった分、縦が $\frac{1}{2}$ 倍になって面積が保存されたのだ。

一般に、定積分

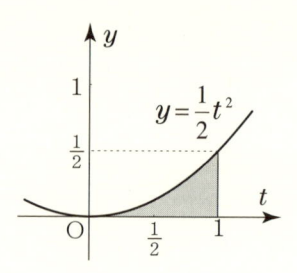

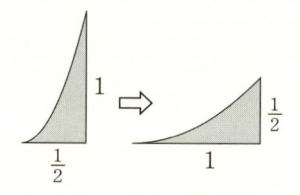

$$I = \int_\alpha^\beta f(x)\,dx \quad \cdots ④$$

において、$x = g(t)$ と置換すると

x	$\alpha \to \beta$
t	$a \to b$

$$\frac{dx}{dt} = g'(t) \text{ より } dx = g'(t)\,dt$$

なので、$\alpha = g(a)$、$\beta = g(b)$ とすると④は、次のように書き換えられる。

$$I = \int_a^b f(g(t))\,g'(t)\,dt \quad \cdots ⑤$$

④の積分は、縦が $f(x)$、横が dx の微小長方形の和を表している。置換によって、縦が $g'(t)$ 倍になり $f(g(t))g'(t)$、横が $\frac{1}{g'(t)}$ 倍になり dt となるので微小長方形の面積は保存され、その和は⑤の積分を表す。すなわち

$$\int_\alpha^\beta f(x)\,dx = \int_a^b f(g(t))\,g'(t)\,dt$$

が成り立つ。

例えば、定積分 $I = \int_0^{\frac{\pi}{2}} \sin^3 x \cos x \, dx$ は、$t = \sin x$ とすると、

$\dfrac{dt}{dx} = \cos x$ すなわち $\cos x \, dx = dt$ より

x	0	$\to$	$\frac{\pi}{2}$
t	0	$\to$	1

$I = \int_0^1 t^3 dt = \left[\dfrac{t^4}{4} \right]_0^1 = \dfrac{1}{4}$

となる。

また、定積分 $I = \int_0^1 \dfrac{dx}{\sqrt{1-x^2}}$ は、$x = \sin\theta$ とすると,

$\dfrac{dx}{d\theta} = \cos\theta$ すなわち $dx = \cos\theta d\theta$

x	0	$\to$	1
θ	0	$\to$	$\frac{\pi}{2}$

積分の区間で

$\sqrt{1-x^2} = \sqrt{1-\sin^2\theta} = \cos\theta$ より

$I = \int_0^{\frac{\pi}{2}} \dfrac{\cos\theta d\theta}{\cos\theta} = \int_0^{\frac{\pi}{2}} 1 d\theta = \left[\theta\right]_0^{\frac{\pi}{2}} = \dfrac{\pi}{2}$

● **部分積分法**

積の微分法の結果を利用して、関数の積の積分を求めることができる。例えば、

$$(x \sin x)' = (x)' \sin x + x(\sin x)' = \sin x + x \cos x$$

であるので、

$$x \cos x = (x \sin x)' - \sin x$$

両辺の不定積分（原始関数）を求めると

$$\int x\cos x\,dx = x\sin x - \int \sin x\,dx$$

が成り立つ。またこの関係は定積分で書くこともできる。

$$\int_0^{\frac{\pi}{2}} x\cos x\,dx = \Big[x\sin x\Big]_0^{\frac{\pi}{2}} - \int_0^{\frac{\pi}{2}} \sin x\,dx$$

一般に、積の微分法により、次の式が成り立つ。

$$\{f(x)\,g(x)\}' = f'(x)\,g(x) + f(x)\,g'(x)$$

これより、部分積分法の公式が導かれる：$\{f(x)\,g(x)\}'$ の原始関数はもちろん $f(x)\,g(x)$ だから

$$f(x)\,g(x) = \int f'(x)\,g(x)\,dx + \int f(x)\,g'(x)\,dx、$$

$$\int f'(x)\,g(x)\,dx = f(x)\,g(x) - \int f(x)\,g'(x)\,dx$$

$$\int_a^b f'(x)\,g(x)\,dx = \Big[f(x)\,g(x)\Big]_a^b - \int_a^b f(x)\,g'(x)\,dx$$

例えば、$f'(x) = e^x,\ g(x) = x$ とすると、$f(x) = e^x,\ g'(x) = 1$ だから

$$\int_0^1 xe^x\,dx = \Big[xe^x\Big]_0^1 - \int_0^1 e^x\,dx$$
$$= \Big[xe^x\Big]_0^1 - \Big[e^x\Big]_0^1$$
$$= 1\cdot e^1 - 0\cdot e^0 - (e^1 - e^0) = 1$$

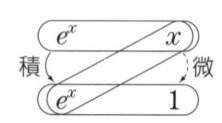

また、$I = \int_0^{\frac{\pi}{2}} e^x \sin x dx$, $J = \int_0^{\frac{\pi}{2}} e^x \cos x dx$ としよう。

$I = \left[e^x \sin x \right]_0^{\frac{\pi}{2}} - \int_0^{\frac{\pi}{2}} e^x \cos x dx = e^{\frac{\pi}{2}} - J$ …⑥

$J = \left[e^x \cos x \right]_0^{\frac{\pi}{2}} - \int_0^{\frac{\pi}{2}} e^x (-\sin x) dx = -1 + I$ …⑦

⑥、⑦を連立して、$I = \dfrac{1}{2}(e^{\frac{\pi}{2}} + 1)$,

$J = \dfrac{1}{2}(e^{\frac{\pi}{2}} - 1)$ が求められる。

問 1 次の定積分を求めよ。

(1) $\displaystyle\int_0^{\frac{\pi}{2}} \cos^3 x \sin x dx$ (2) $\displaystyle\int_1^2 x \log_e x dx$

→解答は巻末にあります。

第6章 微積分

6 求積法

面積・体積

　写真のようなテニスのラケットがある。このラケットに張られている縦糸の長さの総和と、横糸の長さの総和を比べてみよう。

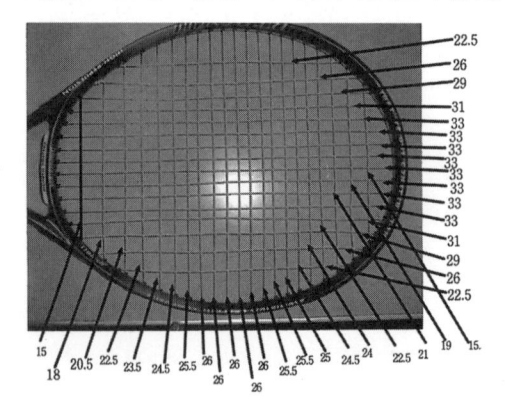

　測ってみると、縦糸の長さの総和は482cm、横糸の長さの総和は481cm。なんと！　縦も横もガットの長さの総和はほぼ等しいことがわかった。

　考えてみると、縦糸も横糸も、糸の間隔を狭めて、糸の本数をどんどん増やせば、糸は、幅が非常に細長い長方形とみなせるので、「糸の長さ×糸の幅」の総和は、どちらもラケットの面の面積に近づくはず。なので、縦糸と横糸の総和がほぼ等しいことも納得できる。

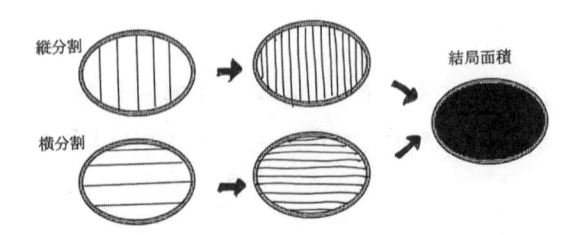

分割の仕方にかかわらず、その総和が等しい値になるとき、それを、その図形の「面積」と考えることができる。

● 区分求積と定積分

グラフと x 軸で囲まれる図形の面積を、縦糸分割（n 等分）で考えてみよう。

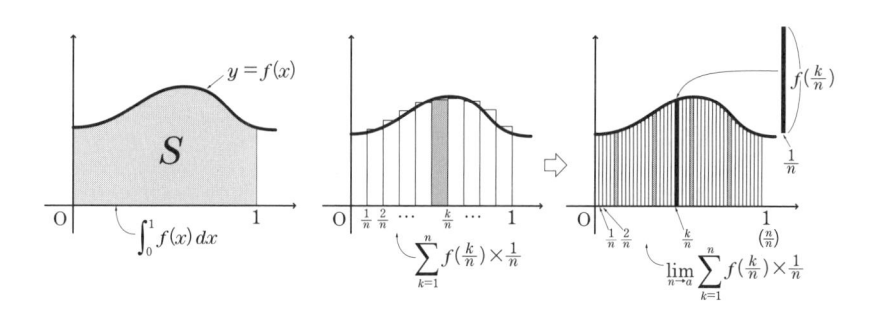

$\int_0^1 f(x)\,dx$

$\sum_{k=1}^{n} f\left(\frac{k}{n}\right) \times \frac{1}{n}$

$\lim_{n \to \infty} \sum_{k=1}^{n} f\left(\frac{k}{n}\right) \times \frac{1}{n}$

この考えで $y = x^2$ と x 軸と $x = 1$ で囲まれる図形の面積を求めよう。

$$S = \frac{1}{n} \times \left(\frac{1}{n}\right)^2 + \frac{1}{n} \times \left(\frac{2}{n}\right)^2 + \frac{1}{n} \times \left(\frac{3}{n}\right)^2 + \cdots + \frac{1}{n} \times \left(\frac{n}{n}\right)^2$$

$$= \frac{1}{n^3}(1^2 + 2^2 + 3^2 + \cdots + n^2)$$

$$= \frac{1}{n^3} \times \frac{1}{6}n(n+1)(2n+1)$$

$$= \frac{1}{6} \times \frac{n}{n} \times \frac{n+1}{n} \times \frac{2n+1}{n}$$

$$= \frac{1}{6} \times 1 \times \left(1 + \frac{1}{n}\right)\left(2 + \frac{1}{n}\right)$$

ここで、n を「めっちゃ」大きくすると

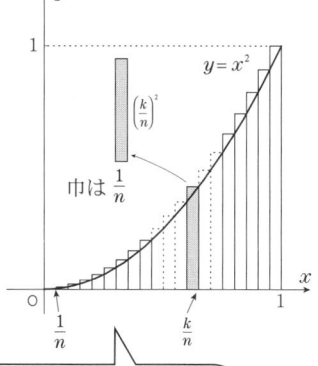

巾は $\frac{1}{n}$

ちなみに微積分学の基本定理を用いると、

$$S = \int_0^1 x^2\,dx = \left[\frac{1}{3}x^3\right]_0^1 = \frac{1}{3}$$

$\frac{1}{n} \to 0$ なので

$S = \frac{1}{6} \times 1 \times 2 = \frac{1}{3}$ となる。

● カバリエリの原理と錐体の体積

【図1】 2つの立体があったとき、どんな高さで切っても、それぞれの断面積が等しければ、2つの立体の体積は等しい。これをカバリエリの原理という。

【図2】 底面が合同である柱体Aと、錐体Bがある。Aの体積は「底面積×高さ」である。では、Bの体積はどうなるだろう。

錐体の特徴は、どの高さで切断しても、断面に現れる図形は、必ず底面の図形と相似になっていることである。

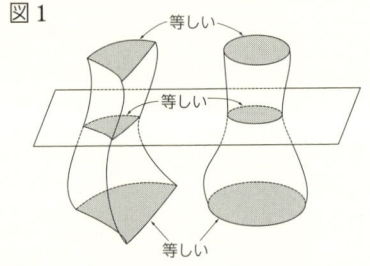

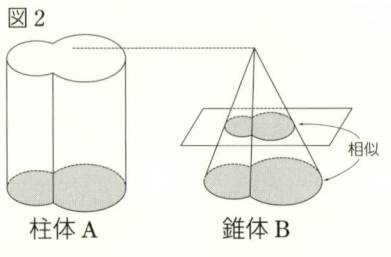

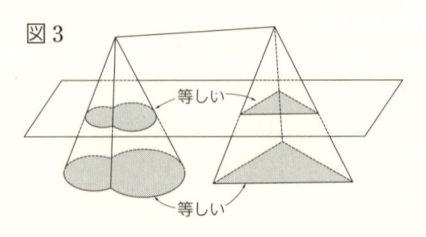

ここから「底面積が等しく、高さも等しい錐体の体積は等しい」ことがわかる

【図3】 Bの底面と等しい面積をもつ三角形を底面とする三角錐を考える。カバリエリの原理から、2つの立体の体積は等しい。

【図 4】 三角柱は、3つの三角錐 X、Y、Z に分解できる。X と Y、X と Z は底面と高さが同じなので体積は等しい。つまり、X、Y、Z の3つの錐体の体積は皆等しい。

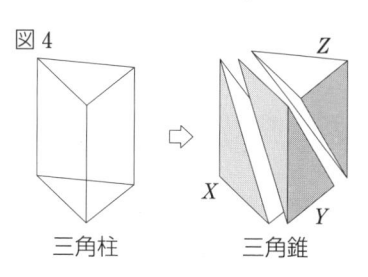

よって、どんな錐体の体積も柱体の体積（底面積×高さ）の $\dfrac{1}{3}$ であることがわかる。

● **いろいろな求積法で体積を求める**

図の△ ABC を、y 軸のまわりに 1 回転してできる図形の体積をいろいろな方法で求めてみよう（(1)、(2) では区分求積の考え方が役に立つ）。

(1) 横切りして定積分

断面のごく薄い円板の面積を積分して

$$V = \int_0^1 (4\pi - \pi x^2)\,dy$$
$$= \pi \int_0^1 \{4 - (y+1)^2\}\,dy$$
$$= \pi \int_0^1 (3 - 2y - y^2)\,dy$$
$$= \dfrac{5}{3}\pi$$

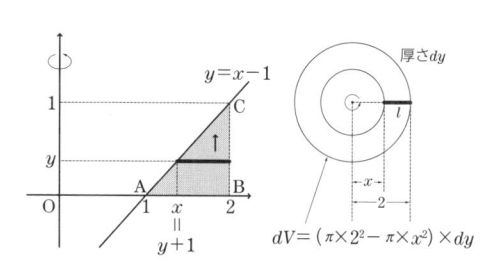

(2) 縦に輪切りして定積分（バウムクーヘン型積分）

$$V = \int_1^2 2\pi xy\,dx$$
$$= 2\pi \int_1^2 x(x-1)\,dx = \frac{5}{3}\pi$$

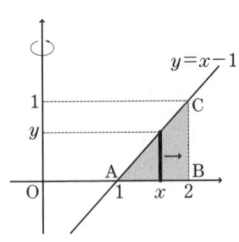

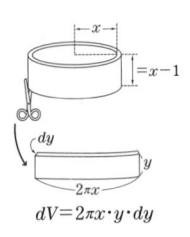

(3) **パップス・ギュルダンの定理：4 世紀にギリシャの数学者が発見し、17 世紀にスイスの数学者ギュルダンが再発見、証明した定理を使えば、答えはすぐ出る。**

断面積を S、断面の図形の重心の移動距離を l とすると、

回転体の体積 $V = Sl$

△ABC の重心の x 座標は、$x = \dfrac{1+2+2}{3} = \dfrac{5}{3}$、面積 S は

$$S = \frac{1}{2} \cdot 1 \cdot 1 = \frac{1}{2}、$$

移動距離 l は、

$$l = 2\pi \cdot \frac{5}{3} = \frac{10}{3}\pi、$$

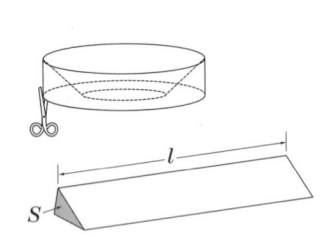

なので

$$V = Sl = \frac{1}{2} \cdot \frac{10}{3}\pi = \frac{5}{3}\pi$$

7 エクスカーション

微分方程式

導関数 $y' = \dfrac{dy}{dx}$、そのまた導関数 $y'' = \dfrac{dy'}{dx}$、等々を含む方程式を微分方程式という。微分方程式は物理学や工学のいろいろな場面で非常によく現れる。

● **方向の場**

点 $P(x, y)$ における傾きが $\dfrac{dy}{dx} = -\dfrac{x}{y}$ …① で表される曲線を考える。下の図で点 $P(x, y)$ の上に、そこでの傾き $-\dfrac{x}{y}$ を表す小さな線分を描いてみよう。直線 OP の傾きは $\dfrac{y}{x}$ であるので、この小さな線分は OP と垂直になる。すると線分の流れの中に同心円が浮かび上がってくる。どうやら求める曲線は円のようだ。実際、

$$\frac{dy}{dx} = -\frac{x}{y} \quad \cdots ①$$

を変形して、

$$ydy = -xdx$$

両辺を積分して

$$\int y\,dy = \int (-x)\,dx$$

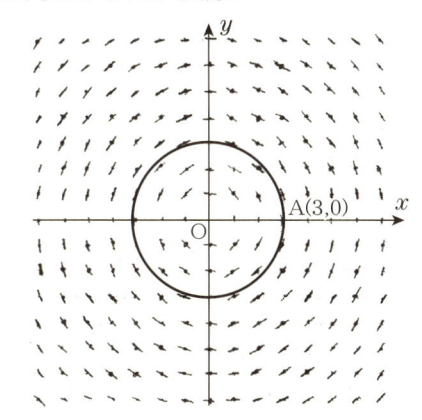

これより、積分定数を C として

$$\frac{y^2}{2} = -\frac{x^2}{2} + C \quad \cdots ②$$

よって、$x^2 + y^2 = 2C$…②となり、これは $C > 0$ のとき原点が中心の円を表す。

ここで、点 $A(3, 0)$ を通るという条件をつけると $2C = 9$ となり、太線のような円 $x^2 + y^2 = 9$ が確定する。

①のように点 (x, y) の近くの方向の場を与えている式は一種の微分方程式で、②のように流れの様子がわかる曲線を解という。

微分方程式 $\dfrac{dy}{dx} = y$ …③を考える。点 (x, y) の上に傾き y の小さな線分を描いて方向の場を観察しよう。

すると、グングン増大、減少する流れが浮かび上がってくる。

実際、③を変形して、両辺の積分をとると

$$\int \frac{dy}{y} = \int dx$$

積分定数を C とすると

$$\log_e |y| = x + C$$

よって、

$$y = \pm\, e^{x+C} = \pm\, e^C e^x$$

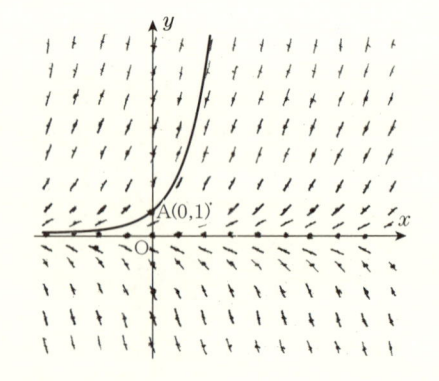

$K = \pm e^C$ とすると、指数関数 $y = Ke^x$ …④が導ける。ここで、点 $A(0, 1)$ を通るという条件をつけると $K = 1$ となり、太線のような指数関数 $y = e^x$ が決定する。

7 エクスカーション

● 速度・加速度

x 軸上を運動する点 $P(x)$ があり、時刻 t における P の位置が $x = f(t)$ とする。時刻 t から $t + \Delta t$ までに進んだ距離を Δx とすると、平均の速度は $\dfrac{\Delta x}{\Delta t}$ である。ここで $\Delta t \to 0$ とすると、時刻 t における瞬間の速度(単に速度という)が求められる。これを v とすると

$$v = \lim_{\Delta t \to 0} \frac{\Delta x}{\Delta t} = \frac{dx}{dt}$$

つまり、位置を表す関数を時間 t で微分したものが速度になる。

また、x 軸上を運動する点 $P(x)$ の時刻 t から $t + \Delta t$ までの速度の変化量を Δv とすると、平均の加速度は、$\dfrac{\Delta v}{\Delta t}$ である。ここで $\Delta t \to 0$ とすると、時刻 t における瞬間の加速度(単に加速度という)が求められる。これを α とすると

$$\alpha = \lim_{\Delta t \to 0} \frac{\Delta v}{\Delta t} = \frac{dv}{dt}$$

つまり、速度を表す関数を時間 t で微分したものが加速度である。

微分の逆が積分であるので、以上をまとめると上のようになる。

● 放物運動の解析

地面から仰角 θ、初速度 v_0 (m/s) でボールを投げたときの運動を解析しよう。

座標軸を図のようにすると、初期条件は

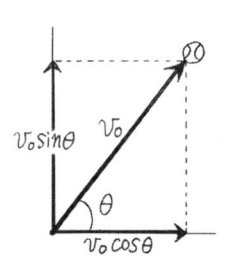

$t=0$ のとき、$x=0$, $y=0$ で、x 軸方向、y 軸方向の速度は、それぞれ $v_x = v_0 \cos\theta$, $v_y = v_0 \sin\theta$ となる。また、重力加速度 $g\,(9.8\,(\mathrm{m/s^2}))$ は、y 軸の負の方向に働き、x 軸方向には働かない。これより、微分方程式は、次のようになる。

$$\frac{dv_x}{dt} = 0, \ \frac{dv_y}{dt} = -g \cdots ⑤$$

両辺を t で積分し、初期条件をあてはめると、

$$v_x = \frac{dx}{dt} = v_0 \cos\theta,$$

$$v_y = \frac{dy}{dt}$$

$$= -gt + v_0 \sin\theta \cdots ⑥$$

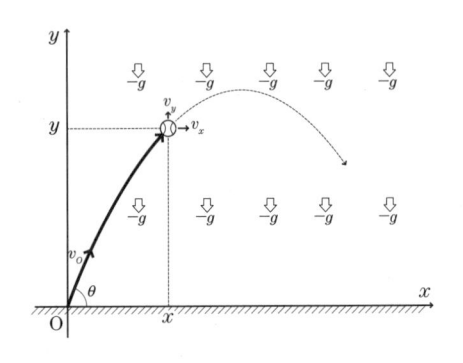

さらに両辺を t で積分し、初期条件をあてはめると、

$$x = (v_0 \cos\theta) t, \ y = -\frac{1}{2} g t^2 + (v_0 \sin\theta) t \cdots ⑦$$

となる。この式を用いてボールを一番遠くに飛ばす仰角を求めてみよう。ボールが地面に衝突する時刻は $y=0$ として $t = \dfrac{2v_0 \sin\theta}{g}$ を得る。これを x の式に代入して $x = \dfrac{2v_0^2 \sin\theta \cos\theta}{g} = \dfrac{v_0^2 \sin 2\theta}{g}$、これが到達距離である。$x$ が最大になるのは $\sin 2\theta = 1$ となるときで、$0° \leqq \theta \leqq 90°$ の範囲では $\theta = 45°$ となる。

すなわち、空気の抵抗を無視したときは $45°$ の仰角でボールを投げたとき一番遠くまで届くことがわかった。

問1

(1) 前ページの放物運動において，最高点の高さを求めよ。

(2) 初速を変えないで発射角 ϕ と発射角 $90° - \phi$ で飛ばしたボールは地面の同一地点に落ちることを示せ。

→解答は巻末にあります。

第7章
線形代数

❶ ベクトルの発見
数ベクトル・矢線ベクトル

❷ ベクトルと幾何
1次独立
内積

❸ 行列
行列・連立方程式

❹ 1次変換
1次変換で遊ぼう

❺ エクスカーション
変換と幾何学

第7章 線形代数

1 ベクトルの発見

数ベクトル・矢線ベクトル

● 多次元の量

　なぜか、ナスと大根を毎日買う人がいて、「今日は、ナスと大根で7個本買ったよ」と言われても、ナスが何個で大根が何本かわからない。買った数を別々に言えばよい。書くときも下のように区別するとよい。

$$\begin{pmatrix} 4 \\ 3 \end{pmatrix} \begin{matrix} \leftarrow \text{ナス} \\ \leftarrow \text{大根} \end{matrix}$$

　アリが点Aから点Bへ移動した。途中の経路は問題にせず、アリの「変位」、すなわち位置の変化を表示するにはやはり1つの数では無理。

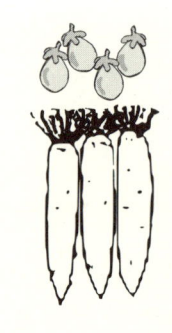

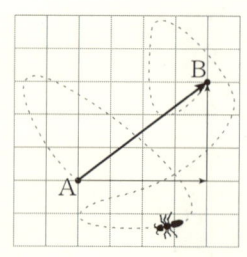

　1つの方法は、図に描いている矢印で示す。もう1つは、x軸方向とy軸方向への移動距離で示す。

$$\begin{pmatrix} 4 \\ 3 \end{pmatrix} \begin{matrix} \leftarrow x\text{軸方向} \\ \leftarrow y\text{軸方向} \end{matrix} \qquad \vec{AB} = \begin{pmatrix} 4 \\ 3 \end{pmatrix}$$

と表す。

　点Pの位置を表すのに知っての通り、平面のときは2つの数で表す。

1 ベクトルの発見

$\begin{pmatrix} 4 \\ 3 \end{pmatrix}$ ← x 座標
← y 座標

このように、数の組を使って量を表すとき、数の組を**ベクトル**という。また、変位を表したときの矢印もベクトルという。区別して、「数ベクトル」「矢線ベクトル」ということもある。

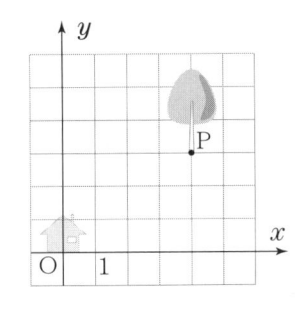

当然 $\begin{pmatrix} 4 \\ 3 \end{pmatrix}$ でなく、横に $(4, 3)$ と書いてよい。

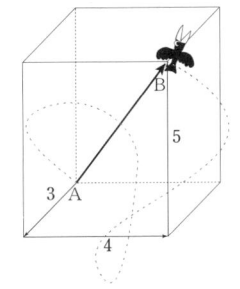

3次元空間で考えると、点Aから点Bまでのカラスの変位は

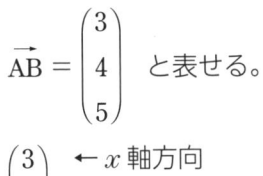

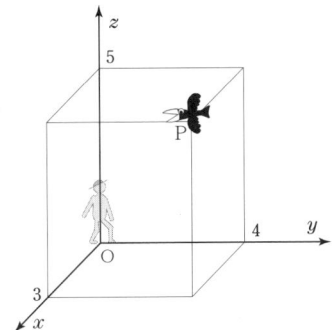

$$\overrightarrow{AB} = \begin{pmatrix} 3 \\ 4 \\ 5 \end{pmatrix} \text{ と表せる。}$$

$\begin{pmatrix} 3 \\ 4 \\ 5 \end{pmatrix}$ ← x 軸方向
← y 軸方向
← z 軸方向

点Pの位置もやはり、ベクトルとして書け、原点からのベクトルは位置ベクトルという。だから、

$$\overrightarrow{OP} = \begin{pmatrix} 3 \\ 4 \\ 5 \end{pmatrix} \text{ と書く。}$$

4次元、5次元というと空間として考えれば「えっ!」と思うが、数の組として表すと便利なものは沢山あるので、4次元、5次元もへっちゃら。

第7章 線形代数

ナスと大根の成分は次のようになっている。

(100g中)	ナス	大根
水分	93.2	90.6
たんぱく質	1.1	2.2
脂質	0.1	0.1
炭水化物	5.1	5.3
灰分	0.5	1.6

単位g

100g 中の成分をベクトルで、ナスの成分を $\vec{a}$、大根の成分を $\vec{b}$ と書くと

$$\vec{a} = \begin{pmatrix} 93.2 \\ 1.1 \\ 0.1 \\ 5.1 \\ 0.5 \end{pmatrix}, \quad \vec{b} = \begin{pmatrix} 90.6 \\ 2.2 \\ 0.1 \\ 5.3 \\ 1.6 \end{pmatrix}$$

と表せる。

ナス・大根好きの人が、ナス 300g、大根 200g を食べたら、取った栄養素は、

$$3\vec{a} + 2\vec{b} = 3\begin{pmatrix} 93.2 \\ 1.1 \\ 0.1 \\ 5.1 \\ 0.5 \end{pmatrix} + 2\begin{pmatrix} 90.6 \\ 2.2 \\ 0.1 \\ 5.3 \\ 1.6 \end{pmatrix} = \begin{pmatrix} 279.6 \\ 3.3 \\ 0.3 \\ 15.3 \\ 1.5 \end{pmatrix} + \begin{pmatrix} 181.2 \\ 4.4 \\ 0.2 \\ 10.6 \\ 3.2 \end{pmatrix}$$

$$= \begin{pmatrix} 460.8 \\ 7.7 \\ 0.5 \\ 25.9 \\ 4.7 \end{pmatrix} \begin{matrix} \leftarrow 水分 (g) \\ \leftarrow たんぱく質 (g) \\ \leftarrow 脂質 (g) \\ \leftarrow 炭水化物 (g) \\ \leftarrow 灰分 (g) \end{matrix}$$

と計算するのは納得できると思う。そこで、ベクトルの演算は次のように決める。2次元ベクトルを例にするが、n 次元でも同じである。

$$\vec{a} = \begin{pmatrix} a_1 \\ a_2 \end{pmatrix}, \quad \vec{b} = \begin{pmatrix} b_1 \\ b_2 \end{pmatrix} \quad \text{なら、} \quad k\vec{a} = k\begin{pmatrix} a_1 \\ a_2 \end{pmatrix} = \begin{pmatrix} ka_1 \\ ka_2 \end{pmatrix},$$

$$\vec{a} \pm \vec{b} = \begin{pmatrix} a_1 \\ a_2 \end{pmatrix} \pm \begin{pmatrix} b_1 \\ b_2 \end{pmatrix} = \begin{pmatrix} a_1 \pm b_1 \\ a_2 \pm b_2 \end{pmatrix}$$

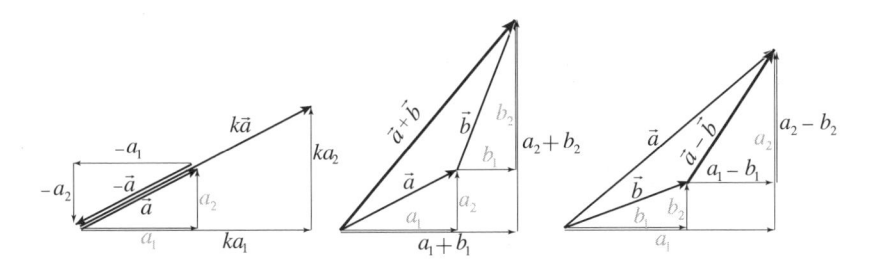

上の図は、矢線ベクトルの演算の例である。数ベクトルの成分と対応させると納得できる。また、$|\vec{a}| = \sqrt{a_1^2 + a_2^2}$ と決め、$\vec{a}$ の大きさという。3次元のときは $|\vec{a}| = \sqrt{a_1^2 + a_2^2 + a_3^2}$ となる。これらは「矢印の長さ」と思ってよい。

● ベクトルの内積

ナス1個の値段を50円、大根1本の値段を100円とすると、値段でベクトルができる。

$\begin{pmatrix} 50 \\ 100 \end{pmatrix}$ ← ナスの値段
← 大根の値段

ナス4個買うと $50 \times 4 = 200$(円)
大根3本買うと $100 \times 3 = 300$(円)
だが、一気に計算したい。なら、

$$\begin{pmatrix} 50 \\ 100 \end{pmatrix} \cdot \begin{pmatrix} 4 \\ 3 \end{pmatrix} = 50 \times 4 + 100 \times 3 = 500 \text{(円)}$$

としたらどう？ そこで、$\vec{a} = \begin{pmatrix} a_1 \\ a_2 \end{pmatrix}$, $\vec{b} = \begin{pmatrix} b_1 \\ b_2 \end{pmatrix}$ のとき、

$$\vec{a} \cdot \vec{b} = \begin{pmatrix} a_1 \\ a_2 \end{pmatrix} \cdot \begin{pmatrix} b_1 \\ b_2 \end{pmatrix} = a_1 b_1 + a_2 b_2$$

と決め、ベクトルの内積という。3次元以上のときも同じように定義する。

さて、内積の図形的意味を考える。

第 7 章 線形代数

$\vec{a}$ と $\vec{b}$ に挟まれる角を θ とする。余弦定理から
$|\vec{a} - \vec{b}|^2 = |\vec{a}|^2 + |\vec{b}|^2 - 2|\vec{a}||\vec{b}| \cos \theta$ だから、
$(a_1 - b_1)^2 + (a_2 - b_2)^2 = a_1^2 + a_2^2 + b_1^2 + b_2^2 - 2|\vec{a}||\vec{b}| \cos \theta$
となる。左辺を展開して整理すると
$a_1 b_1 + a_2 b_2 = |\vec{a}||\vec{b}| \cos \theta$ となる。
左辺は $\vec{a}$ と $\vec{b}$ の内積 $\vec{a} \cdot \vec{b} = a_1 b_1 + a_2 b_2$ だから、
$\vec{a}$ と $\vec{b}$ の内積は、

$$\vec{a} \cdot \vec{b} = |\vec{a}||\vec{b}| \cos \theta$$

となる。これは、3 次元はもとより、他の次元でも成り立つように理屈が構成されている。

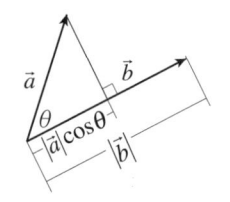

$\vec{a}$ と $\vec{b}$ の成分がわかれば、

$\cos \theta = \dfrac{\vec{a} \cdot \vec{b}}{|\vec{a}||\vec{b}|} = \dfrac{a_1 b_1 + a_2 b_2}{|\vec{a}||\vec{b}|}$ より、$\vec{a}$ と $\vec{b}$ の間の角がわかる。

例えば $\vec{a} = \begin{pmatrix} 7 \\ 1 \end{pmatrix}$, $\vec{b} = \begin{pmatrix} 4 \\ -3 \end{pmatrix}$ のとき、$\vec{a}$ と $\vec{b}$ の間の角 θ を求める。

$$\vec{a} \cdot \vec{b} = \begin{pmatrix} 7 \\ 1 \end{pmatrix} \cdot \begin{pmatrix} 4 \\ -3 \end{pmatrix} = 7 \times 4 + 1 \times (-3) = 25$$

$|\vec{a}| = \sqrt{7^2 + 1^2} = \sqrt{50} = 5\sqrt{2}$, $|\vec{b}| = \sqrt{4^2 + (-3)^2} = \sqrt{25} = 5$

よって、$\cos \theta = \dfrac{25}{5\sqrt{2} \cdot 5} = \dfrac{1}{\sqrt{2}}$ となるので $\theta = 45°$ である。

問 1 次の 2 つのベクトルの間の角を求めなさい。

① $\vec{a} = \begin{pmatrix} 1 - \sqrt{3} \\ 1 + \sqrt{3} \end{pmatrix}$, $\vec{b} = \begin{pmatrix} 1 \\ 1 \end{pmatrix}$　② $\vec{a} = \begin{pmatrix} 2 \\ -3 \\ -1 \end{pmatrix}$, $\vec{b} = \begin{pmatrix} 1 \\ 2 \\ 3 \end{pmatrix}$

→解答は巻末にあります。

2 ベクトルと幾何

1 次独立

● **1 次独立と 1 次従属**

　ベクトルの実数倍の和の形を 1 次結合という。例えば $3\vec{a}$ は $\vec{a}$ の 1 次結合、$3\vec{a} + 4\vec{b}$ は $\vec{a}, \vec{b}$ の 1 次結合、$\vec{a} - 2\vec{b} + 3\vec{c}$ は $\vec{a}, \vec{b}, \vec{c}$ の 1 次結合である。2 つ以上のベクトルで 1 つが他のベクトルの 1 次結合で表されるとき、それらは 1 次従属であるという。例えば、

$$\vec{c} = -2\vec{a} + \vec{b}$$

のときベクトル $\vec{a}, \vec{b}, \vec{c}$ は 1 次従属である。この場合 $\vec{c} = -2\vec{a} + \vec{b} + \vec{b} + 0\vec{d}$ であるから、$\vec{a}, \vec{b}, \vec{c}, \vec{d}$ なども 1 次従属である。なお、0 ベクトルは「他のベクトルの 0 倍の和」で表せるので、0 ベクトルを含む、いくつかのベクトルは 1 次従属である。

　2 つ以上のベクトルで、どれも他のベクトルの 1 次結合で表せないとき、それらは 1 次独立であるという。

　1 次独立なベクトルで他のベクトルを 1 次結合で表すとき、その表し方は 1 通りである。これを 1 次独立なベクトル $\vec{a}, \vec{b}$ ($\vec{a} \neq \vec{0}, \vec{b} \neq \vec{0}$) で示そう。もし他のベクトル $\vec{c}$ が 2 通りの 1 次結合で表されたとすると、

$$\vec{c} = s\vec{a} + t\vec{b} = s'\vec{a} + t'\vec{b} \; (s, \; s', \; t, \; t' \text{ は実数})$$

が成り立つ。すると、

$$(s-s')\vec{a} + (t-t')\vec{b} = \vec{0}$$

もし $s \neq s'$ と仮定すると $\vec{a} = -\dfrac{t-t'}{s-s'}\vec{b}$ と変形でき、$\vec{a}, \vec{b}$ が1次独立であることに反する。

よって $s = s'$ であり、これより直ちに $t = t'$ が導ける。だから同一ベクトルを2通りの異なる1次結合で表すことはできない。

● **共線条件・共面条件**

ベクトル $\vec{a}, \vec{b}$ が平行であるとき、$\vec{a}, \vec{b}$ の始点を同じ点にとると、同一直線上に収めることができる。このとき $\vec{a}, \vec{b}$ は共線であるという。このときは、

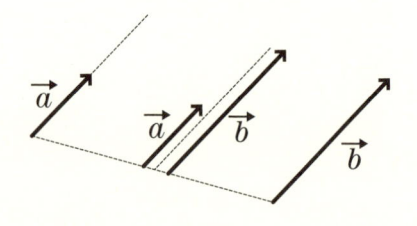

$$\vec{b} = s\vec{a} \quad (s\text{ は実数})$$

と書ける。これより、

$\vec{a}, \vec{b}$ が共線 ⇔ $\vec{a}, \vec{b}$ が1次従属

がいえる。またベクトル $\vec{a}, \vec{b}$ が平行でないときは、$\vec{a}, \vec{b}$ の始点を同じ点にとっても同一直線上に収めることはできない。これより、

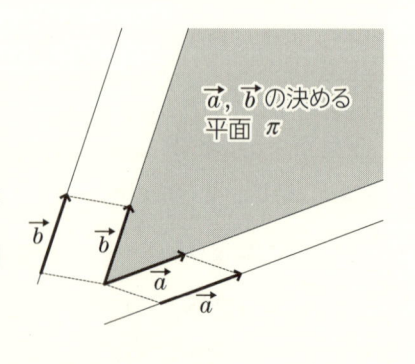

$\vec{a}, \vec{b}$ が共線でない ⇔ $\vec{a}, \vec{b}$ が1次独立

がいえる。このときは図のように 2 つのベクトルによって 1 つの平面 π が決定される。

ベクトル $\vec{a}$, $\vec{b}$, $\vec{c}$ の始点を同じ点にとったとき、3 つとも同一平面上に収まるとき、$\vec{a}$, $\vec{b}$, $\vec{c}$ は共面であるという。$\vec{a}$, $\vec{b}$, $\vec{c}$ が 1 次従属ならば、そのうちの 1 つ、例えば $\vec{c}$ が $\vec{c} = s\vec{a} + t\vec{b}$ のように表せるので、$\vec{c}$ は $\vec{a}$, $\vec{b}$ を含む平面上にあり $\vec{a}$, $\vec{b}$, $\vec{c}$ は共面である。

逆に、$\vec{a}$, $\vec{b}$, $\vec{c}$ が共面の場合は、もし $\vec{a}$, $\vec{b}$ が 1 次独立なら, $\vec{a}$, $\vec{b}$ と同じ平面にある $\vec{c}$ は $\vec{a}$, $\vec{b}$ の 1 次結合で表せるので $\vec{a}$, $\vec{b}$, $\vec{c}$ は 1 次従属である。また、$\vec{a}$, $\vec{b}$ が 1 次従属なら、もちろん $\vec{a}$, $\vec{b}$, $\vec{c}$ も 1 次従属であるから次のことがいえる。

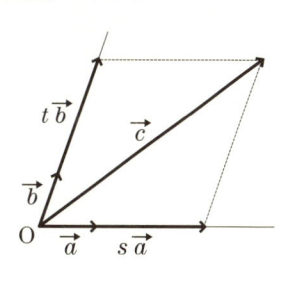

$$\vec{a},\ \vec{b},\ \vec{c} \text{ が共面} \Leftrightarrow \vec{a},\ \vec{b},\ \vec{c} \text{ が 1 次従属}$$

また、共面である／ない、1 次従属／独立は相反する概念であるから、

$$\vec{a},\ \vec{b},\ \vec{c} \text{ が共面でない} \Leftrightarrow \vec{a},\ \vec{b},\ \vec{c} \text{ が 1 次独立}$$

がいえる。

空間ベクトル $\vec{a}$, $\vec{b}$, $\vec{c}$, $\vec{d}$ の始点を同じ点にとったとき、$\vec{a}$, $\vec{b}$, $\vec{c}$ が 1 次独立ならば、図のような平行六面体 (6 つの面がすべて平行四辺形) を作り、

$$\vec{d} = s\vec{a} + t\vec{b} + u\vec{c}$$

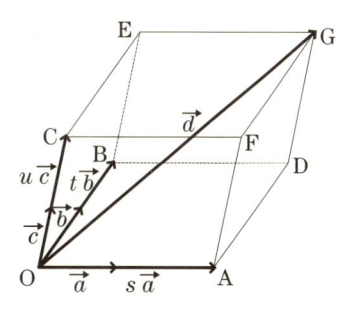

となる実数 s, t, u を見つけることができる。これより、空間の 4 つ

のベクトル $\vec{a}, \vec{b}, \vec{c}, \vec{d}$ は 1 次従属であることがいえる。

● **直線の方程式**

2 つのベクトル $\vec{a}, \vec{b}$ が 1 次独立のときは、図のように $\overrightarrow{OA} = \vec{a}, \overrightarrow{OB} = \vec{b}$ で作られる平行四辺形で $\vec{a}, \vec{b}$ を含む平面を覆うことができる。平面上の点 P は、

$$\overrightarrow{OP} = x\vec{a} + y\vec{b}$$

と 2 つの実数 x, y で表される。逆に、2 つの実数が与えられれば点 P の位置が決まるので、この x, y の組を座標 (x, y) とみなすことができる。

図の直線 CD 上の任意の点を P とするとき、

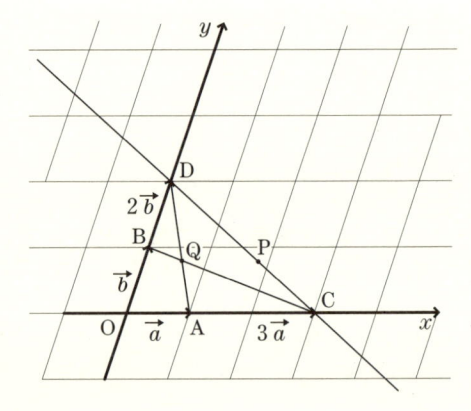

$$\overrightarrow{CD} = \overrightarrow{OD} - \overrightarrow{OC} = -3\vec{a} + 2\vec{b}$$
$$\overrightarrow{CP} = \overrightarrow{OP} - \overrightarrow{OC} = x\vec{a} + y\vec{b} - 3\vec{a}$$
$$= (x-3)\vec{a} + y\vec{b}$$

である。$\overrightarrow{CD}, \overrightarrow{CP}$ は共線なので t を実数として、$\overrightarrow{CP} = t\overrightarrow{CD}$ つまり

$$(x-3)\vec{a} + y\vec{b} = t(-3\vec{a} + 2\vec{b})$$

と書ける。$\vec{a}, \vec{b}$ が 1 次独立なので、$x - 3 = -3t$、$y = 2t$ ここで t を消去し、

$$\frac{x}{3} + \frac{y}{2} = 1 \quad \cdots ①$$

となる。x, y が変化すれば点 P は直線 CD 上を動くので、①は直線の方程式とみなせる。

一般に、$\vec{OC} = k\vec{a}, \ \vec{OD} = h\vec{b}$ のときは、直線 CD の方程式は

$$\frac{x}{k} + \frac{y}{h} = 1 \quad \cdots ②$$

と表される。このことを使って、2 直線 AD と BC の交点 Q の位置ベクトルを求めよう。2 直線の方程式は

$$\text{AD} : x + \frac{y}{2} = 1, \quad \text{BC} : \frac{x}{3} + y = 1$$

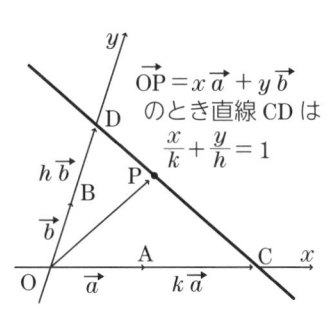

である。これを連立して解くと $x = \dfrac{3}{5}, \ y = \dfrac{4}{5}$ となり、したがって

$$\vec{OQ} = \frac{3}{5}\vec{a} + \frac{4}{5}\vec{b}$$

である。

問 1 $\vec{OI} = \dfrac{1}{2}\vec{a}, \ \vec{OJ} = \dfrac{1}{3}\vec{b}$ とし、2 直線 AJ、BI の交点を R とするとき、$\vec{OR}$ を $\vec{a}, \vec{b}$ の 1 次結合で表せ。

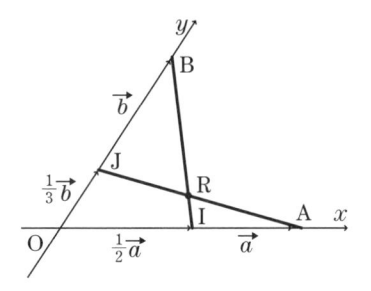

→解答は巻末にあります。

第7章 線形代数

内積

255ページで登場したベクトルの内積、$\vec{x}\cdot\vec{y}=|\vec{x}||\vec{y}|\cos\theta$ の図形的意味を考えよう。

$|\vec{x}||\vec{y}|\cos\theta$ を $|\vec{x}|\times(|\vec{y}|\cos\theta)$ と考えると

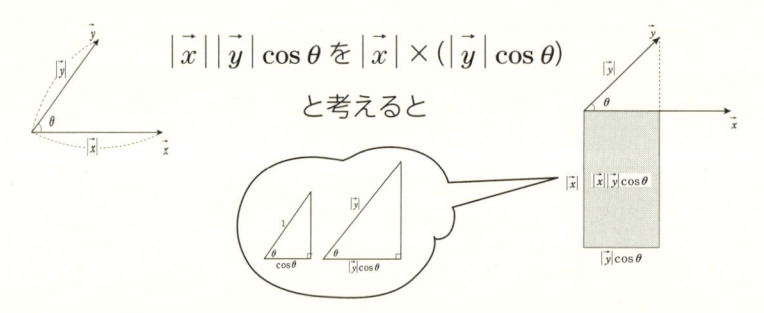

図のように、内積は縦 $|\vec{x}|$、横 $|\vec{y}|\cos\theta$ の長方形の(符号付)面積とみることができる。

2つのベクトルの大きさはそのままにして、角度を少しずつ変化させてみよう。

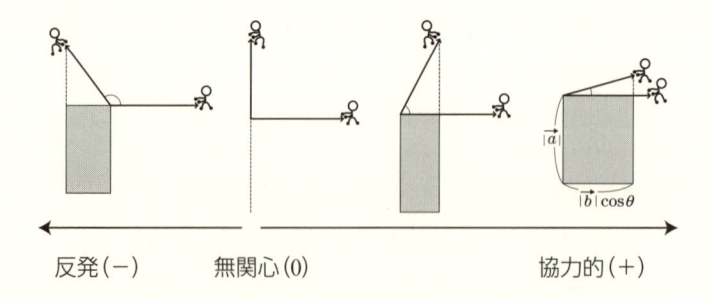

反発(−)　　無関心(0)　　　　協力的(+)

こうしてみると、内積は、2つのベクトルの協力度を表しているようだ。物理ではこれを「仕事」と呼んでいる。

内積を成分で表す。

$\vec{x}=(a,\ b),\ \vec{y}=(c,\ d)$ のとき、$\vec{x}\cdot\vec{y}=ac+bd$　と書ける。

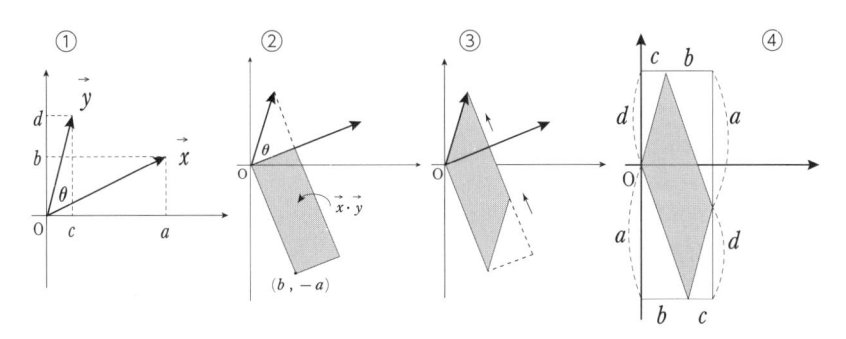

① とりあえず、$a > 0$, $b > 0$, $c > 0$, $d > 0$ の場合で示す。

② $\vec{x} \cdot \vec{y}$ は斜線部分の長方形の面積である。

③ 長方形をずらして平行四辺形に「等積変形」する。

④ 縦 $a + d$、横 $b + c$ の大きな長方形の面積から、4 つの三角形の面積をひくと

$$\vec{x} \cdot \vec{y} = (a + d)(b + c) - \frac{1}{2}cd \times 2 - \frac{1}{2}ab \times 2 = ac + bd$$

このように、内積は成分で表すと、とてもシンプルな式になる。こんな問題を考えてみよう。

問題 ジュン君は、ある店にリンゴ 4 個とミカン 3 個を買いに出かけた。その店では、リンゴ 1 個 30 円、ミカン 1 個 20 円だった。支払う金額はいくらになるか。

答えは、$4 \times 30 + 3 \times 20 = 180$ 円であるが、この計算は次のように内積で表すこともできる。$\vec{x} = (4, 3)$ （個数ベクトル）

$\vec{y} = (30, 20)$ （金額ベクトル）とすると、支払う金額は

$\vec{x} \cdot \vec{y} = 4 \times 30 + 3 \times 20 = 180$ 円

内積を表す2つの形 $\vec{x}\cdot\vec{y}=|\vec{x}||\vec{y}|\cos\theta$, $\vec{x}\cdot\vec{y}=ac+bd$ を用いれば、ベクトルのなす角 θ を計量することができる。

<例> 図のように、1辺1の正方形が3個並んでいる。このとき、$\alpha+\beta$ は何度か。

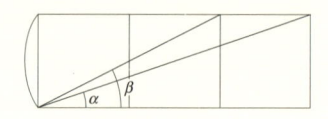

<解> 右図のように、
$\vec{a}=(3, 1)$, $\vec{b}=(2, -1)$ としたとき、
$|\vec{a}|=\sqrt{3^2+1^2}=\sqrt{10}$,
$|\vec{b}|=\sqrt{2^2+(-1)^2}=\sqrt{5}$
$\vec{a}\cdot\vec{b}=3\times 2+1\times(-1)=5$
$\vec{a}, \vec{b}$ のなす角 $\alpha+\beta$ を θ とおくと

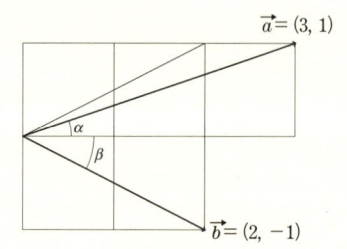

$$\cos\theta=\frac{\vec{a}\cdot\vec{b}}{|\vec{a}|\cdot|\vec{b}|}=\frac{5}{\sqrt{10}\sqrt{5}}=\frac{1}{\sqrt{2}} \quad \therefore \theta=45°$$

成分の計算を利用すると、2次元以上のベクトルでも内積を計算することができる。

例えば、$\vec{a}=(1, 1, 0, 0, 1)$, $\vec{b}(1, 0, 1, 0, 1)$ の5次元のベクトルの内積は

$\vec{a}\cdot\vec{b}=1+0+0+0+1=2$ となる。

5次元ではイメージしにくいが、2つのベクトル $\vec{a}, \vec{b}$ を含む平面を考えればそこで「$\vec{a}, \vec{b}$ のなす角」が決まるので、これを θ とすると、$\cos\theta=\dfrac{\vec{a}\cdot\vec{b}}{|\vec{a}||\vec{b}|}$ である。この値が0なら2つのベクトルは直交するし、この値が1なら2つのベクトルは平行である。

2 ベクトルと幾何

● **内積と垂直（三角形の垂心）**

図のように三角形 ABC の外心を O とする。
外接円の半径を R とすると
$|\vec{OA}| = |\vec{OB}| = |\vec{OC}| = R$ となる。
ここで、$\vec{OH} = \vec{OA} + \vec{OB} + \vec{OC}$ となる H はどんな点か考えてみる。

$\vec{OH} - \vec{OA} = \vec{OB} + \vec{OC}$ より、$\vec{AH} = \vec{OB} + \vec{OC}$

そこで、$\vec{AH} \cdot \vec{BC}$ を考えてみると

$\vec{AH} \cdot \vec{BC} = (\vec{OB} + \vec{OC}) \cdot (\vec{OC} - \vec{OB}) = |\vec{OC}|^2 - |\vec{OB}|^2 = R^2 - R^2 = 0$

内積が 0 なので、AH ⊥ BC がわかる。
同じように考えると、AH ⊥ AB, AH ⊥ CA もわかる。

これは、三角形の各頂点から対辺に垂線を下ろしたとき、その 3 本の垂線は 1 点 H で交わるということを示している。この交点 H のことを垂心と呼ぶ。

ところで、三角形 ABC の重心を G とすると $\vec{OG} = \dfrac{\vec{OA} + \vec{OB} + \vec{OC}}{3}$
だったから、$3\vec{OG} = \vec{OH}$ がいえる。

つまり、外心、重心、垂心は一直線上に並んでいることがわかる。

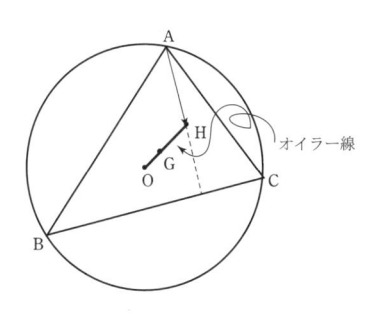

オイラー線

3 行列

行列・連立方程式

● 行列

　行列というと、人気ラーメン店にできる行列や、歴史でいうと大名行列を思い出す。数学での行列の定義は実に素っ気ない。

$$\begin{pmatrix} a_{11} & a_{12} & a_{13} & \cdots & a_{1n} \\ a_{21} & a_{22} & a_{23} & \cdots & a_{2n} \\ a_{31} & a_{32} & a_{33} & \cdots & a_{3n} \\ \cdots & \cdots & \cdots & \cdots & \cdots \\ a_{m1} & a_{m2} & a_{m3} & \cdots & a_{mn} \end{pmatrix} \begin{matrix} \leftarrow 1行 \\ \leftarrow 2行 \\ \leftarrow 3行 \\ \cdots \\ \leftarrow m行 \end{matrix}$$

↑1列　↑2列　↑3列　　↑n列

　$m \times n$ 個の数を、左のように並べたものを行列という。横の並びを行、縦の並びを列といい、各数を成分という。$m = n$ のときを正方行列という。行列は、A や B などの1文字で表したりする。

　こんな定義を読むと、やはり数学は、冷たく冷めたものだと子どもは思うのだろう。

　さて、Aさんは、1日目はナス3個、大根2本、リンゴ2個買い、2日目はナス2個、大根1本、リンゴ4個買った。

　Bさんは、1日目はナス1個、大根1本、リンゴ1個買い、2日目はナス2個、大根2本、リ

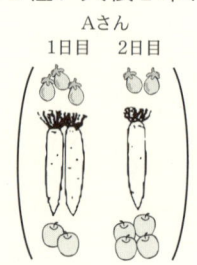

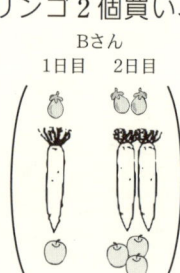

ンゴ3個買った。これらは立派に行列で書くことができ、前にやった縦ベクトルを2つ並べたものだ。

$$A = \begin{pmatrix} 3 & 2 \\ 2 & 1 \\ 2 & 4 \end{pmatrix}, B = \begin{pmatrix} 1 & 2 \\ 1 & 2 \\ 1 & 3 \end{pmatrix}$$

これらの行列は3行2列なので、(3, 2)行列といおう。

当然、たし算、ひき算、実数倍（スカラー倍）も、例えば次のようにできる。

$$2A + B = 2\begin{pmatrix} 3 & 2 \\ 2 & 1 \\ 2 & 4 \end{pmatrix} + \begin{pmatrix} 1 & 2 \\ 1 & 2 \\ 1 & 3 \end{pmatrix} = \begin{pmatrix} 2\times 3 & 2\times 2 \\ 2\times 2 & 2\times 1 \\ 2\times 2 & 2\times 4 \end{pmatrix} + \begin{pmatrix} 1 & 2 \\ 1 & 2 \\ 1 & 3 \end{pmatrix}$$

$$= \begin{pmatrix} 6 & 4 \\ 4 & 2 \\ 4 & 8 \end{pmatrix} + \begin{pmatrix} 1 & 2 \\ 1 & 2 \\ 1 & 3 \end{pmatrix} = \begin{pmatrix} 7 & 6 \\ 5 & 4 \\ 5 & 11 \end{pmatrix}$$

行列の積はないの？　それは、次のように考える。

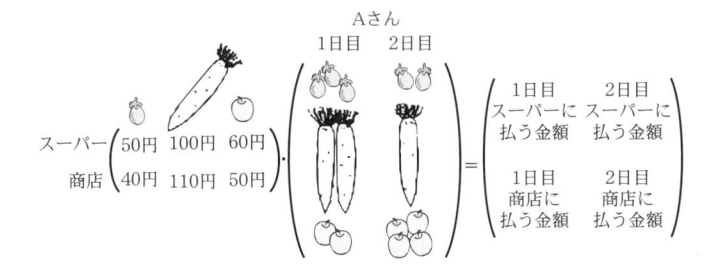

スーパー・商店で買った場合に1日目・2日目に払う金額を計算する。

$$\begin{pmatrix} 50 & 100 & 60 \\ 40 & 110 & 50 \end{pmatrix} \begin{pmatrix} 3 & 2 \\ 2 & 1 \\ 2 & 4 \end{pmatrix}$$

$$= \begin{pmatrix} 50\times 3 + 100\times 2 + 60\times 2 & 50\times 2 + 100\times 1 + 60\times 4 \\ 40\times 3 + 110\times 2 + 50\times 2 & 40\times 2 + 110\times 1 + 50\times 4 \end{pmatrix} = \begin{pmatrix} 470 & 440 \\ 440 & 390 \end{pmatrix}$$

とすればよい。(2, 3)行列と(3, 2)行列の積が(2, 2)行列になっている。

そこで、行列の積 AB は A が (l, m) 行列、B が (m, n) 行列のように、A の列の数と B の行の数が等しいとき計算可能である。その結果 (l, n) 行列となる。その (i, j) 成分は、A の i 行 $a_{i1}\ a_{i2}\cdots a_{im}$ と、B の j 列 $\begin{pmatrix} b_{1j} \\ b_{2j} \\ \vdots \\ b_{mj} \end{pmatrix}$ から、$a_{1i} \times b_{1j} + a_{2i} \times b_{2j} + \cdots + a_{mi} \times b_{mj}$ と定める。

問1 次の行列の積の計算をしなさい。

① $\begin{pmatrix} 2 & 1 \\ 4 & 3 \end{pmatrix}\begin{pmatrix} 1 & 0 \\ 2 & 4 \end{pmatrix}$ ② $\begin{pmatrix} 8 & 1 \\ 7 & 1 \end{pmatrix}\begin{pmatrix} 1 & -1 \\ -7 & 8 \end{pmatrix}$ ③ $\begin{pmatrix} 1 & 0 & 0 \\ 0 & 1 & 3 \\ 0 & 0 & 1 \end{pmatrix}\begin{pmatrix} 1 & 2 & 3 & 4 \\ 4 & 3 & 2 & 1 \\ 1 & 1 & 1 & 1 \end{pmatrix}$

● **逆行列で連立方程式を解く**

$\begin{pmatrix} 1 & 0 \\ 0 & 1 \end{pmatrix}$, $\begin{pmatrix} 1 & 0 & 0 \\ 0 & 1 & 0 \\ 0 & 0 & 1 \end{pmatrix}$ 左のような、対角線上の成分が全部1で、他は全部0の正方行列を単位行列といって E で表す。数のかけ算での1にあたる。

正方行列 A に対して、$AB = BA = E$ となる B が存在するとき、B を A の逆行列といい、A^{-1} で表す。早速、2次の正方行列 $\begin{pmatrix} a & b \\ c & d \end{pmatrix}$ の逆行列を求めてみよう。$\begin{pmatrix} a & b \\ c & d \end{pmatrix}\begin{pmatrix} x & y \\ z & w \end{pmatrix} = \begin{pmatrix} 1 & 0 \\ 0 & 1 \end{pmatrix}$ として、x, y, z, w を求める。

$\begin{pmatrix} a & b \\ c & d \end{pmatrix}\begin{pmatrix} x & y \\ z & w \end{pmatrix} = \begin{pmatrix} ax+bz & ay+bw \\ cx+dz & cy+dw \end{pmatrix}$ より、$\begin{matrix} ax+bz=1 & ay+bw=0 \\ cx+dz=0 & cy+dw=1 \end{matrix}$ と

なるので、これから、x, y, z, w を求める。

$ad - bc \neq 0$ のとき、

$$x = \frac{d}{ad - bc}, \quad y = \frac{-b}{ad - bc}, \quad z = \frac{-c}{ad - bc}, \quad w = \frac{a}{ad - bc}$$ となる。

よって、$A = \begin{pmatrix} a & b \\ c & d \end{pmatrix}$ の逆行列は、$ad - bc \neq 0$ のとき存在して、

$$A^{-1} = \frac{1}{ad - bc} \begin{pmatrix} d & -b \\ -c & a \end{pmatrix}$$

例えば $\begin{pmatrix} 1 & 3 \\ 2 & 1 \end{pmatrix}$ の逆行列は、$1 \times 1 - 3 \times 2 = -5 \neq 0$ だから存在して

$$A^{-1} = \frac{-1}{5} \begin{pmatrix} 1 & -3 \\ -2 & 1 \end{pmatrix}$$ となる。

さて、ここで 2 元連立方程式 $\begin{cases} x + 3y = 9 \\ 2x + y = 8 \end{cases}$ を逆行列を利用して解いてみよう。

連立方程式は、$\begin{pmatrix} 1 & 3 \\ 2 & 1 \end{pmatrix} \begin{pmatrix} x \\ y \end{pmatrix} = \begin{pmatrix} 9 \\ 8 \end{pmatrix}$ と書くことができる。そこで、

$A = \begin{pmatrix} 1 & 3 \\ 2 & 1 \end{pmatrix}$ は $1 \times 1 - 3 \times 2 = -5 \neq 0$ で逆行列があるので、両辺に左から A^{-1} をかけると、

$$\begin{pmatrix} 1 & 0 \\ 0 & 1 \end{pmatrix} \begin{pmatrix} x \\ y \end{pmatrix} = \begin{pmatrix} x \\ y \end{pmatrix} = \frac{-1}{5} \begin{pmatrix} 1 & -3 \\ -2 & 1 \end{pmatrix} \begin{pmatrix} 9 \\ 8 \end{pmatrix} = \begin{pmatrix} 3 \\ 2 \end{pmatrix}$$ となり、

$x = 3, y = 2$

第 7 章　線形代数

問 2　次の連立方程式を、逆行列を使って解きなさい。

① $\begin{cases} x + 3y = 2 \\ 2x + y = 1 \end{cases}$　　② $\begin{cases} x + 2y = 4 \\ 3x + 5y = 11 \end{cases}$

問 3　次の連立方程式を、直線を考えて解きなさい。

① $\begin{cases} x + 3y = 2 \\ 3x + 9y = 12 \end{cases}$　　② $\begin{cases} x + 3y = 4 \\ 3x + 9y = 12 \end{cases}$

→解答は巻末にあります。

3 元連立方程式なども行列を使って解けるが、それはまたどこかで。

4 1次変換

1次変換で遊ぼう

点(x, y)を点(u, v)に移す座標変換で、特に1次式、
$v = ax + by$, $v = cx + dy$ で表されるものを、1次変換という。

1次変換は、次のように行列を用いて表すと便利である。

$$\begin{cases} u = ax + by \\ v = cx + dy \end{cases} \Rightarrow \begin{pmatrix} u' \\ v' \end{pmatrix}$$

$$= \begin{pmatrix} a & b \\ c & d \end{pmatrix} \begin{pmatrix} x \\ y \end{pmatrix}$$

図1

図2

このように表すと、ある点が、行列という「変換マシン」によって別の点に移るというイメージが湧く(図1、図2)。

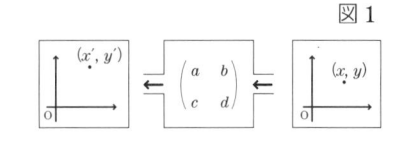

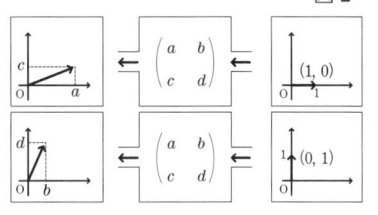

1次変換の性質は次のようにまとめることができる。

① 原点は原点に移る

このことから、1次変換は原点を始点とするベクトルの間の変換と考えることもできる。

② 線形性(図3)

2つのベクトルを「変換してから」

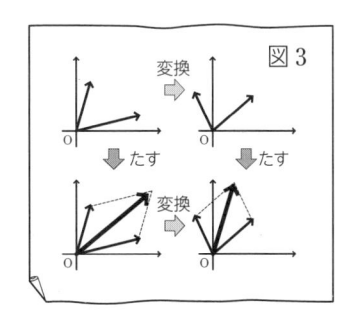

図3

たした結果と、「たしてから」変換した結果は同じものになる。また「定数倍してから変換」した結果と「変換してから定数倍」した結果は同じものになる。したがって、

$\begin{pmatrix} x \\ y \end{pmatrix} = x \cdot \begin{pmatrix} 1 \\ 0 \end{pmatrix} + y \cdot \begin{pmatrix} 0 \\ 1 \end{pmatrix}$ の行く先は、$\begin{pmatrix} 1 \\ 0 \end{pmatrix}$ の行く先の x 倍と、$\begin{pmatrix} 0 \\ 1 \end{pmatrix}$

の行く先の y 倍の和になる。

　つまり 1 次変換とは、原点に頂点がある単位正方形を原点に頂点がある平行四辺形に変形する変換とみることもできる(図 4)。

図 4

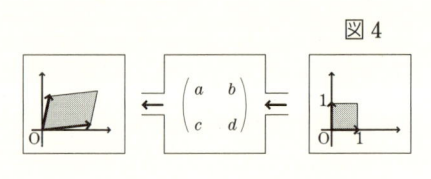

<代表的な 4 つの 1 次変換>

(1) 拡大・縮小(相似変換)

　　　x 軸方向に 2 倍拡大　　　　y 軸方向に 2 倍拡大

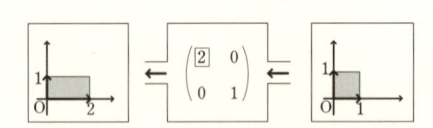

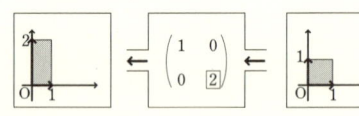

(2) 対称移動(x 軸、y 軸)

　　　x 軸に関する対称移動　　　y 軸に関する対称移動

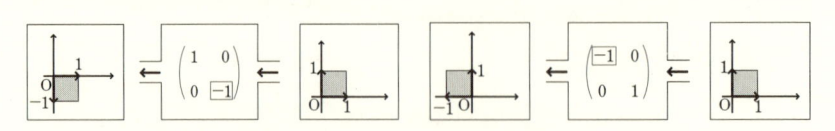

(3) 回転移動(原点のまわり正方向 θ の回転)

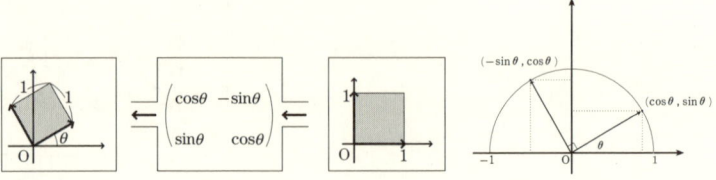

(4) ずらし移動

　　　x 軸方向に 1 ずらす　　　y 軸方向に 1 ずらす

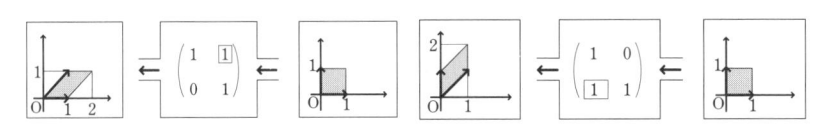

<平行四辺形の面積と行列式>

行列 $A = \begin{pmatrix} a & b \\ c & d \end{pmatrix}$ によって、単位正方形の頂点 $\begin{pmatrix} 0 \\ 0 \end{pmatrix}, \begin{pmatrix} 1 \\ 0 \end{pmatrix}, \begin{pmatrix} 0 \\ 1 \end{pmatrix}, \begin{pmatrix} 1 \\ 1 \end{pmatrix}$ は、

$\begin{pmatrix} 0 \\ 0 \end{pmatrix}, \begin{pmatrix} a \\ c \end{pmatrix}, \begin{pmatrix} b \\ d \end{pmatrix}, \begin{pmatrix} a+b \\ c+d \end{pmatrix}$

に移り、これらを頂点とする平行四辺形の面積は $|ad - bc|$ 倍になる。

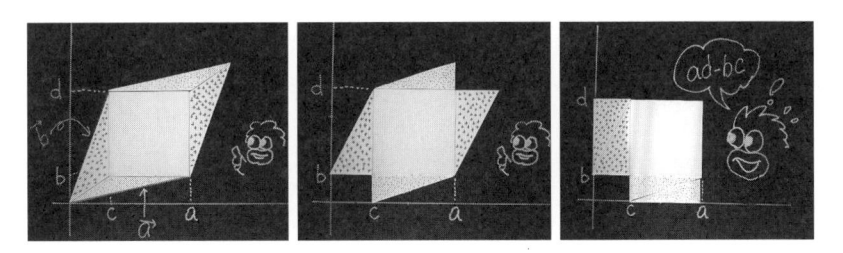

ここで、$ad - bc$ を A の行列式という。

<1次変換の合成と分解>

点 $(1, 2)$ を $A = \begin{pmatrix} 1 & 3 \\ 2 & 4 \end{pmatrix}$ で変換し、その移った点を $B = \begin{pmatrix} 1 & 0 \\ -1 & 1 \end{pmatrix}$ で変換する。この 2 つの変換を 1 つに合成した変換は、2 つの行列の積

$BA = \begin{pmatrix} 1 & 0 \\ -1 & 1 \end{pmatrix} \begin{pmatrix} 1 & 3 \\ 2 & 4 \end{pmatrix} = \begin{pmatrix} 1 & 3 \\ 1 & 1 \end{pmatrix}$ で表される。

第7章 線形代数

$$\begin{pmatrix} 7 \\ 3 \end{pmatrix} \leftarrow \boxed{B \begin{pmatrix} 1 & 0 \\ -1 & 1 \end{pmatrix}} \leftarrow \begin{pmatrix} 7 \\ 10 \end{pmatrix} \leftarrow \boxed{A \begin{pmatrix} 1 & 3 \\ 2 & 4 \end{pmatrix}} \leftarrow \begin{pmatrix} 1 \\ 2 \end{pmatrix}$$

← リンス ← シャンプー ←

$$\begin{pmatrix} 7 \\ 3 \end{pmatrix} \leftarrow \boxed{BA \begin{pmatrix} 1 & 0 \\ -1 & 1 \end{pmatrix}\begin{pmatrix} 1 & 3 \\ 2 & 4 \end{pmatrix} = \begin{pmatrix} 1 & 3 \\ 1 & 1 \end{pmatrix}} \leftarrow \begin{pmatrix} 1 \\ 2 \end{pmatrix}$$

← リンスインシャンプー ←

逆に1次変換は、拡大、対称、ずらし、回転に分解することができる。

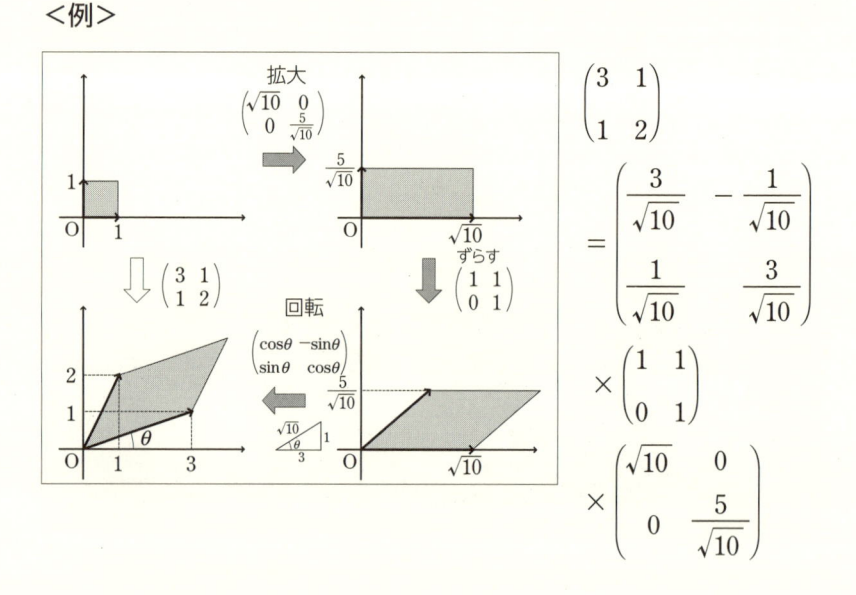

<例>

$$\begin{pmatrix} 3 & 1 \\ 1 & 2 \end{pmatrix} = \begin{pmatrix} \dfrac{3}{\sqrt{10}} & -\dfrac{1}{\sqrt{10}} \\ \dfrac{1}{\sqrt{10}} & \dfrac{3}{\sqrt{10}} \end{pmatrix} \times \begin{pmatrix} 1 & 1 \\ 0 & 1 \end{pmatrix} \times \begin{pmatrix} \sqrt{10} & 0 \\ 0 & \dfrac{5}{\sqrt{10}} \end{pmatrix}$$

拡大 $\begin{pmatrix} \sqrt{10} & 0 \\ 0 & \frac{5}{\sqrt{10}} \end{pmatrix}$

ずらす $\begin{pmatrix} 1 & 1 \\ 0 & 1 \end{pmatrix}$

回転 $\begin{pmatrix} \cos\theta & -\sin\theta \\ \sin\theta & \cos\theta \end{pmatrix}$

<1次変換で遊ぼう>

では、まず小手調べ。座標平面に3つの点 $A(3, 2)$、$B(2, 3)$、$C(3, 3)$ をとる。雑だけど傘だと思ってほしい。A, B を

行列 $\dfrac{1}{5}\begin{pmatrix} 13 & -12 \\ -12 & 13 \end{pmatrix}$ で、C を行列 $\begin{pmatrix} 13 & -12 \\ -12 & 13 \end{pmatrix}$ で変換してみよう。

A, B, C の移った先の点を A′, B′, C′ とすると A′$(3, -2)$、B′$(-2, 3)$、C′$(3, 3)$ となり、お見事！ 傘が開いてくれた。

4 1次変換

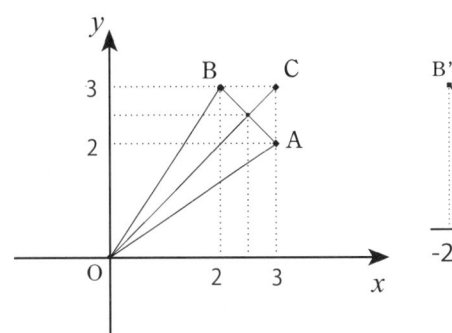

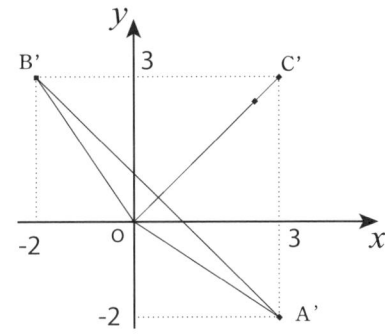

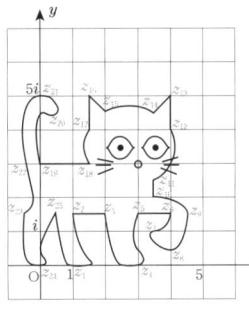

次に、29ページの複素数平面で登場した「小沢ネコ」を今度は1次変換 $\begin{pmatrix} -2 & 1 \\ -1 & -2 \end{pmatrix}$ で、それぞれの点を変換してみよう。

すると、複素数 $\alpha = -2 - i$ をかけて変形したものと同じ結果が得られた。

つまり、複素数平面上の点に、$\alpha = -2 - i$ をかけて変換したものと、xy 平面上の点に行列 $\begin{pmatrix} -2 & 1 \\ -1 & -2 \end{pmatrix}$ を用いて1次変換したものは同じことであることがわかる。なぜだろう。

$u + vi = (x + iy)(-2 - i)$ とおくと、
$u + vi = (-2x + y) + (-x - 2y)i$ より

$$\begin{cases} u = -2x + y \\ v = -x - 2y \end{cases}$$

これを行列を用いて表せば、なるほど

$$\begin{pmatrix} u \\ v \end{pmatrix} = \begin{pmatrix} -2 & 1 \\ -1 & -2 \end{pmatrix} \begin{pmatrix} x \\ y \end{pmatrix}$$ となっている。

問1 複素数平面上に $\alpha = a + bi$ をかけて変換することは、座標平面の1次変換ではどんな行列をかけることに対応しているか。

→解答は巻末にあります。

5 エクスカーション

変換と幾何学

● いろいろな変換

　図形をある規則によって別の図形に移す働きを変換という。プロジェクターでスライド (Sd) をスクリーン (Sn) に投影する場面を考える。

　Sd と Sn を平行に置き、垂直方向から平行光線をあてよう。すると Sd の方眼が全くそのまま映る。これが合同変換。

　Sd と Sn を平行に置き、今度は点光源で投影しよう。すると、Sd の方眼が一様に拡大して映る。長さは変わってしまうが、角の大きさは変わらない。これが相似変換。

　Sd と Sn を平行でない位置にして、平行光線をあてよう。すると、長さや角の大きさは変わってしまう。一方、Sd の線分比は、平行光線でそのまま Sn の

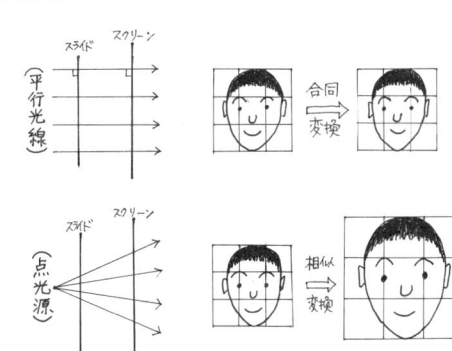

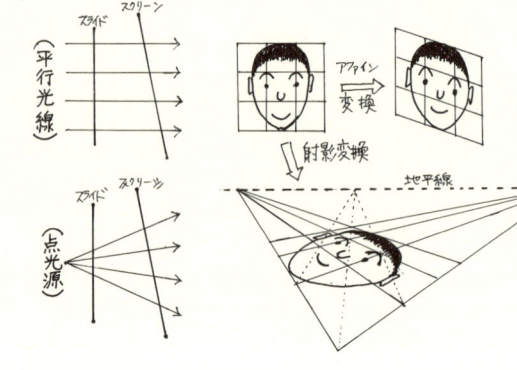

線分比に運ばれる。したがって、Sd の平行線は、Sn の平行線に映される。これがアファイン変換。

Sd と Sn を平行でない位置にして、点光源で投影しよう。すると長さや角の大きさだけでなく比も変わってしまう。しかし、直線は直線に映り、Sd の平行線は無限遠直線（地平線）と呼ばれる特別な直線で交わるような直線に移る。これが射影変換。

4つの変換の不変な性質を表にまとめよう（不変○、変化×）。

	合同変換	相似変換	アファイン変換	射影変換
長さ	○	×	×	×
角	○	○	×	×
比	○	○	○	×
直線	○	○	○	○

● **1次変換とアファイン幾何**

1次変換 $\begin{pmatrix} u \\ v \end{pmatrix} = \begin{pmatrix} a & b \\ c & d \end{pmatrix} \begin{pmatrix} x \\ y \end{pmatrix}$ で $\Delta = ad - bc \neq 0$ のときは、原点 O は原点 O に移され、点 $A(1, 0)$、$B(0, 1)$、$C(1, 0)$ は、

$$\begin{pmatrix} a & b \\ c & d \end{pmatrix}\begin{pmatrix} 1 \\ 0 \end{pmatrix} = \begin{pmatrix} a \\ c \end{pmatrix}, \begin{pmatrix} a & b \\ c & d \end{pmatrix}\begin{pmatrix} 0 \\ 1 \end{pmatrix} = \begin{pmatrix} b \\ d \end{pmatrix}, \begin{pmatrix} a & b \\ c & d \end{pmatrix}\begin{pmatrix} 1 \\ 1 \end{pmatrix} = \begin{pmatrix} a+b \\ c+d \end{pmatrix}$$

より、$A'(a, c)$、$B'(b, d)$、$C'(a+b, c+d)$ に移る。つまり、図

のように正方形 OACB が平行四辺形 OA′B′C′ に移される。

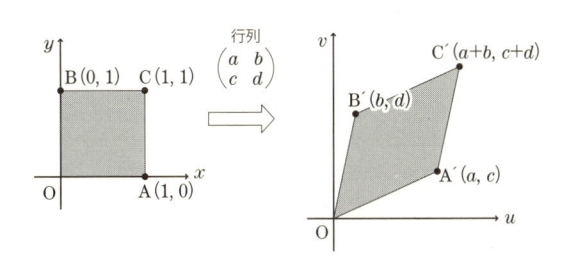

これより、条件 $\Delta \neq 0$ を満たす 1 次変換はアファイン変換の一種であることがわかる。

1 次変換は比や平行線を保存する性質の他に重要な性質をもっている。2 つの三角形△OAB, △OA′B′ が与えられれば、その三角形の一方が他方に重なるような 1 次変換が存在するのである。

それは、上の図のように 1 次変換

$$\begin{pmatrix} u' \\ v' \end{pmatrix} = \begin{pmatrix} a' & b' \\ c' & d' \end{pmatrix} \begin{pmatrix} a & b \\ c & d \end{pmatrix}^{-1} \begin{pmatrix} x \\ y \end{pmatrix}$$

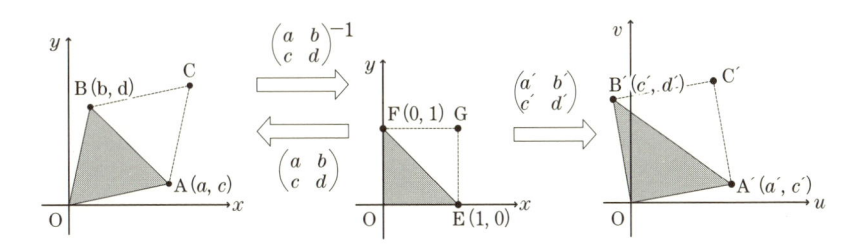

によって実現できる。したがって、比や平行線のようにアファイン変換で保存される性質は、1 つの三角形で成立が確認されれば、すべての三角形について成立することがわかる。これを利用したずるい（？）証明の例をあげる。

図のように△ABC の辺 BC, CA, AB を 1 : 2 に内分する点をそれぞれ D, E, F とする。線分 AD, BE, CF を結んでできる三角形を△PQR とする。このとき△PQR の面積は、△ABC の面積の $\dfrac{1}{7}$ 倍にな

ることを示そう。

とりあえず、1 辺が 1 の正方形の方眼に描かれた下の図のような特別な三角形で考える。

△ABC の面積は、この三角形をピッタリ含む正方形の面積からまわりの直角三角形の面積をひいたものである。よって、

$(\triangle ABC) = 3^2 - \dfrac{1}{2} \cdot$

$(1 \cdot 2 + 3 \cdot 1 + 2 \cdot 3) = \dfrac{7}{2}$

また明らかに、$(\triangle PQR) = \dfrac{1}{2}$

である。

よって、$(\triangle PQR) = \dfrac{1}{7}(\triangle ABC)$

がいえる。

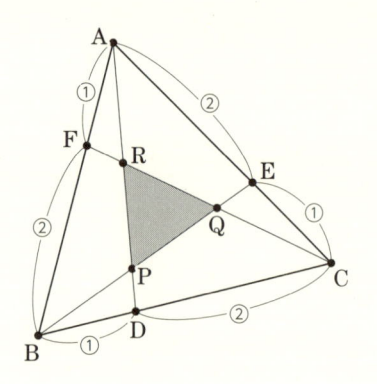

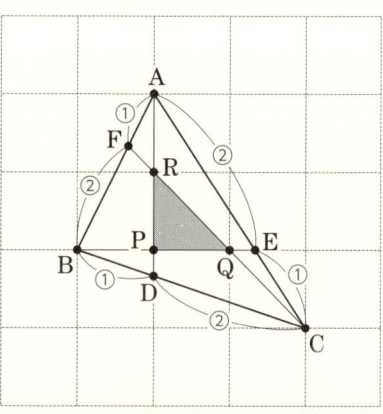

AE：EC＝CD：DB＝2：1 は、すぐわくるし、BF：FA＝2：1 もちゃんと証明できる。

　この三角形はアファイン変換で任意の三角形に変換でき、その際、比は変わらないので一般の三角形についても同じ関係が成り立つ。

問 1

「三角形の重心は中線を 2：1 に内分する点である」ことを、1 辺が $2\sqrt{3}$ の正三角形を使って証明しなさい。

→解答は巻末にあります。

第8章
統計・確率

❶ 統計
代表値
ちらばり具合

❷ 確率
サイコロに記憶力なし〜確率って何〜
確率の計算
ベイズの定理

❸ 独立試行の定理
独立試行の定理と2項分布

❹ 期待値
期待値と分散

第8章 統計・確率

1 統計

代表値

● データの整理

　私たちのまわりには、調査や実験で得られたさまざまなデータが存在する。そのデータを整理して、全体の傾向をつかむ必要にせまられることがある。

　データの数が多いときは、データの値の大きさをいくつかの区間に分け、その区間のデータの個数をまとめた表を作るとよい。この表を度数分布表という。データの値の区間を階級、区間の中央の値を階級値、区間のデータの個数を度数という。階級は、データの全体の様子がわかるように幅を選ぶことが大切である。

階級	階級値	度数	相対度数	度数	相対度数
20代	25	22	0.22	20	0.40
30代	35	28	0.28	15	0.30
40代	45	10	0.10	10	0.20
50代	55	34	0.34	4	0.08
60代	65	5	0.05	1	0.01
70代	75	1	0.01	0	0.00
合計		100(人)	1.00	50(人)	1.00

　また、データ数が異なるものを比較するときは、度数そのものではなく、各階級の度数の全体に対する比率を示すとよい。この比率を相

対度数という。

次のデータは、A 社と B 社の年齢構成の度数分布表と相対度数分布表である。この表から、A 社と B 社の社員の年齢構成の様子がうかがえる。この様子をもっとわかりやすくするには、表をもとに横軸に年齢、縦軸に度数をとって、柱状グラフにすればよい。このグラフをヒストグラムという。

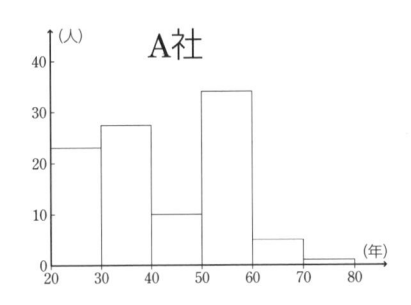

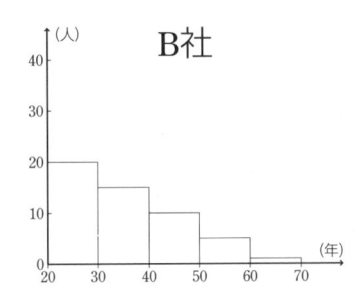

● **代表値**

ヒストグラムを眺めて傾向をうかがうだけでなく、データ全体の様子を 1 つの数値にして他と比較したいときがある。この数値を代表値という。

よく使われる代表値に、平均値、モード (最頻値)、メジアン (中央値) がある。

(1) 平均値

データの数値の合計を総度数でわったもので、最もよく使われる。例えば、8 人の数学のテストの得点が

$$50, \ 62, \ 95, \ 48, \ 69, \ 57, \ 86, \ 45$$

のとき、平均値は、次のように計算される。

$$\frac{50+62+95+48+69+57+86+45}{8} = 64.0(点)$$

A社の社員の平均年齢 m_1 を度数分布表から求めるには、階級値と度数の積の総和を総度数でわって求める。すなわち、

$$m_1 = \frac{25\times22+35\times28+45\times10+55\times34+65\times5+75\times1}{100} = 42.5(才)$$

同様にして、B社は、$m_2 = 35.2$ 才と計算される。

(2) モード（最頻値）

モード（最頻値）は、度数最多のデータの値である。度数分布の場合は、度数最多の区間の階級値をいう。

あるサッカーチームの過去20試合の得点は、次のようであったとしよう。得点のモードは、最多度数6試合に対応する2点である。

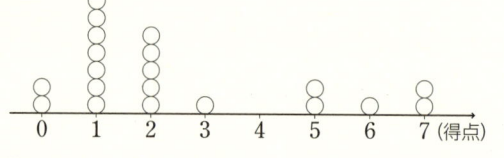

A社の場合は、最多度数は34人であるので、年齢のモードは55（才）になる。また、B社の場合は、最多度数は、20人でモードは、25才である。社内の団塊の世代対策を考える際などに使える数値である。

(3) メジアン（中央値）

メジアン（中央値）は、データを大きさの順に並べたとき、中央にくる値である。

データの個数が奇数のときは中央の値がひとつ決まる。偶数のときは中央の値がないので、中央に並ぶ2つのデータの平均をとる。

前ページの数学のテスト8人分を得点の順に並べ替えると

$$\begin{array}{cccccccc}①&②&③&④&⑤&⑥&⑦&⑧\\45,&48,&50,&57,&62,&69,&86,&95\end{array}$$

となる。中央の値は4番目と5番目の間であるので、$(57+62)\div 2 = 59.5$ が中央値となる。このテストでは62点の者は平均以下ではあるが上位半分に入っていることがわかる。

度数分布表から中央値を求めるには、各区間の度数を下からたしていって、総度数を半分にする値を求めればよい。ヒストグラムで考えると、左右の長方形の面積の和が等しくなる値である。

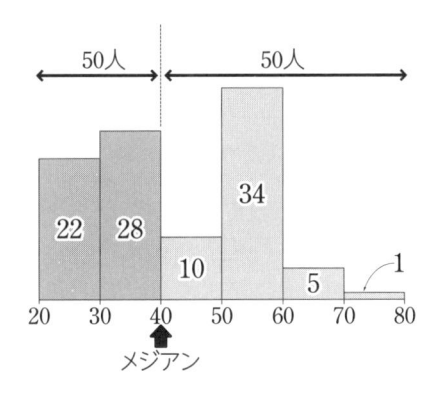

A社の社員の年齢の度数分布表によると、総度数が100人で、40才未満の度数がちょうど50人である。よって中央値は40(才)である。

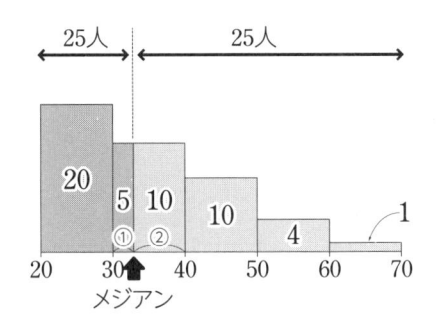

また、B社の場合は、総度数が50人なので度数が25人ずつに分ける値を求めればよい。30才未満の度数が20人だから次の階級の中央値は度数15人の中にある。そこで、この階級を $5:10$ つまり $1:2$ に内分する値を中央値とする。すなわち

在職年数	5年未満	5年以上10年未満	10年以上15年未満	15年以上20年未満	20年以上25年未満	25年以上30年未満	30年以上	合計
人数	56	10	3	2	1	8	20	100(人)

$$\frac{1\times 30 + 2\times 40}{1+2} \fallingdotseq 33.3 (才)$$

となる。40才の社員は、A社では中堅であるがB社ではベテランということになる。

問1 表はC社の過去30年間の退職者の在職年数の度数分布である。この表をもとに平均値、モード、メジアンを求めなさい。

階級	0年以上5年未満	5年以上10年未満	10年以上15年未満	15年以上20年未満	20年以上25年未満	25年以上30年未満	30年以上35年未満	合計
階級値	2.5	7.5	12.5	17.5	22.5	27.5	32.5	
度数	56	10	3	2	1	8	20	100(人)

→解答は巻末にあります。

ちらばり具合

● ちらばり具合

　卵が大好き、シモマチ君とイトウ君がスーパーで卵を30個ずつ買った。シモマチ君は「大きさいろいろ〜格安〜」、イトウ君は「ツブ揃い〜特選卵〜」だった。

　持って帰って、デジタル計量器で重さを量ったら、次のようになった。

シモマチ卵	イトウ卵
65 g	70 g
68 g	67 g
67 g	68 g
71 g	71 g
67 g	64 g
65 g	72 g
67 g	67 g
68 g	65 g
64 g	68 g
70 g	72 g
66 g	67 g
68 g	70 g
69 g	64 g
66 g	69 g
67 g	67 g
67 g	67 g
67 g	68 g
70 g	66 g
70 g	70 g
67 g	68 g
68 g	67 g
69 g	65 g
68 g	68 g
69 g	66 g
69 g	71 g
72 g	69 g
71 g	72 g
66 g	66 g
66 g	64 g
67 g	66 g

重さ	シモマチ君		イトウ君	
	個数	重さ×個数	個数	重さ×個数
64 g	1	64	3	192
65 g	2	130	2	130
66 g	4	264	4	264
67 g	8	536	6	402
68 g	5	340	5	340
69 g	4	276	2	138
70 g	3	210	3	210
71 g	2	142	2	142
72 g	1	72	3	216
計	30	2034	30	2034

　平均の重さを求めるために、「重さ×個数」を計算して総重量を計算した。シモマチ君とイトウ君の卵の重さの平均は

$$2034g \div 30 = 67.8g$$

で同じだったので、イトウ君は少し不満だった。

シモマチ君は気を遣って「君のはツブが揃っているんだよ」と言ったとか。

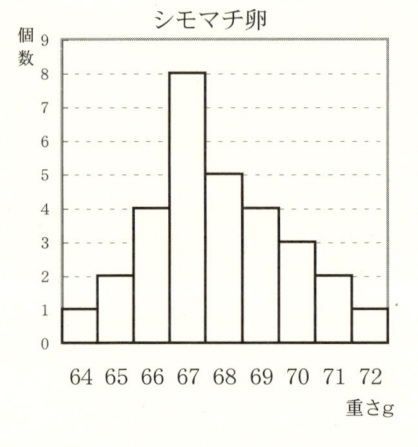

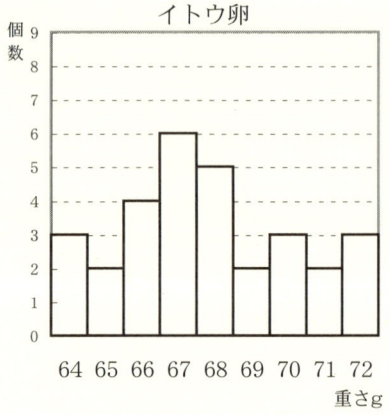

[シモマチ卵のヒストグラム：64→1, 65→2, 66→4, 67→8, 68→5, 69→4, 70→3, 71→2, 72→1]

[イトウ卵のヒストグラム：64→3, 65→2, 66→4, 67→6, 68→5, 69→2, 70→3, 71→2, 72→3]

そこで、グラフを描くことにした。描いてビックリ。どうみても比べると、シモマチ卵が揃っていて、イトウ卵が散らばっている。これは、多少データは違うが本当にあった話。

さて、上のような棒グラフを「ヒストグラム」という。棒グラフの長方形と長方形をすき間がないように描く。

さて、一般に n 個のデータの値（重さ、体積、長さなど）が、x_1, x_2, x_3, $\cdots x_n$, のとき、平均値 m は

$$m = \frac{x_1 + x_2 + x_3 + \cdots + x_n}{n}$$

である。平均値 m は一緒なのに、見た目が散らばっているヒストグラムのイトウ君は納得できずに、数値で"ちらばり"を表すことになった。

"ちらばり"を表すには各データの値の平均値 m からの離れ具合の平均がいいのでは？　すなわち、

$$\frac{(x_1 - m) + (x_2 - m) + (x_3 - m) + \cdots + (x_n - m)}{n}$$
がいいのでは。これを変形すると、$\frac{x_1 + x_2 + x_3 + \cdots + x_n}{n} - m = 0$ と、どんなデータでも 0 になってしまいちらばり具合を表せない。そこで、2 乗をして

$$V = \frac{(x_1 - m)^2 + (x_2 - m)^2 + (x_3 - m)^2 + \cdots + (x_n - m)^2}{n}$$

を、分散といい、ちらばり具合の尺度とする。V の分子を展開して整理すると、

$$V = \frac{x_1^2 + x_2^2 + x_3^2 + \cdots + x_n^2}{n} - \frac{2(x_1 + x_2 + x_3 + \cdots + x_n)m}{n} + m^2$$
$$= \frac{x_1^2 + x_2^2 + x_3^2 + \cdots + x_n^2}{n} - m^2$$

となり、分散 = (2 乗の平均) − (平均)^2 となる。シモマチ君の卵の重さの分散を計算してみる。重さ^2 の総和を計算するために表のように (重さ^2 × 個数) を求めた。2 乗の和は、138012 なので

	シモマチ君		イトウ君	
重さ	個数	重さ^2×個数	個数	重さ^2×個数
64 g	1	4096	3	12288
65 g	2	8450	2	8450
66 g	4	17424	4	17424
67 g	8	35912	6	26934
68 g	5	23120	5	23120
69 g	4	19044	2	
70 g	3	14700	3	
71 g	2	10082	2	
72 g	1	5184	3	
計	30	138012	30	

$$V_{シモ} = \frac{138012}{30} - 67.8^2 = 3.56$$

となる。また、分散 V の平方根 $\sqrt{V}$ を標準偏差といい σ で表す。

問 1 イトウ君の卵の重さの分散 $V_{イト}$ を求めよう。

平均と分散・標準偏差の関係をもう一度、少ないデータで考えてみる。

A君の卵は、64g、65g、69g、B君の卵は、62g、64g、72gとする。

A君の平均値を m_A、分散を V_A、標準偏差を σ_A とし

B君の平均値を m_B、分散を V_B、標準偏差を σ_B とすると、それぞれ次のようになる。

$$m_A = \frac{64+65+69}{3} = 66、V_A = \frac{64^2+65^2+69^2}{3} - 66^2 = 4.667、\sigma_A = 2.16$$

$$m_B = \frac{62+64+72}{3} = 66、V_B = \frac{62^2+64^2+72^2}{3} - 66^2 = 18.667、\sigma_B = 4.32$$

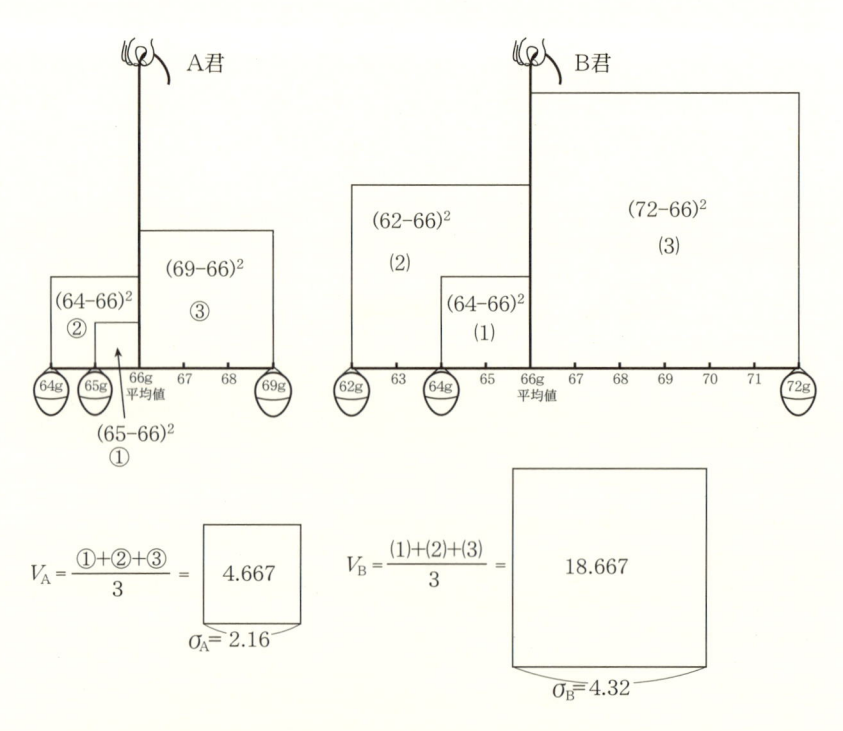

$$V_A = \frac{①+②+③}{3} = \boxed{4.667} \quad \sigma_A = 2.16$$

$$V_B = \frac{(1)+(2)+(3)}{3} = \boxed{18.667} \quad \sigma_B = 4.32$$

A君とB君の卵の平均値は同じだが、そのちらばりは違う。分散を求める2乗は何を示しているか、標準偏差はどこで表されているかを図で示した。

1 統計

問2 平均値や分散・標準偏差を求めるのに、与えられたデータは面白くなかったりする。そういう方におすすめの「テープの10cm切り」。挑戦したらいかがでしょう。性格診断にもなったりします？

①紙テープとハサミを準備する。②次ページの10cmの長さを2～3分しっかり見て、10cmを記憶する。③本はしまって、紙テープを10cmと思うところをドンドン切る。50本～100本。＜注意＞肘などを机などに付けて固定せず空中で切ること。④切ったら本を出し、次ページの図の左の物差しで長さを測り、棒グラフを作る（下図参照）。⑤各階級の本数を求め、階級値を使い平均値、分散、標準偏差を求める。

楽しいですよ。ぜひどうぞ。

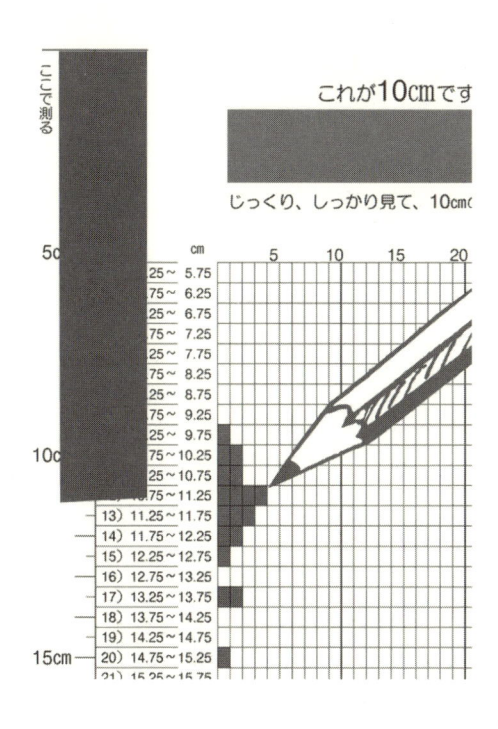

これが10cmです

じっくり、しっかり見て、10cm

	〜	
	25〜	5.75
	75〜	6.25
	25〜	6.75
	75〜	7.25
	25〜	7.75
	75〜	8.25
	25〜	8.75
	75〜	9.25
	25〜	9.75
	75〜	10.25
	25〜	10.75
	75〜	11.25
13)	11.25〜	11.75
14)	11.75〜	12.25
15)	12.25〜	12.75
16)	12.75〜	13.25
17)	13.25〜	13.75
18)	13.75〜	14.25
19)	14.25〜	14.75
20)	14.75〜	15.25
21)	15.25〜	15.75

第8章 統計・確率

第8章 統計・確率

これが１０cmです

じっくり、しっかり見て、
　　10cmの長さを頭の中に！！

ここで測る

階級	階級値 cm
1) 5.25～ 5.75	5.5
2) 5.75～ 6.25	6
3) 6.25～ 6.75	6.5
4) 6.75～ 7.25	7
5) 7.25～ 7.75	7.5
6) 7.75～ 8.25	8
7) 8.25～ 8.75	8.5
8) 8.75～ 9.25	9
9) 9.25～ 9.75	9.5
10) 9.75～10.25	10
11) 10.25～10.75	10.5
12) 10.75～11.25	11
13) 11.25～11.75	11.5
14) 11.75～12.25	12
15) 12.25～12.75	12.5
16) 12.75～13.25	13
17) 13.25～13.75	13.5
18) 13.75～14.25	14
19) 14.25～14.75	14.5
20) 14.75～15.25	15
21) 15.25～15.75	15.5
22) 15.75～16.25	16
23) 16.25～16.75	16.5

5 cm
10 cm
15 cm

2 確率

サイコロに記憶力なし〜確率って何〜

● 確率って何？

　社会常識で考えれば、誰でも「サイコロを6回投げると1回は1の目が出る」というのは、間違っていると思っている。ところがである。数学の時間、理系の学生に

「確率 $\frac{1}{6}$ とはどういうことですか。自分の妹や弟に説明するように答えなさい」

と言うと、多くの学生が

「確率 $\frac{1}{6}$ とは、例えばサイコロを6回投げると1回は1の目が出るということ」

と答えてしまう。少し不安な学生は「サイコロを6回投げると1回は1の目が出る可能性があるということ」と、「可能性」を加える。数学というと、常識で考えてはいけないと勝手に思ってしまうのかもしれない。

第8章　統計・確率

サイコロを投げたときに何の目が出るかなどの偶然的なことがらは、1回1回は予測できないが、多数回するうちには、一定の規則性が出てくることが多い。多数回といっても、100回や1000回ではなく、膨大な多数回のこと。

そこで、

「ある事象の起こる確率とは、それが起こる割合のことで、したがって、その値はいつでも0以上1以下である。」

割合を見つけるのは、ある事象の起こった回数 r を実験した回数 n でわった値で表すとよい。この値を相対度数という。

$$相対度数 = \frac{r}{n}$$

この n をドンドン増やしていけば、正確な「割合」すなわち確率がわかる。

● サイコロの確率

確率の勉強は、サイコロを各自振ってもらってそれを集計して眺めるのが一番。右の集計表は、T君という生徒がサイコロを振ったときの記録用紙。

T君：「もう60回振っているんだけど、5の目が出ないよ」

他：「うそだ〜」「ホントかよ〜」

他の生徒たちも続々集まってきた。みんなが注視する中でT君は黙々とサイコロを振ってはその目を記録している

1	2	3	6	3	3	6	3	1	6	10
2	4	2	2	6	4	1	3	2	2	
6	4	3	6	1	4	6	2	1	2	
6	3	2	1	6	4	6	1	4	4	
1	2	6	1	4	6	6	1	4	4	
2	1	4	3	4	1	1	1	4	4	
4	4	3	1	6	1	4	1	2	1	
1	3	2	4	1	3	3	1	4	2	
2	4	3	4	2	4	4	6	4	4	
4	2	4	4	3	2	1	3	2	1	100
4	6	2	1	4	3	6	4	1	3	
4	2	3	2	4	4	1	1	2	3	
2	2	2	6	⑤	4	5	2	5	3	
6	3	3	6	2	2	1	4	5	4	
6	1	5	3	3	5	5	3	3	4	
5	5	5	4	1	3	3	1	6	4	
6	3	5	5	5	5	3	5	4	3	
2	6	1	4	4	3	1	5	4	2	
2	6	4	2	4	6	2	1	2	4	200
6	3	1	4	5	2	2	1	2	1	
4	5	2	3	5	6	4	4	1	5	
4	4	5	4	3	4	1	1	6	4	
4	2	4	4	2	5	4	4	6	6	

が、本当に 5 の目が出ていない。80 回を超えると、

他：「このサイコロおかしいんじゃねぇ」「5 の目はもう出やすくなっているよ」「5 よ出ろ！」

100 回を超えてもまだ出ない。いよいよ緊張してくる。125 回目にやっと 5 の目が出たときは、

みんな：「出た〜っ！」「スッゲー！」

20 年以上も前の、確率の授業での出来事である。そのとき T 君が書いた記録用紙は大切にノートに挟んである。

後日談だが、T 君はそのサイコロを持って帰って、何百回も振った。その結果

T 君：「あれからは 5 の目は普通に出るよ」

サイコロの各目の出る確率は、膨大な実験をしなくても、誰が考えても各目の条件が同じなので、"各目の出る割合＝確率" は $\frac{1}{6}$ と仮定して問題ない。そこで、高校の多くの教科書流の

「根元事象が同様に確からしいとき、事象 A の確率 $P(A)$ は、

$$P(A) = \frac{n(A)}{n(U)}$$ である。ただし $n(U)$ は根元事象の個数、$n(A)$ は事象 A の場合の数」

という定義がでてくる。よって、サイコロの目が出る根元事象 $n(U) = 6$、で「1 の目が出る」という事象 A の場合の数 $n(A) = 1$ なので、

$$1 の目の出る確率 = \frac{1}{6}$$

となるが、常にその背景には "多数回の試行をすると相対度数が一定

第8章 統計・確率

の割合に近づく"という考えのあることをお忘れなく。T君のように、2度と再現できないであろうことが、起こることもありうる。

さて、実際にサイコロを振ったら、各目の相対度数はどのように変化するかを眺めてみよう。

名前	出た目 ①	②	③	④	⑤	⑥	計
A	15	18	11	16	20	20	100
B	12	12	23	19	17	17	100
C	22	20	19	8	20	11	100
D	17	18	16	13	15	21	100
E	12	12	26	16	21	13	100
F	19	22	12	14	19	14	100
G	18	11	22	16	17	16	100
H	10	18	21	18	20	13	100
I	30	19	8	22	15	6	100
J	21	18	10	15	16	20	100
⋮	⋮	⋮	⋮	⋮	⋮	⋮	⋮

	①	②	③	④	⑤	⑥	計
各目の度数	3305	3375	3282	3454	3451	3333	20200
相対度数	0.164	0.167	0.162	0.171	0.171	0.165	1

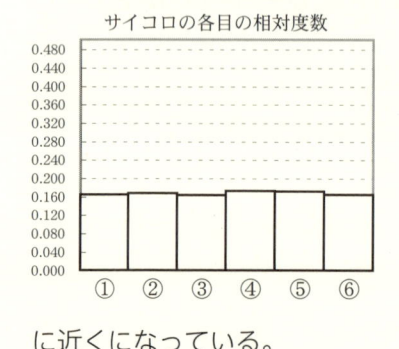

延べ202人の方に、サイコロを100回ずつ実際に振ってもらいそれを集計した。左の表のように、100回中各自の1から6の目が出たそれぞれの回数を記録した。これだけ見ただけでも、T君ほどスゴイ結果はないが、100回では各目が $\frac{1}{6}$ の16回か17回出ている状況だけではない。

しかし、全員分の20200回となると、各目の相対度数はグーンと $\frac{1}{6}$ に近くになっている。

20200回を連続したとして、1の目と2の目の100回ごとの累積回数の相対度数変化を見ると次のようになった。

さすがに20000回もやると、健気にサイコロが「根元事象が同様に確からしい」と考えているかのように、相対度数が $\frac{1}{6}$ 近辺をウロウロする。

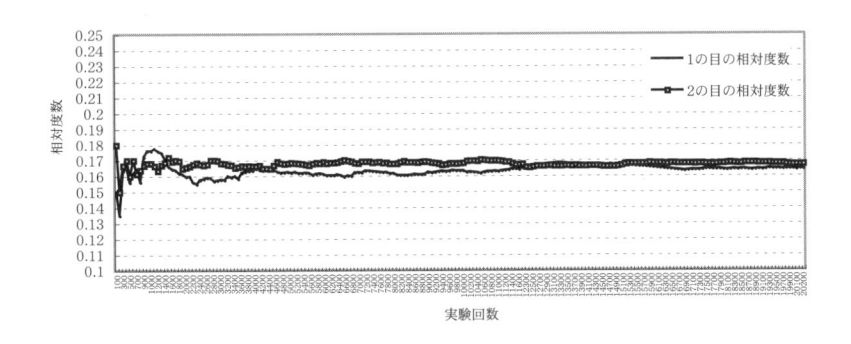

問 1 サイコロを手に入れ、最低でも 100 回振って、各目の相対度数を求めなさい。

● **変形サイコロ**

普通のサイコロはどの目も出る確率は同じだから、「確率 $\frac{1}{6}$ とは、例えばサイコロを 6 回投げると 1 回は 1 の目が出るということ」という考えから抜け出せないのかもしれない。そこで、以前小沢健一さんが、厚紙で下のような変形サイコロを手作りして教室に持っていった。コロッと転がらないで、ドタッと倒れたので、「サイドタ」と命名。これなら、各目が出る確率を求めるには「やるしかない！」

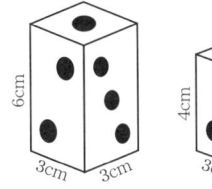

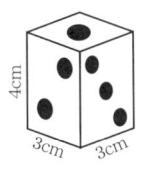

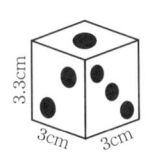

時は相当たち、正確な「ちゃんとしたサイドタ」「正確なサイドタ」をたくさん作ろうということで次ページのような「サイドタ」を作った。材料は、ジュラコン樹脂で誤差は 0.15mm 以内で切り出す方法で、

第8章 統計・確率

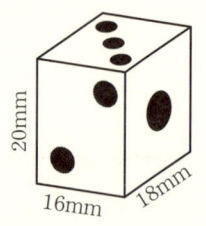

寸法は 16mm × 18mm × 20mm で重さは 8.2g/個のサイドタをたくさん作り、アチコチで実験をしてもらった。

そしてサイドタの 130350 回の実験結果は次の通り。

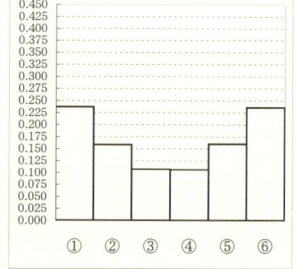

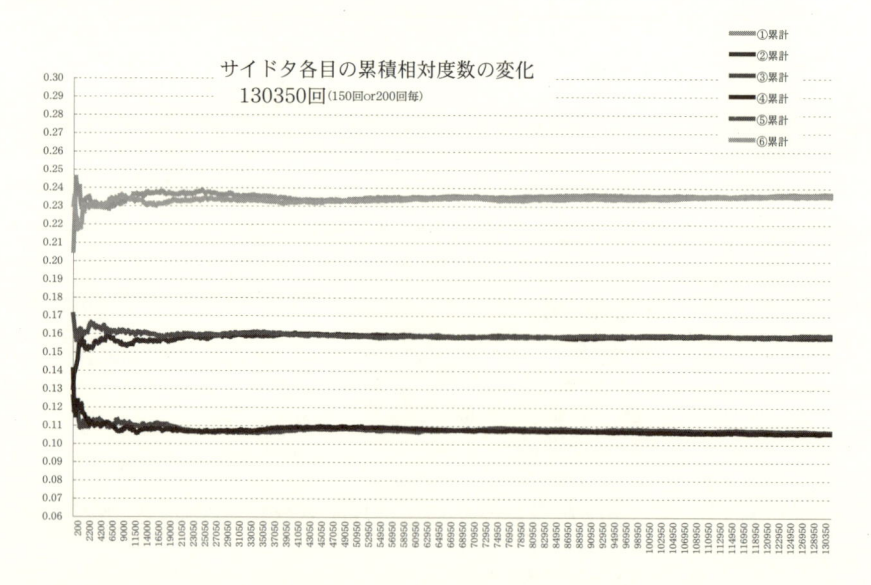

各目が出た回数及び相対度数

	①	②	③	④	⑤	⑥	計
回数	30805	20564	13853	13761	20739	30628	130350
相対度数	0.236	0.158	0.106	0.106	0.159	0.235	1

サイドタ各目の累積相対度数の変化
130350回 (150回or200回毎)

問2　偶然の中の法則を見るというのは、ワクワクするもの。厚紙で 20mm × 20mm × 30mm のサイドタを作り、その各目の相対度数を調べてみてはどうでしょう？　左の展開図は実寸。コピーを厚紙に貼り、セロハンテープなどで作ると大丈夫。

このサイドタの各目の確率と考えてよい相対度数は解答欄。

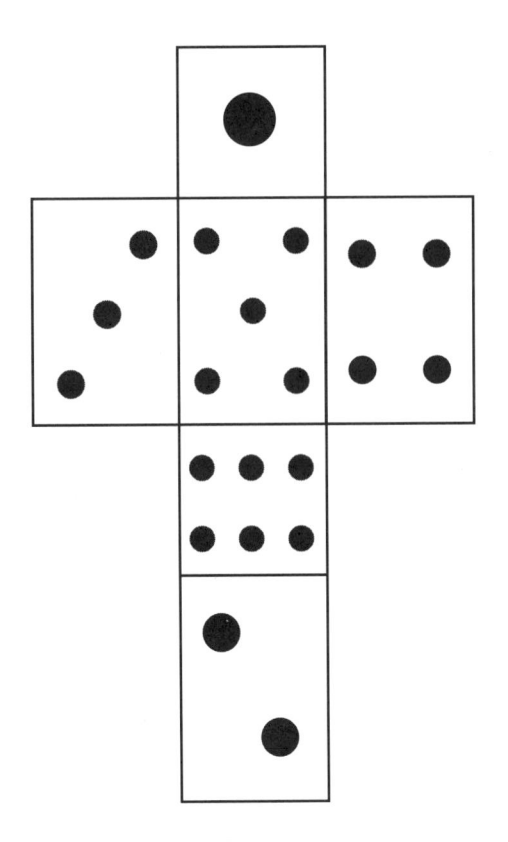

→解答は巻末にあります。

第8章　統計・確率

確率の計算

● **賭博師からの質問**

ガリレオは次のような質問を賭博師から受けたという。

> 3つのサイコロを振って、出た目の和が9になる場合と10になる場合は下図のようにどちらも6通りなのに、博打（ばくち）をしているとどうも和が10になる方が多いようなのだ。どうして？
>
> 和が9になる場合
>
> 和が10になる場合

　ガリレオ・ガリレイは、天文学者で、物理学者であった。望遠鏡を作り、木星の衛星を発見した。そして、宗教裁判で地動説の放棄を迫られた。ピサの斜塔から物を落として、重い物と軽い物を落としたら、どちらも一緒に落ちるという実験をした、といわれている。

ガリレオ・ガリレイ
（1564～1642）

問1　上の賭博師の質問に対して、あなたの考えは？

　賭博師が考えた上の図を見る限りでは、和が9になる場合と10になる場合は、どちらも6通りなので、どれも「同じ条件」「同様に確からしい」と思うと、割合＝確率　が同じと思える。

しかし、ガリレオは3個のサイコロに違う色を付けて実験したといわれている。そこで、白・グレー・黒のサイコロと、サイコロの「品格」を区別して、出方を書いてみた。右図のように書くと、こちらの方がどれも「同様に確からしい」と思える。

ここで、白・グレー・黒のサイコロを振ったときの目の出方の総数は $6 \times 6 \times 6 = 6^3 = 216$ となる。それは、白のサイコロが1～6のどれであっても、グレーのサイコロの目の出方は6通りあり、グレーのサイコロの目がどれであっても、黒のサイコロの目の出方はやはり6通りあるので 6^3 となる。

白・グレー・黒、3個のサイコロ
和が9になる場合　　和が10になる場合
25通り　　　　　　27通り

そこで、多数回試みたときの割合＝確率を計算すると、

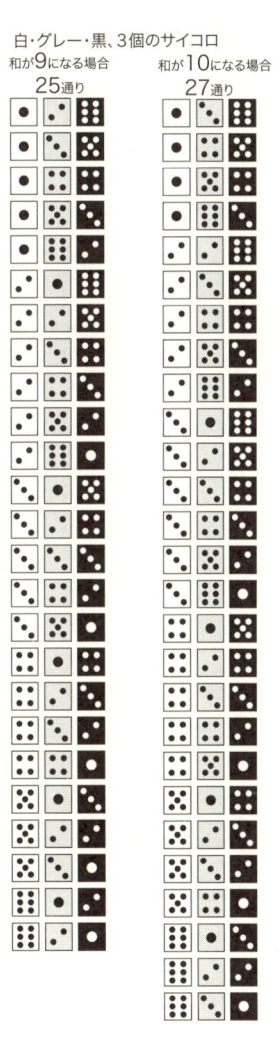

$$\text{和が9になる確率は } \frac{25}{6^3} = \frac{25}{216} = 0.11574\cdots$$

和が10になる確率は $\frac{27}{6^3} = \frac{27}{216} = 0.125$ となる。その差は、$\frac{27-25}{216} = \frac{1}{108}$ となり、和が10になる場合の確率の方がわずか約0.009だけ多い。約1％弱の差を経験からわかるというのは、さすが

301

賭博師。よっぽど超多数回賭け事をやったに違いない。そこで、サイコロ3個を2000回振る実験を2回やってみた。

その結果、下の表のようになった。ただしこの実験は、表計算ソフトの乱数発生コマンドを使ってやった(他項での、サイコロやサイダタの実験は実際に手作業でしている)。

	3個のサイコロを投げて			
	和が9		和が10	
	回数	相対度数	回数	相対度数
1回目の2000回	238	0.1190	237	0.1185
2回目の2000回	230	0.1150	221	0.1105
計4000回	468	0.1170	458	0.1145

2回の2000回とも「和が9」の方が多く出たことになる。確率の差が1%弱で合計4000回の実験では、その差は感じられない。博打打ちはえらい？！

ちなみに、表計算ソフト Excel で、1から6までの整数をランダムに発生させるには、Excel のセルに「＝INT(RAND( )＊6＋1)」を入力するとよい。3個のサイコロを同時に振ったときの和にするには、「＝INT(RAND( )＊6＋1)＋INT(RAND( )＊6＋1)＋INT(RAND( )＊6＋1)」でよい。

問2 問というより、お誘い。表計算ソフトを使い、3個のサイコロを振ったときの和を表示し、9と10になった回数を求めてみては？ ある範囲のセルの値が例えば「9」である個数を数えるには、
「＝COUNTIF(範囲の左上のセル記号：右下のセル記号, 9)」
でよい。

● くじ引きの順番

　商店街のくじ引きは、幼い頃にかぎらず大人になってもワクワクするものである。

　さて、5本のうち、当たりくじは2本ある。5人で順番に1本ずつくじを引く。そのとき、＜1＞、＜2＞それぞれについて1人目、2人目、3人目、4人目、5人目の確率を求めよう。

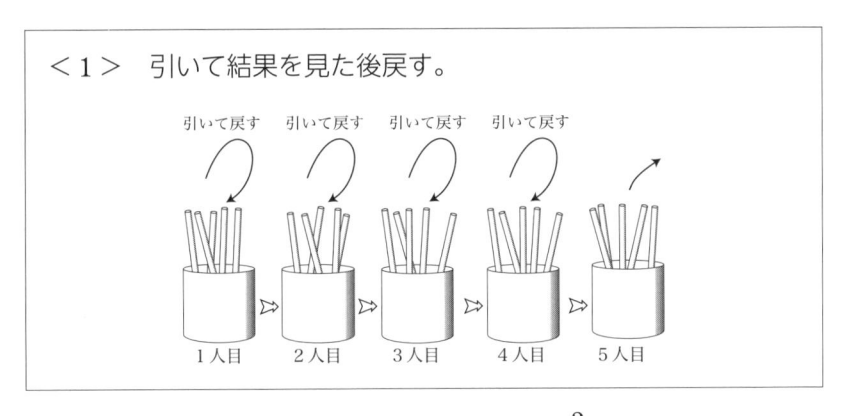

＜1＞　引いて結果を見た後戻す。

　1人目は5本中2本が当たりだから、確率は $\dfrac{2}{5}$。2人目以降も前の人の結果に左右されないので、やはり確率は $\dfrac{2}{5}$ である。

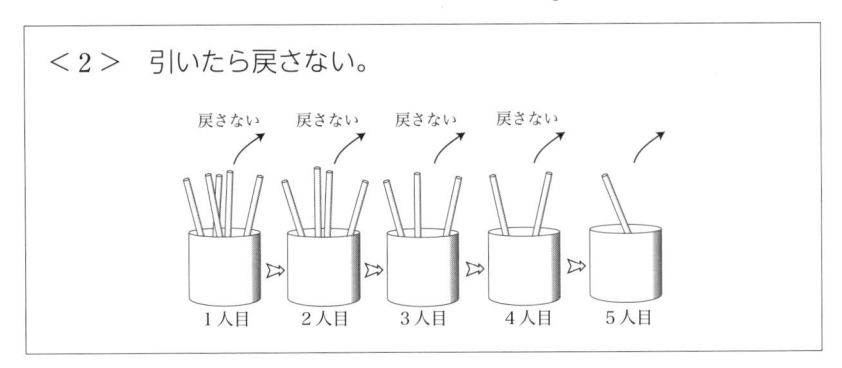

＜2＞　引いたら戻さない。

第8章　統計・確率

問3　「実際にこのくじを引くとしたら、何人目に引きたいか」という質問を、高校生にしたらどのような結果になるか予想せよ。

さて、各人の当たる確率を求めよう。

1人目：5本中2本が当たりだから、

確率は $\frac{2}{5}$。

2人目：1人目が当たると、当たりくじは4本中1本になる。よって、1人目が当たり2人目も当たりの

確率 $= \frac{2}{5} \times \frac{1}{4} = \frac{2}{20}$

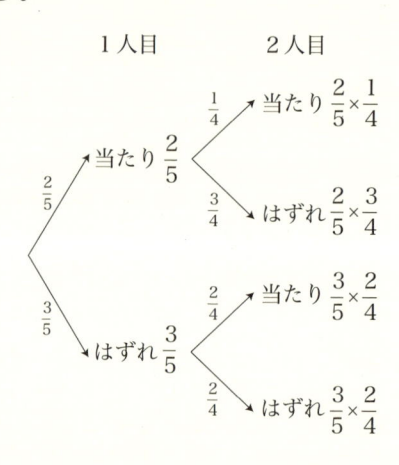

1人目がはずれると、当たりくじは4本中2本になる。よって、

1人目がはずれ2人目は当たりの確率 $= \frac{3}{5} \times \frac{2}{4} = \frac{6}{20}$

よって、2人目が当たる確率は、$\frac{2}{20} + \frac{6}{20} = \frac{8}{20} = \frac{2}{5}$ となる。

3人目は…面倒だな〜。

他の考えで求めてみる。5人がくじを引いて当たり○、はずれ×になる方法は、右図のように10通りになる。計算では、

1人目	2人目	3人目	4人目	5人目
○	○	×	×	×
○	×	○	×	×
○	×	×	○	×
○	×	×	×	○
×	○	○	×	×
×	○	×	○	×
×	○	×	×	○
×	×	○	○	×
×	×	○	×	○
×	×	×	○	○

$_5C_2 = \dfrac{5 \cdot 4}{2} = 10$ 通り。この図を見ると、何人目でも確率は $\dfrac{4}{10} = \dfrac{2}{5}$ になる。例えば3人目の計算では、3人目が当たる場合の数は、残りの当たり4本中1本を誰かが選ぶ $_4C_1 = 4$ であるから、やはり $\dfrac{4}{10} = \dfrac{2}{5}$ になる。

5人目が引いてから、一斉にくじを見ることを考えれば、全員にとって5本中2本が当たりだから、確率は $\dfrac{2}{5}$ となるのは当たり前。

問4 ＜1＞と＜2＞はどちらも全員確率は $\dfrac{2}{5}$ である。では、くじとしてどこが違うのか指摘しなさい。（ヒント）景品の数の準備をするとして考えるとよい。

→解答は巻末にあります。

第8章 統計・確率

ベイズの定理

● **条件つき確率と確率の乗法定理**

10本中3本が当たりのくじがある。このくじからA君、Bさんが順にくじを1本引く。一旦引いたくじは元に戻さないことにすると、A君の当たり・はずれの結果がわかった後のBさんの当たる確率は当然異なってくる。

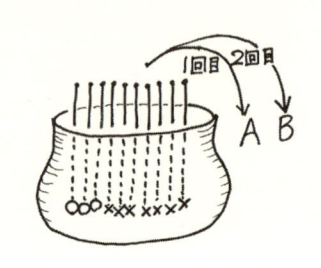

一般に、事象Aが起こるという条件のもとで事象Bが起こる確率を$P_A(B)$と表し、条件AのもとでBが起こる条件付き確率という。

上の例で、A君が当たる事象をA、はずれる事象を$\overline{A}$とし、Bさんが当たる事象をB、はずれる事象を$\overline{B}$とすると、Aさんが当たったという条件のもとでBさんの当たる確率、Aさんがはずれたという条件のもとでBさんが当たる確率は、それぞれ

$$P_A(B) = \frac{2}{9}, \quad P_{\overline{A}}(B) = \frac{3}{9} = \frac{1}{3} \cdots ①$$

と計算される。

事象A、Bが共に起こる事象$A \cap B$の確率を考えよう。全事象Uを図のように分割し、事象$A \cap B$, $A \cap \overline{B}$, $\overline{A} \cap B$, $\overline{A} \cap \overline{B}$の根元事象の個数をそれぞれ$a, b, c, d$(個)とすると、

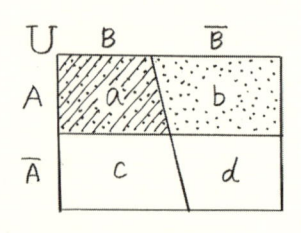

$$P(A \cap B) = \frac{a}{a+b+c+d}, \quad P(A) = \frac{a+b}{a+b+c+d}, \quad P_A(B) = \frac{a}{a+b}$$

となるので、

$$P(A \cap B) = P(A)P_A(B)$$

が成り立つことがわかる。これを確率の乗法定理という。

くじの例では、A 君と B さんが共に当たる確率、A 君がはずれて B さんが当たる確率は、それぞれ、

$$P(A \cap B) = P(A)P_A(B) = \frac{3}{10} \cdot \frac{2}{9} = \frac{1}{15}$$

$$P(\overline{A} \cap B) = P(\overline{A})P_{\overline{A}}(B) = \frac{7}{10} \cdot \frac{3}{9} = \frac{7}{30}$$

と計算される。

このように一旦引いたくじを元に戻さないときは①のように、

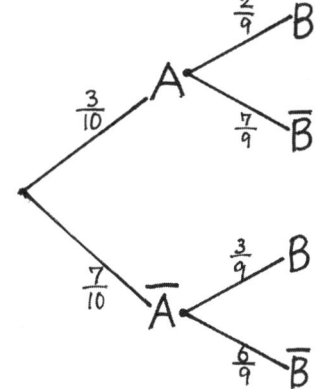

$$P_A(B) \neq P_{\overline{A}}(B) \cdots ②$$

となる。ところが引いたくじを元に戻してから引く場合は、B さんの当たる確率は A 君の当たり・はずれにかかわらず、

$$P_A(B) = P_{\overline{A}}(B) = P(B) \cdots ③$$

で $\frac{3}{10}$ となる。このときは、次のように計算される。

$$P(A \cap B) = P(A)P(B) = \frac{3}{10} \cdot \frac{3}{10} = \frac{9}{100}$$

2 つの事象 A、B は、②のとき**従属**、③のとき**独立**であるという。

● ベイズの定理

サッカーチームのGは奇妙なチームである。雨の降る日はめっぽう強く勝率0.7であるが、雨の降らない日は全く弱く勝率0.4である。6月のある日に雨の降る確率は0.6であるとしてこの月の某日の試合でGが勝つ確率を求めよう。

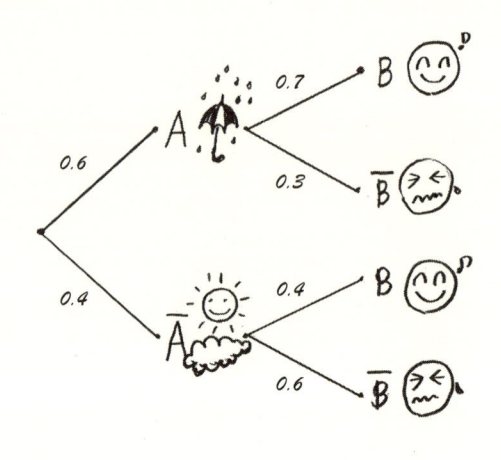

雨が降る事象をA、Gが勝つ事象をBとすると、求める確率は、右の確率つきの樹形図より、

$$P(B) = P(A)P_A(B) + P(\overline{A})P_{\overline{A}}(B) = 0.6 \times 0.7 + 0.4 \times 0.4 = 0.58$$

と計算される。

ところで、一般に、$P(A \cap B) = P(B \cap A) = P(B)P_B(A)$ がいえるので、条件BのもとでAが起こる確率$P_B(A)$を次の式で計算できる。

$$P_B(A) = \frac{P(A \cap B)}{P(B)} = \frac{P(A)P_A(B)}{P(A)P_A(B) + P(\overline{A})P_{\overline{A}}(B)} \quad \cdots ④$$

これを**ベイズの定理**という。

ベイズの定理を使えば、チームGが勝ったという情報からその日が雨である確率を計算できる。

$$P_B(A) = \frac{0.6 \times 0.7}{0.6 \times 0.7 + 0.4 \times 0.4} = \frac{0.42}{0.58} = 0.724\cdots$$

なんと約72%の確率で雨降りだったらしい。やっぱりね。

このように、ベイズの定理を使えば事後の事象 B の起こる確率をもとに事前の事象 A の起こる確率を推定できる。

● **裁判と誤審**

検察と裁判所のジャッジの精度を考える。今、検察と裁判所のジャッジの精度を 0.8 としてみよう。検察が検挙・起訴した人が真犯人であるという事象を K、裁判所が有罪の判定をする事象を S とすると、右のような確率つきの樹形図を得る。

このとき、真犯人を無罪にしてしまう誤審が事象 $K \cap \overline{S}$、犯人でない人を有罪にしてしまう誤審 (えん罪) が事象 $\overline{K} \cap S$ である。

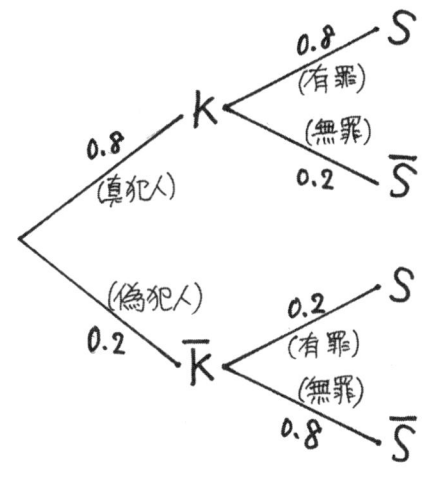

えん罪の起こる確率を考えるときは、有罪判定の中に本当は無罪の人がどれだけ発生するか考える必要がある。この設定では、ベイズの定理よりその確率は、

$$P_S(\overline{K}) = \frac{P(\overline{K})P_{\overline{K}}(S)}{P(K)P_K(S) + P(\overline{K})P_{\overline{K}}(S)} = \frac{0.2 \times 0.2}{0.8 \times 0.8 + 0.2 \times 0.2} = 0.0588\cdots$$

つまり約 6% と見積もれる。

検察のジャッジの精度が 0.8 から 0.9 に改善したとすると、

$$P_S(\overline{K}) = \frac{P(\overline{K})P_{\overline{K}}(S)}{P(K)P_K(S) + P(\overline{K})P_{\overline{K}}(S)} = \frac{0.1 \times 0.2}{0.9 \times 0.8 + 0.1 \times 0.2} = 0.0270\cdots$$

つまり約 3% になり、えん罪の確率は半減する。

第8章 統計・確率

問1

(1) 検察、裁判所のジャッジの精度がそれぞれ0.8として、無罪判定の中に本当は有罪の人がどれだけ発生するか、ベイズの定理で計算しなさい。

(2) 検察、裁判所のジャッジの精度がそれぞれ0.8、0.9として(1)のタイプの誤審が発生する確率を計算しなさい。

→解答は巻末にあります。

3 独立試行の定理

独立試行の定理と2項分布

　図のような街路がある。AからBまで最短距離で歩くことにしよう。すると、Ⅰ、Ⅱ、Ⅲの3通りの道順が考えられる。

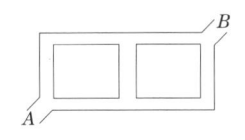

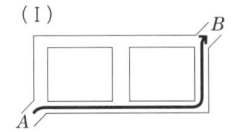

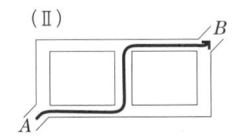

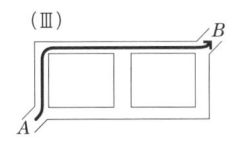

　100人の生徒に、どの道順を選ぶかの調査をしたところ、3つの道順を選ぶ割合は、ほぼ同じだった。

　今度は、図のような街路で考えてみよう。AからBまで最短距離で歩く道順は全部で6通りである。やはり、100人の生徒に調査を行なったところⅠ〜Ⅵの割合は同じではなく、ⅠとⅥの割合が他の倍近くになった。

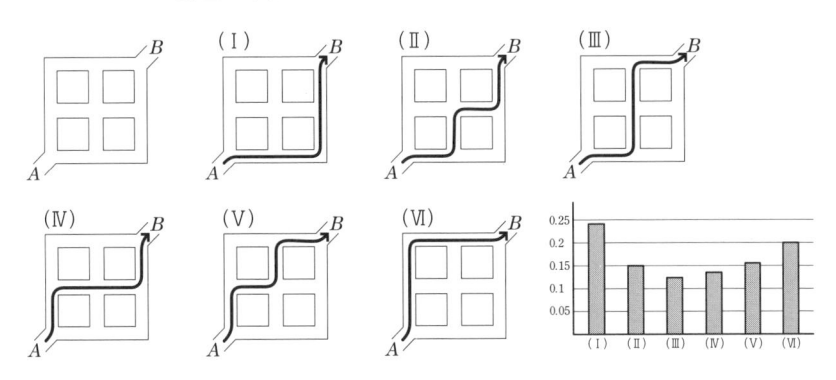

第8章　統計・確率

なぜそのようになったのだろう。

　最初の街路では、3通りの道順がすぐ頭にイメージできる。だから「3択」を行なったため、どの道順も同じ割合になったと考えられる。ところが、2つ目の街路は、6つの道順が「平等に」イメージできないので、分岐点で次の進路を決めるような歩き方が好まれたため割合が異なったと思われる。

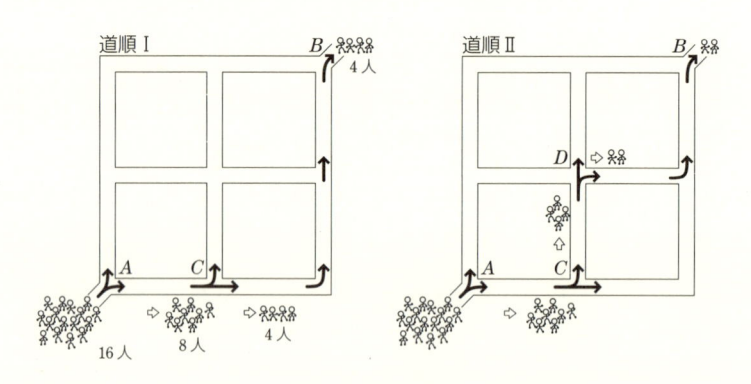

　道順Ⅰでは、迷い地点が2か所、道順Ⅱでは迷い地点が3か所なので、選ぶ人の割合が異なることがわかる。各「迷い地点」で半減していくとすれば、道順Ⅰを選ぶ確率は $\frac{1}{2} \times \frac{1}{2} = \frac{1}{4}$、道順Ⅱを選ぶ確率は、$\frac{1}{2} \times \frac{1}{2} \times \frac{1}{2} = \frac{1}{8}$ となることがわかる。

　「すべての道順を選ぶことが同様に確からしい」か「分岐点でどちらの道を選ぶかが同様に確からしい」かの違いで答えが違ってくるの

が面白い。

さて、今、分岐点である道順を「選ぶ」か「選ばない」かを二者択一で選びながら、独立な試行を次々繰り返すことを考えてみよう。

バスケットボール部のイトウ君は、フリースローを入れる確率が $\frac{3}{5}$ だという。

2回続けて投げることを、100回行なったとき、考えられる状況を、道順でまとめてみよう。

これを樹形図でまとめて確率を考える。

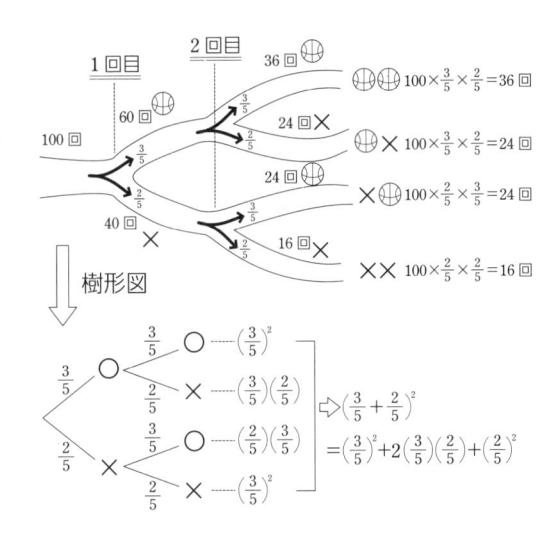

2回続けて両方入る確率は $\left(\frac{3}{5}\right)^2$、1回だけ入る確率は $2\left(\frac{3}{5}\right)\left(\frac{2}{5}\right)$、1回も入らない確率は $\left(\frac{2}{5}\right)^2$ であることがわかる。これはちょうど、$\left(\frac{3}{5} + \frac{2}{5}\right)^2$ という2項式を展開した $\left(\frac{3}{5}\right)^2 + 2\left(\frac{3}{5}\right)\left(\frac{2}{5}\right) + \left(\frac{2}{5}\right)^2$ に対応している。

フリースローを3回行なったときの状態を樹形図で描いてみよう。

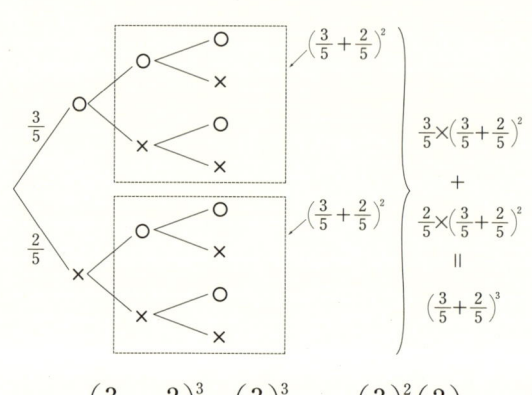

左の樹形図から、$\left(\dfrac{3}{5}+\dfrac{2}{5}\right)^3$ を展開したときの各項が、それぞれの確率に対応していることがわかる。

$$\left(\dfrac{3}{5}+\dfrac{2}{5}\right)^3=\left(\dfrac{3}{5}\right)^3+{}_3C_1\left(\dfrac{3}{5}\right)^2\left(\dfrac{2}{5}\right)+{}_3C_2\left(\dfrac{3}{5}\right)\left(\dfrac{2}{5}\right)^2+\left(\dfrac{2}{5}\right)^3$$
　　　　　　　　　3回　　　　2回　　　　　1回　　　　0回

同様に4回の場合は、$\left(\dfrac{3}{5}+\dfrac{2}{5}\right)^4$ を展開すればよい。

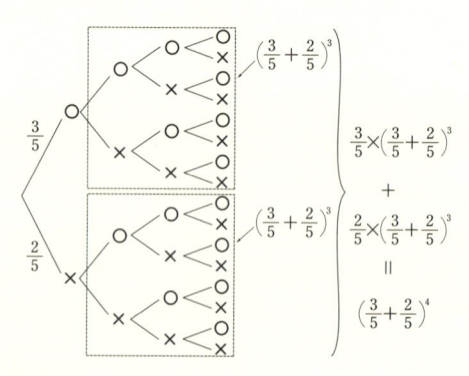

一般に独立な試行を n 回行なって、事象Aが起こる確率を p（起こらない確率を $\bar{p}=1-p$）とすると、確率分布は $(p+\bar{p})^n$ を展開すればわかる（この分布を2項分布という）。2項定理から事象Aが r 回起こる確率は、
${}_nC_r p^r \bar{p}^{n-r}$ となる。これを独立試行の定理という。

4 期待値

期待値と分散

● **期待値**

 I君はエコを考え雨が降らない日には、交通費ゼロの自転車で通勤し、雨が降る日は往復 500 円かけてバスで通勤している。また、寝坊した日にはタクシーとバスを併用して往復 1500 円使う。昨年は通勤日 250 日中バス通勤が 30 日で、タクシー・バス通勤の日が 10 日で通勤費の総額は、

$$500 円 \times 30 日 + 1500 円 \times 10 日 = 30000 円 \quad \cdots ①$$

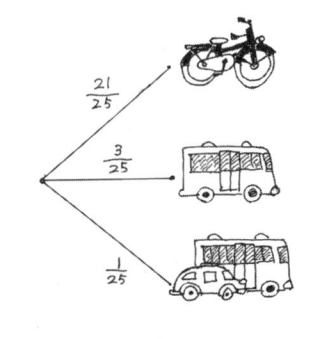

であった。I君の 1 日あたりの通勤費を出すため①の両辺を 250 日でわったら

$$500 円 \times \frac{3}{25} + 1500 \times \frac{1}{25} = 120 円/日 \cdots ②$$

となる。ところで左辺の $\frac{3}{25}$, $\frac{1}{25}$ の分数は何を表しているだろうか？
 この数は通勤日の中でバス通勤の日とタクシー通勤の日の出現比率、すなわち確率を表している。つまり、通勤費の平均は②のようにしても求められるのだ。

一般に、右の表のように変量 $x_1, x_2, x_3, \cdots x_n$ の出現確率が

X(変量)	x_1	x_2	x_3	$\cdots$	x_n	計
P(確率)	P_1	P_2	P_3	$\cdots$	P_n	1

それぞれ $p_1, p_2, p_3, \cdots p_n$ のとき期待値 E は次の式で計算される。

$$E = x_1 p_1 + x_2 p_2 + x_3 p_3 + \cdots + x_n p_n$$

ただし $p_1 + p_2 + p_3 + \cdots + p_n = 1$

表は確率の分布で、期待値はこの分布の平均を表している。

● **期待値の計算**

I 君は、アフター 5 の行動はコイントスによって決めている。退社時にコインを投げ、表が出ればまっすぐ帰宅する。裏が出れば居酒屋で 1000 円を使う。居酒屋を出るときコインを投げ、表が出れば帰宅し、裏が出ればさらにおでん屋にはしごし 1000 円使う。おでん屋を出るときコインを投げ、表が出れば帰宅し、裏が出れば 400 円のラーメンで締めて帰宅する。さて、I 君の帰宅時の支出の期待値 (1 日平均の使用金額) を求めよう。

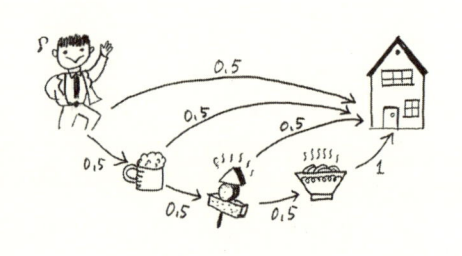

出費が 0 円であるのは最初に「表」のときで確率は 0.5、1000 円であるのは「裏表」のときで確率は 0.25、2000 円であるのは「裏裏表」のときで確率は 0.125、2400 円であるのは「裏裏裏」で確率は 0.125 である。

X(円)	0	1000	2000	2400	計
P(確率)	0.5	0.25	0.125	0.125	1

よって支出の期待値 E は,

$$E = 0 \times 0.5 + 1000 \times 0.25 + 2000 \times 0.125 + 2400 \times 0.125 = 800(円)$$

と計算される。日々の期待値 E がわかれば、20日出勤の月の飲食費は、$800 \times 20 = 16000$ 円と見積もることができる。

● 損得の判断

1回の参加料20円を払って、2個のサイコロを同時に振って、出た目の差の数だけ10円硬貨をもらえるゲームを考える。このゲームの損得を判断しよう。

全部で36通りの場合についてもらえる金額の値を調べると、次の確率分布の表ができる。

X(円)	0	10	20	30	40	50	計
P(確率)	$\frac{3}{18}$	$\frac{5}{18}$	$\frac{4}{18}$	$\frac{3}{18}$	$\frac{2}{18}$	$\frac{1}{18}$	1

	1	2	3	4	5	6
1	0	1	2	3	4	5
2	1	0	1	2	3	4
3	2	1	0	1	2	3
4	3	2	1	0	1	2
5	4	3	2	1	0	1
6	5	4	3	2	1	0

期待値 E は、

$$E = 0 \times \frac{3}{18} + 10 \times \frac{5}{18} + 20 \times \frac{4}{18} + 30 \times \frac{3}{18} + 40 \times \frac{2}{18} + 50 \times \frac{1}{18} = 19.44\cdots$$

となるので、期待値は参加料20円より少ないので損である。

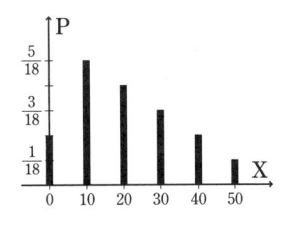

第8章 統計・確率

● **分散**

　テレビ番組で右の表の A か B のどちらか選んで景品をゲットする場面を想像しよう。A、B の期待値をそれぞれ E_A, E_B として求める。すると

A	賞金(確率)	B	賞金(確率)
ハワイ旅行	50万円(0.4)	南極旅行	100万円(0.2)
現　　金	30万円(0.3)	現　　金	30万円(0.3)
たい焼き1年分	5万円(0.2)	洗剤1年分	5万円(0.2)
ス　　カ	0万円(0.1)	ス　　カ	0万円(0.3)

$E_A = 0 \times 0.1 + 5 \times 0.2 + 30 \times 0.3 + 50 \times 0.4 = 30$

$E_B = 0 \times 0.3 + 5 \times 0.2 + 30 \times 0.3 + 100 \times 0.2 = 30$

で A、B の差はない。しかし、期待値(平均)を基準にして確率分布を見ると、B の方が A よりばらついていることがわかる。このことを数値で表してみよう。

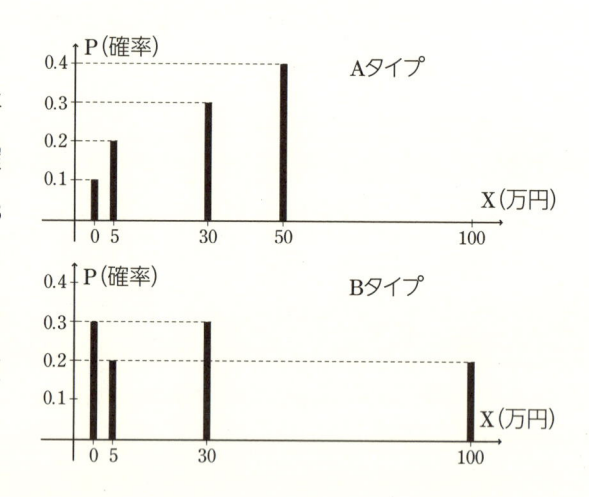

　A、B について変量 X と期待値の差の 2 乗の平均を求めると、次のようになる。

A : $30^2 \cdot 0.1 + 25^2 \cdot 0.2 + 0^2 \cdot 0.3 + 20^2 \cdot 0.4 = 375$

B : $30^2 \cdot 0.3 + 25^2 \cdot 0.2 + 0^2 \cdot 0.3 + 70^2 \cdot 0.2 = 1375$

X	P	$(X-30)^2$	$(X-30)^2 P$
0	0.1	$(-30)^2$	$(-30)^2 \cdot 0.1$
5	0.2	$(-25)^2$	$(-25)^2 \cdot 0.2$
30	0.3	0^2	$0^2 \cdot 0.3$
50	0.4	20^2	$20^2 \cdot 0.4$
計	1		375

この値が大きいほど平均からのバラツキが大きくなる。

よって手堅くいくならバラツキの少ない A を選べばよいし、一発大物狙いなら B を選べばよい。

X(変量)	c_1	c_2	c_3	$\cdots$	c_n	計
P(確率)	P_1	P_2	P_3	$\cdots$	P_n	1

一般に、確率分布が右の表で与えられたとき、変量と期待値 m との差の2乗の平均を分散という。すなわち、分散 V は

$$V = (c_1 - m)^2 p_1 + (c_2 - m)^2 p_2 + \cdots + (c_n - m)^2 p_n$$

で計算される。また、分散の正の平方根 $\sqrt{V}$ を標準偏差という。

分散も標準偏差もバラツキの程度を表す目安になっている。

問1

神が存在すれば、信心する者は天国に行き、信心しない者は地獄におちる。しかし神が存在しなければ、信仰の有無にかかわらず何事もない。神の存在確率を 0.001、天国行きを＋1兆円、地獄行きを－1兆円としたとき、あなたは信心・不信心のどちらに賭けますか？　信心に賭けたときの期待値 E_1 と不信心に賭けたときの期待値 E_2 を比較して考えよ（パンセ "パスカルの賭け" のアレンジ）。

問2

100円硬貨1枚を投げて表が出たらその硬貨をもらうゲームの期待値と分散を求めよ。また、100円硬貨3枚を同時に投げて表が出た分をもらうゲームの期待値と分散を求めよ。

→解答は巻末にあります。

第9章
数学と論証

❶ 論理と証明
　　論理
　　背理法と数学的帰納法

❷ 公理と定理
　　幾何の公理と定理

❸ エクスカーション
　　数学とは何か？

第9章 数学と論証

1 論理と証明

論理

　○×高校で数学のテストが行なわれた。テスト後、掲示板に次のような告知があった。

1. 80点以上の者は10点満点分のレポートを課す。テストの点数との合計が90点以上になれば合格とする。
2. 80点未満は不合格で補習の対象である。

　この掲示板を見たイズモリ君は、見ていないイトウ君とシモマチ君に説明することになった。ちょっと聞き耳を立ててみよう。

　イト：合格するには何点が必要なんだい。
　イズ：80点以上の点数が必要だね。

> 告知文の1を命題「$p \Rightarrow q$」(p ならば q)の形にすると、「合格⇒80点以上」となる。この命題が正しい(真である)とき80点以上とることは、合格するための「**必要条件**」という。

　シモ：やった。俺82点だ。合格じゃん。
　イズ：違うよ。合格のためには80点以上が必要な条件ということだよ。80点以上でも、10点分のレポートがあって、それとの合計が90点を超えないとだめなんだ。

> シモ君は「合格⇒80点以上」を「80点以上⇒合格」(**逆**)と早合点してしまった。「逆は必ずしも真ならず」である。

イト：そうだよ。もしシモ君がレポートで7点だったら評点で不合格だよ。

> イト君は、「80点以上⇒合格」が誤り(偽)である具体例をあげた。これを**反例**という。

シモ：そうか。80点未満なら不合格だけど、それ以外にも不合格になることがあるんだな。

> シモ君は「80点以上⇒合格」と「不合格⇒80点未満」が同じであることに気づきました。$p \Rightarrow q$ に対して、
> 「q でない⇒p でない」($\bar{q} \Rightarrow \bar{p}$)を**対偶**という。**対偶はもとの命題と真偽が一致する。**

イズ：そういうこと。80点未満だったら即不合格だけどね。

> 「80点未満⇒不合格」は「合格⇒80点以上」の対偶である。

イト：ところで、イズ君は何点だった。

イズ：俺は95点だった。

シモ：すげー。それなら**十分**合格だ。

> 「90点以上⇒合格」は真の命題である。このとき、90点以上とることは、合格するための**十分条件**という。

<命題の真偽と集合>

名前	得点	レポート	合否
イズモリ	95	0	合
イトウ	87	5	合
シモマチ	82	7	否
ナガセ	65	なし	否
バンドウ	85	9	合
ノザキ	98	10	合

「合格⇒80点以上」という命題が正しいことを、集合で考えてみよう。仮に、テストの結果が左の表の通りだったとする。このとき、合格者の集合は{イズモリ、イ

トウ、バンドウ、ノザキ} となる。

これを、「合格」という条件の**真理集合**という。すると、「合格」と「80 点以上」の真理集合には下図のような**包含関係**が成り立つ。

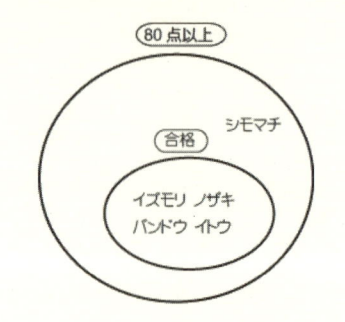

つまり、「合格している人は必ず80 点以上をとっている」ので、前提である「合格」の真理集合が「80 点以上」の真理集合に含まれていなければならない。

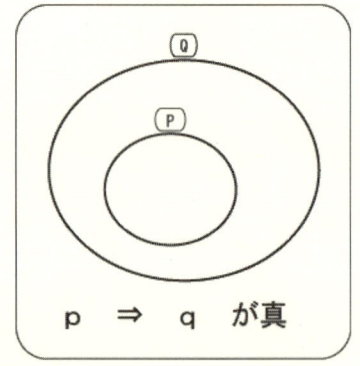

一般に、命題「$p \Rightarrow q$」が真であるためには、条件 p の真理集合 P が条件 q の真理集合 Q に含まれていること（P $\subset$ Q）をいえばいいのである。

命題「$p \Rightarrow q$」が真であるとは、例えば、「自動車を作るにはエンジンが必要」「チャーハンを作るには米が必要」というように、Q が製品、P が部品というイメージを持ってみるのもよい。

問1

| 68 | 合格 | 不合格 | 45 |

図のように、片面に数字、もう片面（裏面）に「合格」または「不合格」の文字が、次のようなルールで書かれている。

[ルール] カードに50以上の数字が書かれていれば、その裏面には「合格」と書かれている。

さて、図の4枚のカードについて、このルールが守られているかどうか確かめるには、最低どのカードを裏返せばよいか。

問2

同じくらい賢いA君とB君に次のような実験を行なった。

① 2人に赤白のいずれかの色の帽子をかぶせる。自分がかぶっている帽子の色は見えない。相手の帽子の色は見える。

② 2人のうち少なくとも1人には赤い帽子をかぶせる。

③ 相手の帽子の色を見て、自分の帽子の色が赤であるとわかったら手をあげる。

(1) A君に赤い帽子、B君に白い帽子をかぶせたところ、A君がすぐ手をあげた。なぜA君は自分が赤い帽子であることがわかったかを論理的に説明せよ。

(2) 2人とも赤い帽子をかぶせたところ、一瞬間をおいて2人が同時に手をあげた。なぜわかったのか、論理的に説明せよ。

第9章　数学と論証

背理法と数学的帰納法

● **2つの道**

　明日は数学のテスト。S君の前には2つの道「寝ないで勉強する道A」と「勉強しないですぐ寝る道B」がある。さてどうするか？　S君は考える。「もしBの道を選べば今夜は幸せ。だがテストは惨憺たる結果に…。」「しょうがないや、Aの道を選ぶか。」

　このように、進むべき道がA、Bの2つしかない状況のときAの道を選んだときの不都合を理由にしてBの道に決めることがある。

● **背理法とは**

　命題Aの証明をしたい。まず命題Aを否定した命題Bを用意する。命題A、Bの一方が「真」であれば、他方は「偽」である。そこでBから不都合(矛盾)が生じればBは「偽」であることがわかる。すると自動的にAが「真」になる。これが背理法である。

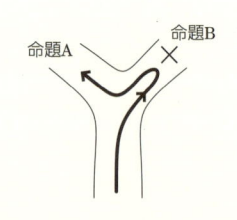

　まず、2つの複素数の相等の条件を背理法で証明してみよう。

　「$a + bi = c + di$ ならば $a = c$ かつ $b = d$ である。(a, b, c, d は実数、i は虚数単位)」

　この命題の否定は、次のように書ける。

　「$a + bi = c + bi$ であるのに、$a \neq c$ または $b \neq d$ である。」

(証明)　$b \neq d$ と仮定する。

すると $a + bi = c + di$ を変形して
$$(b - d)i = c - a$$
$$i = \frac{c - a}{b - d} \cdots ①$$

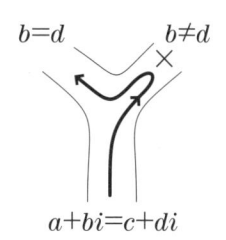

等式①の左辺は虚数、右辺は実数である。これは矛盾なので、ありえない（$b = d$ でなければならない）。これより $a = c$ が導ける。

次に、「素数は無限にある」ことを背理法で証明してみよう。

(証明) 素数が有限個しかないと仮定する。

すると、最大の素数 p が存在することになる。

素数を小さい順に並べると
$$2,\ 3,\ 5,\ 7,\ 11,\ \cdots,\ p$$

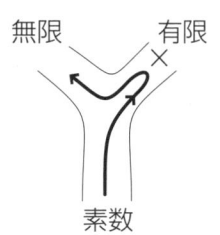

となる。ここで、次のような数 N を考えよう。
$$N = 2 \times 3 \times 5 \times 7 \times 11 \times \cdots \times p + 1$$

この N は、$2,\ 3,\ 5,\ 7,\ 11,\ \cdots,\ p$ のいずれでわっても 1 余る数なので素数であり、明らかに $p < N$ だから p が最大の素数であることに矛盾する。よって、素数は無限にある。

〈注意〉

1 より大きなどんな整数 n も、ある素数でわり切れる、という事実を前提とした証明です。

● 数学的帰納法

次のような等式の列を考察しよう。

$$\frac{1}{1\cdot 2} = \frac{1}{2}$$

$$\frac{1}{1\cdot 2} + \frac{1}{2\cdot 3} = \frac{2}{3}$$

$$\frac{1}{1\cdot 2} + \frac{1}{2\cdot 3} + \frac{1}{3\cdot 4} = \frac{3}{4}$$

$$\frac{1}{1\cdot 2} + \frac{1}{2\cdot 3} + \frac{1}{3\cdot 4} + \frac{1}{4\cdot 5} = \frac{4}{5}$$

どうやら、次の式が成り立ちそうである。

$$\frac{1}{1\cdot 2} + \frac{1}{2\cdot 3} + \frac{1}{3\cdot 4} + \cdots + \frac{1}{n(n+1)} = \frac{n}{n+1} \quad \cdots ②$$

このように特別な場合を一般化して法則を見つけ出すことを**帰納**という。

しかし、「$n=5$ の場合は正しい」、「$n=6$ の場合は正しい」、「$n=7$ の場合は正しい」、…と自然数の階段を一歩ずつ昇りながら等式を確かめてもそれだけでは「すべての自然数 n について正しい」ことを数学的に証明したことにはならない。

そこで自然数の無限の階段を一挙に昇る方法として**数学的帰納法**が発明された。

数学的帰納法は、次の 2 ステップからできている。

Ⅰ　$n=1$ のとき成立する。

Ⅱ　$n = k$ のとき成立すると仮定すれば $n = k + 1$ のときも成立する。

　Ⅰ、Ⅱより、すべての自然数 n について成立する。

まずⅠから $n = 1$ のときは OK。ところで、Ⅱで $k = 1$ とすると「$n = 1$ のとき成立すると仮定すると $n = 2$ のときも成立する」となり $n = 2$ のときも OK。再びⅡで $k = 2$ とすると「$n = 2$ のとき成立すると仮定すると $n = 3$ のときも成立する」となり $n = 3$ のときも OK。あとはだまっていても自動的に進行して証明が完成する。

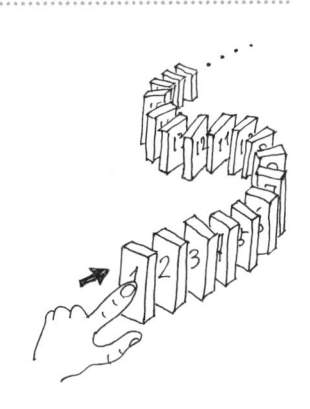

では、前ページの②を、数学的帰納法で証明してみよう。

Ⅰ．$n = 1$ のとき、左辺 $= \dfrac{1}{2}$、右辺 $= \dfrac{1}{2}$ で成立する。

Ⅱ．$n = k$ のとき成立すると仮定すると

$$\frac{1}{1 \cdot 2} + \frac{1}{2 \cdot 3} + \frac{1}{3 \cdot 4} + \cdots + \frac{1}{k(k+1)} = \frac{k}{k+1}$$

これを使って $n = k + 1$ のときも成立することを示す。

両辺に $\dfrac{1}{(k+1)(k+2)}$ を加えて、右辺を変形すると、

$$\frac{1}{1\cdot 2}+\frac{1}{2\cdot 3}+\frac{1}{3\cdot 4}+\cdots+\frac{1}{k(k+1)}+\frac{1}{(k+1)(k+2)} = \frac{k}{k+1}+\frac{1}{(k+1)(k+2)}$$

$$= \frac{k(k+2)}{(k+1)(k+2)}+\frac{1}{(k+1)(k+2)}$$

$$= \frac{k^2+2k+1}{(k+1)(k+2)}$$

$$= \frac{(k+1)^2}{(k+1)(k+2)} = \frac{k+1}{k+2}$$

よって $n = k + 1$ のときも成立することがいえる。

Ⅰ、Ⅱよりすべての自然数 n について成立する。

このように、自然数 n を含んだいろいろな法則が、数学的帰納法により証明することができる。発明したパスカルさん (17 世紀、フランス) に感謝！

問 1 数学的帰納法で証明しなさい。

(1) $1 + 2 + 2^2 + 2^3 + \cdots + 2^{n-1} = 2^n - 1$

(2) 連続した 3 つの自然数の 3 乗の和は 9 でわり切れる。

→解答は巻末にあります。

2 公理と定理

幾何の公理と定理

　ある日の中学校の幾何の授業。三角形の内角の和が180°であることを証明する場面である。

生：小学校の頃は、三角形をちぎって、一つの点に頂点を集めて180°であることを証明しました。

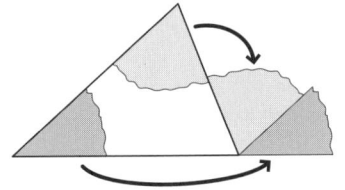

先：それは証明ではない。納得だ。

生：でも、絶対そうだよ。そうに決まってるじゃん。

先：それは特定のその三角形だけに成り立つことかもしれないし、もしかしたら真直ぐに見えても179°かもしれない。中学校では、きちんと数学の言葉を使って、根拠を明らかにすることが必要だ。いいかい。次のように証明するんだ。

　△ABCで、BCを延長する。次に点Cを通り、ABに平行な線を引く。すると●は平行線の錯角なので等しい。

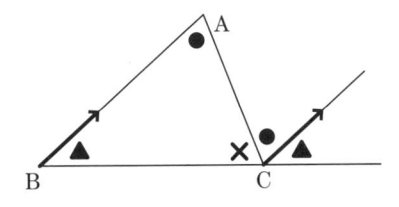

▲は平行線の同位角だからこれも等しい。

●＋▲＋×＝180°だ。わかったかい。

第9章 数学と論証

なんていうのが、一般的な展開。ところが、ここで、生徒が次のように発言したら…

㊛：じゃあ、平行線の錯角や同位角が等しいことはどう証明すればいいんですか。

さあ、大変なことになってしまった。困ってしまった先生のためにネコ仙人に登場してもらいましょう。

㊛：ある定理が成り立つことを示すには、別の定理や前提が必要になる。でも、そうしてどんどん遡っていったとき、いずれ行き止まりになる。そこで、誰もが納得できるだろう仮定を公理として決めておいて、これは証明なしに用いてよいことにするのじゃ。

ユークリッドは『原論』の中で、点や直線、平行線など23の定義と5つの公理（公準）を設定し、それを出発点として幾何学を構成したのじゃ。

㊛：ユークリッドの決めたその5つの公理とはどんなものですか。

㊛：それは次のようなものじゃ。

① 2点が与えられればそれを結ぶ直線が必ず唯一つある。
② 線分は両方向に延長できる。
③ 1点を中心にして他の1点を通る円が唯一つ描ける。
④ 直角はすべて等しい。
⑤ 2直線と交わる1つの直線が同じ側に作る内角の和が2直角より小ならば、2直線を伸ばせばその側で交わる。

先：ユークリッドの5つの公理はほとんど当たり前の事実のようですね。つまり自明の真理というのが公理なのですか。

仙：確かに、我々のまわりの多くの自然現象が、数学を基礎とした科学によって説明されることを考えれば、公理は自然の摂理といっていいのかもしれない。物理の世界の3法則(慣性・力と加速度の比例・作用反作用)にあたるものが公理であると考えるのも一つの見方じゃ。だがそれより、公理とは矛盾の起きない数学の体系を作る出発点となる一つの仮定と考えるべきじゃ。

先：つまり、公理は誰もが納得する明白な事実といっても、最初にどんな公理にするかによって築かれる数学の世界は違ったものになってくるということですね。

仙：ユークリッドの5番目の公理は一般に平行線の公理と呼ばれるもの。これは「直線上にない点を通って、その直線に平行な直線がただ1本引ける」ということと同じ。あるいは「平行線の同位角が等しい」「三角形の内角の和が180°である」とも同じじゃ。

先：そうか。三角形の内角の和が180°の証明はユークリッドの第5公理(公準)からきているのですね。だから、平行線の同位角や錯角を、公理⑤を知らないで証明しようとしてもできなかったわけだ。

仙：ところが、この公理⑤は不自然に長いので、もしかしたら、他の公理から証明されるのではないかということで、多くの数学者たちがこの公理の証明にチャレンジしたのじゃ。その結果、この平行線の公理を否定しても別の幾何学を構成することがわ

かった。このような幾何を「非ユークリッド幾何」という。アインシュタインの相対性理論も非ユークリッド幾何から生まれたのじゃ。

● 第5公理が成立（ユークリッド幾何）→三角形の内角の和＝180°
　平面で覆われた世界での幾何
● 第5公理が不成立（非ユークリッド幾何）曲がった空間での幾何
　①平行線が1本も引けない（リーマン）→三角形の内角の和＞180°
　②平行線が無数に引ける（ボヤイ、ロバチェフスキー）
　　→三角形の内角の和＜180°

先：ところで、定義と公理はどう違うのですか。

仙：将棋で語ろう。金や歩などのそれぞれの駒の動き方が定義で、「交互に指す」「相手の王を取ったら終了」というルールが公理、そして対局は「定理」という感じじゃ。ところでこんなのはどうじゃ。

　　公理1　時は金なり（時間＝お金）
　　公理2　お金は災いのもと（「もと」＝ルーツ root、平方根）
　　公理3　彼女＝お金×時間
　　　ここから次の定理が導かれる。
　　定理　彼女は災いである。
　　証明　彼女＝お金×時間＝お金^2＝$\sqrt{災い^2}$＝災い（Q.E.D.）

「彼女」を「勉強」とか、「学校」に置き換えればいろいろなことが「災い」に仕立て上げることができるのじゃ。

さて、冗談はさておき、ユークリッドの原論では、点は「部分が無く位置だけあって大きさが無い」とか、直線は「幅の無い長さである」というような、ある意味あいまいで、直観的イメージで定義がさ

れている。ドイツの数学者ヒルベルトは「幾何学の基礎」という論文で公理主義という新しい立場で幾何をまとめた。彼は点や直線のような基礎的な言葉の実質的な「定義」を一切やめて、無定義用語として、点、直線、平面を導入し、それらに、結合、順序など5つの公理群を設定して、ユークリッド幾何を再構築した。ヒルベルトは「幾何学において、点、直線、平面と呼ぶかわりに、テーブル、イス、コップと呼んでも何ら不都合はない」と述べているのじゃ。

問1 吹奏楽部の6人（A～D）がアンサンブルコンテストで4曲を演奏することになった。幾何学を使って公平な組分けを考えてみよ。

→解答は巻末にあります。

〈補足〉

ユークリッドは、ここに紹介した5つの公理を「幾何学的な前提」とみて「公準」と呼び、その他に「一般的な前提」、例えば「全体は部分より大きい」などの「公理」を5つ挙げています。しかし、現代では、公理・公準をまとめて公理と呼び、表現を少し改めて説明するのが普通なので、ここでもそれに従いました。

3 エクスカーション

数学とは何か？

● **数学的な経験が数学をつくる**

　クーラントとロビンズの名著『数学とは何か』という本がある。教師になりたてのころ書名にひかれて購入した。数学の魅力を紹介したとても面白い本だったが、最後まで読んでも肝心の「数学とは何か」の答えはない。「おかしいな？」と思い、あちこち調べたら次の文章にあたった。

　「人間精神の表現としての数学は、積極的な意志、瞑想する理性、および美的完全性への欲望を反映する。その基本要素は、論理と直観、分析と総合、一般性と個別性である。… これらの対抗する力の相互作用とそれらの合成へのもがきこそ、数理科学の生命、有用性、および並びない価値を生み出すものである。」

　「学者にとっても、素人にとっても、哲学ではなくて数学それ自身における積極的な経験だけが、次の問題に答えることができるのである：数学とは何か？」

すなわち、数学は、"自分の欲望"を反映し、"自分のもがき"のなかで作られていく。つまり、「数学とは何か？」の答えは自分の"数学的な経験"からしか得られないということだ。

はぐらかされた感があったが、古今の学者が数学について述べた言葉がなぜ千差万別なのか少し理解できた気がした。

「集合論」を創始し、批判を恐れず無限大について研究を深めたカントールは語る。

「数学の本質は、その自由性にある」

微分方程式の解の軌道の定性的研究からトポロジーやカオスの新分野を拓いたポアンカレは語る。

「数学は無限についての科学だ」

抽象的な現代の数学の基礎を固め20世紀の数学の流れを主導したヒルベルトは語る。

「数学は、形式のあいだの関係に関する学問である」

数学を脅かすパラドックスを回避するための論理学を力強くすすめたラッセルは語る。

「純粋数学とは、何についてしゃべっているのかわからず、しゃべっていることが正しいかどうかもわからない科目だ」

多くの分野に分かれて迷路の横町のようになった数学を集合論の上に代数、順序、位相構造という強力な設計図で"再開発"を試みた伝説の集団ブルバキは語る。

第9章　数学と論証

「数学とは、大都会のようなものだ」

● **数学を学ぶ理由**

　A君は、入試突破を目指して必死で数学を勉強している。A君の望みはテストで良い点をとること。これを手っとり早く実現するのは公式や解法パターンを覚え込めばいい。A君は、見事入試を突破し"順調"な人生を歩むかもしれない。しかし、A君にとって数学はなに？

　Bさんは、数学が苦手なので勉強は極力避けてきた。Bさんの望みは卒業すること。これを手っとり早く実現するのは、テスト範囲を鵜呑みにすること。Bさんは　及第点をとり無事卒業、"堅実"な人生を歩むかもしれない。しかし、Bさんにとって数学はなに？

　数学のイメージは、自身の"数学的な経験"から得られるとすると、A君は"数学とは公式と解法の堆積物"と考え、Bさんは"数学とは恐怖そのもの"と考えるかもしれない。

　学生は「どうして数学を学ぶのですか？」という問いをしばしば発する。この問に教師はまともに答えているだろうか？

　学生は、自身の乏しい数学的な経験に本能的に疑問を感じ、豊かな数学的な経

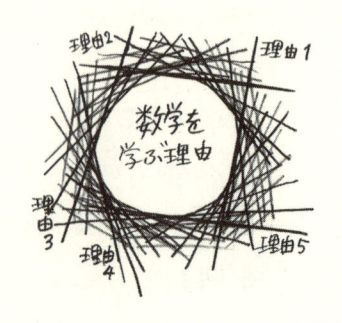

験を求めているのだ。また、数学と上手に関わって生きる希望をもちたいのである。

　数学を学ぶ理由は一言では語れない。だから、さまざまな理由を語らねばならない。求めるものは語ったものの"包絡線"として浮かび上がるはずだ。

● **数学は宇宙の共通語**

　映画「コンタクト」（1997年：原作はカール・セーガンのSF）はとても面白かった。これは、宇宙に向けた大パラボラアンテナで地球外生命体（ET）からの電波を受信するというものである。ある日、ジョディ・フォスターが演ずるエリー（孤独な天文学者）がニューメキシコで、26光年離れたこと座のベガから強烈なパルスを受信する。ドド、ドドド、ドドドドド、ドドドドドドド、…、間違いなく素数の列だ！　知的なETが我々にメッセージを送っているのだ。

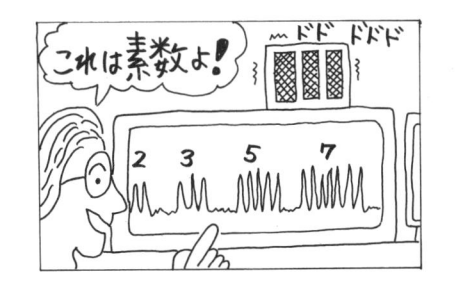

　この知らせは、世界中にセンセーションを巻き起こした。さっそく政府の調査団がやってきた。

　「どうも腑に落ちん、発信源が高度な文明をもっているのなら、なぜ単純な数字を…。」

　「全くだ、なぜ英語をしゃべらん。」

　エリーが説明する。

　「地球でも英語をしゃべる人は3割程度ですが、その点数学は宇宙

の共通語といえます。」

「素数を使っているのも意味があります。」

「というと…。」

「素数は、整数でその数自身か1でしかわり切れません。我々はこれを予告信号だと思っています。注意を引くためにわざとこんなことを…。」

ため息をつきながら調査団の一人が言う、

「確かに君は注意を引いたよ。」

● **くさび形モデル**

動物行動学者のコンラート・ローレンツ(1973年ノーベル賞)の研究も面白い。ローレンツといえば、動物のプリンティング(刷り込み)の発見で有名である。ある日ハイイロガンの孵化の瞬間に立ち会います。なんとヒヨコがローレンツを親と思いこみ、どこまでも追ってくるではないか。生まれたてのヒヨコは、初めに見た大きい動物を親と思うように本能がセットされているのだ。この発見は動物行動学の端緒になった。

ローレンツは、動物の"怒り"と"恐怖"の感情が"攻撃"と"逃走"という一見反対の行動にでることに興味をもった。イヌの表情の長年の研究で、

① 恐怖の度合いは、耳の後方へのたれ方で測れる

② 怒りの度合いは、口の開け方で測れる

ことを見つけ、これによってイヌの行動パターンを説明しようとした。しかし「恐れの状態で怒りが増せば、突然攻撃する」「怒りの状態で恐れが増せば、突然逃走する」という行動パターンが微妙でよくわからない。

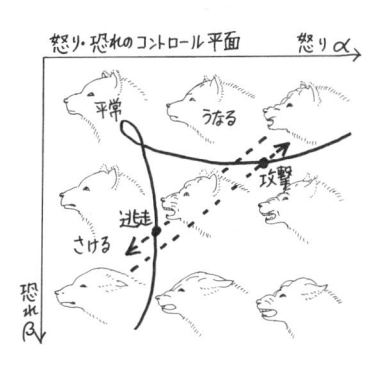

数十年後、数学者ルネ・トム（20世紀後半、フランス）が、この行動をカタストロフィー理論（破局理論）のくさび形モデルで見事に説明した。このくさび形モデルは、その後、数学者ジーマン（イギリス）によって"戦争と平和"や"酔っ払い運転"の構造の解明に応用された。

● 均衡理論

2001年のアカデミー賞受賞映画「ビューティフル・マインド」も非常に面白い。この映画は、ノーベル賞をもらった数学者ナッシュの半生を描いたものである。主人公のナッシュが統合失調症という精神疾患に悩まされながら、妻の献身的介護によって立ち直るストーリーはとても感動的。

彼はカーネギー工科大学で、恋人や友人関係の行動パターンの観察を続け、それぞれが自己の利益を最大化するような行動をとったときの均衡理論を考えつく。

例えば、親友である女性A，Bと親友である男性C，Dが出会い、AがCを、BもCを好きになる。一

方CはBに、DはAに好意をもつ。さて、女性Aはどういう行動をとるべきか。ただし、

① AがCに強烈にアタックすると、Bとの親友関係が壊れる。
② AはDに接近すれば、親友関係は保てますが、Cをあきらめたくない。

親友関係と、自分の好みのどちらにウエイトをかけて考えるかで、行動は決定される。ウエイトのかけ方をキチンと数量化できれば、ナッシュの理論で安定状態を知ることができるのだ。素晴らしい理論の誕生である。そこで大学の指導教授は、プリンストン大学への推薦状を書いた。文面はたった一行、

「この男は天才である。」

ナッシュの理論は、経済活動や軍事行動の均衡理論に応用され、その有用性が確かめられたのである。

● 日本語の起源

最近亡くなった日本語学者の大野晋の『日本語の起源』(岩波新書)が実に面白い。
「日本語の起源を考えるときに、琉球語は大切にあつかう必要がある。琉球語は、明らかに日本語と兄弟と認められているただ一つの言語だからである。…いったい、琉球語は、いつごろ日本語と分かれたものなのだろうか。」

この問題設定のあと、アメリカの言語学者スワディシュの法則が登場する。その法則とは、一つの言語に所属する目・口・胸・手・足・取る・見る・聞く・父・母などの基礎語は、「1000年に19％入れ替わ

り81％が変わらない」というもの。スワディシュは、英語、フランス語、ドイツ語、中国語などについてこの比率がほぼ一定であることを明らかにした。

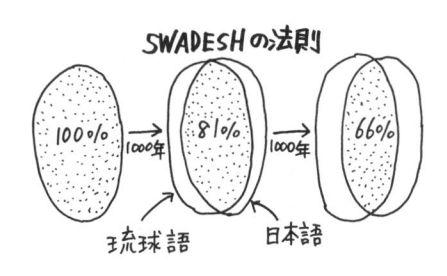

こうすると2000年では、また81％の19％が入れ替わり変わらない部分が $0.81^2 ≒ 0.66$ すなわち66％になる。

　琉球語と日本語の基礎語は約70％が同じなので、琉球語と日本語が分かれたのは1000年と2000年の間であり、ほぼ弥生時代という推測ができる。

● **ガリレオの言葉**

　ガリレオ・ガリレイ（17世紀イタリアの天文学者）が数学について語ったという言葉が面白い。

　ガリレオは、『偽金鑑定官』（教会派の偽学者を告発した論争の書）の中で語る。

　「哲学は、眼のまえにたえず開かれているこの最も巨大な書［すなわち宇宙］のなかに、書かれているのです。しかし、まずその言語を理解し、そこに書かれている文字を解読することを学ばないかぎり、理解できません。その書は数学の言葉で書かれており、その文字は三角形、円その他の幾何学的図形であって、これらの手段がなければ、人間の力では、その言葉を理解できないのです。それなしには、暗い迷宮を虚

しくさまようだけなのです。」

　この言葉の短縮形は、ディズニーのアニメ「ドナルドのさんすうマジック」(Donald in Mathmagic Land)の最後の部分にもある。

　前述の「数学は宇宙の共通語」「くさび形モデル」「均衡理論」「日本語の起源」とあわせてこの言葉を味わってほしい。

　つまり、"世界"を深く理解するために数学を学び、数学を学ぶことによって"世界"を広げていくのである。これこそ数学を学ぶ理由である。

● 解答 ●

第1章 数と式

(1) 文字の発明

● 数の世界・式の世界

問1（16ページ）

① 　　3, 2, −1
　+ ） 1, 3, −2
　　　 4, 5, −3

$4x^2 + 5x - 3$

② 　　2, 1
　× ） 3, 2
　　　 4, 2
　　 6, 3
　　 6, 7, 2

$6x^2 + 7x + 2$

③ 　　1, −2, 3
　× ） 　　1, −2
　　　−2, 4, −6
　　 1, −2, 3
　　 1, −4, 7, −6

$x^3 - 4x^2 + 7x - 6$

④
```
           2, 3
1, 2 ) 2, 7, 7
       2, 4
          3, 7
          3, 6
             1
```
商 $2x + 3$　余り 1

(2) 方程式の技法

● 方程式と解の公式

問1（19ページ）

$$xy + \left(\frac{x-y}{2}\right)^2 = \frac{x^2 + 2xy + y^2}{4} = \left(\frac{x+y}{2}\right)^2 = 正方形の面積$$

問2（21ページ）

$x^2 + 3x + 1 = 0$

$4x^2 + 12x + 4 = 0$（4倍した）

$(2x+3)^2 - 9 + 4 = 0$（平方完成した）

$(2x+3)^2 = 5$（定数を移項した）

$2x + 3 = \pm\sqrt{5}$（ルートをとった）

$$x = \frac{-3 \pm \sqrt{5}}{2} \quad (3 を移項して 2 で割った)$$

- 組立除法と高次方程式

  問1（27ページ）
  $$f(x) = x^3 - 5x^2 + 5x + 3 = 0$$
  定数項の約数は、±1, ±3 より $f(\pm 1), f(\pm 3)$ を調べる。

  ```
  3| 1,  -5,   5,   3
            3,  -6,  -3
     ───────────────────
     1,  -2,  -1,  |0
  ```

  $(x-3)(x^2 - 2x - 1) = 0$
  $x = 3$ または $x^2 - 2x - 1 = 0$
  $x = 1 \pm \sqrt{2}$

  よって、解は $x = 3, 1+\sqrt{2}, 1-\sqrt{2}$

(3) 複素数の世界

- 複素数平面

  問1（31ページ）

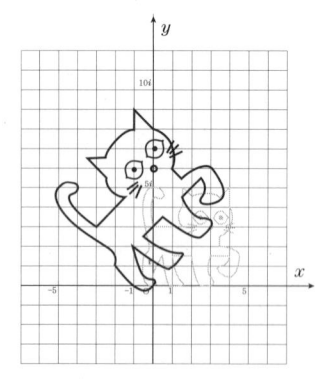

  問2（32ページ）

  $\alpha = 1 + i$ は $r = \sqrt{1^2 + 1^2} = \sqrt{2}$ で、θ は $\cos\theta = \dfrac{1}{\sqrt{2}}$, $\sin\theta = \dfrac{1}{\sqrt{2}}$ なので、$\theta = 45°$。よって、$\alpha = \sqrt{2}(\cos 45° + i\sin 45°)$

問3 (32ページ)

$\alpha = -2 - i$ は $r = \sqrt{(-2)^2 + (-1)^2} = \sqrt{5}$ で、θ は $\cos\theta = \dfrac{-2}{\sqrt{5}}$,

$\sin\theta = \dfrac{-1}{\sqrt{5}}$ を満たす角である。θ は約 $-153°$ になる。

● 代数学の基本定理への道

問1 (37ページ)

$x^{n+1} - 1$ を因数分解すると $(x - 1)(x^n + x^{n-1} + x^{n-2} + \cdots + x + 1)$ となる。
$x^{n+1} - 1 = 0$ は異なる $n + 1$ 個の解をもつことから、
$x^n + x^{n-1} + x^{n-2} + \cdots + x + 1 = 0$ は異なる n 個の解をもつ。

問2 (37ページ)

半径 1 の円に内接する正 n 角形の頂点は、複素数 $z^n = 1$ の解として表される。この n 個の解を、$1, z_1, z_2, z_3, \cdots z_{n-1}$ とおく。

また、頂点 $z = 1$ から他の頂点を結ぶ線分の長さを、すべてかけあわせた値を P とおくと、

$P = |1 - z_1||1 - z_2||1 - z_3|\cdots|1 - z_{n-1}|$
$\quad = |(1 - z_1)(1 - z_2)(1 - z_3)\cdots(1 - z_{n-1})|$ である。※

ところで、$1, z_1, z_2, z_3, \cdots z_{n-1}$ は $z^n = 1$ の解なので

$z^n - 1 = (z - 1)(z - z_1)(z - z_2)(z - z_3)\cdots(z - z_{n-1})$

よって

$z^{n-1} + z^{n-2} + \cdots + z + 1 = (z - z_1)(z - z_2)(z - z_3)\cdots(z - z_{n-1})$

これは恒等式なので、$z = 1$ とすると

$1 + 1 + \cdots + 1 + 1 = (1 - z_1)(1 - z_2)(1 - z_3)\cdots(1 - z_{n-1})$

よって $|(1 - z_1)(1 - z_2)(1 - z_3)\cdots(1 - z_{n-1})| = |n| = n$

※より $P = n$

(4) 順列・組合せ

● 順列・組合せ

問 1（42 ページ）

$$_nP_r = n(n-1)(n-2)\cdots(n-r+1)$$
$$= \frac{(n-1)(n-2)\cdots(n-r+1)\times(n-r)!}{(n-r)!} = \frac{n!}{(n-r)!}$$

問 2（43 ページ）

$_nP_r = \dfrac{n!}{(n-r)!}$ とも書けるので、$_nC_r = \dfrac{_nP_r}{r!} = \dfrac{n!}{r!(n-r)!}$ となる。

問 3（44 ページ）

父母が一体と考え、6 人が並ぶ方法を考えればよい。その 1 通りに対し、父、母と母、父と 2 通りがあるから、$2 \times 6! = 1440$ 通りになる。

問 4（44 ページ）

(1) 9 人から 4 人を選ぶ方法は、4 人と 5 人の 2 組に分ける方法だから、
$_9C_4 = \dfrac{9 \cdot 8 \cdot 7 \cdot 6}{4!} = 126$ 通りとなる。

(2) 9 人から 3 人を選んでさくら組に入れる方法は $_9C_3 = \dfrac{9 \cdot 8 \cdot 7}{3!} = 84$ 通りで、残りの 6 人から 3 人選んできく組に入れる方法は
$_6C_3 = \dfrac{6 \cdot 5 \cdot 4}{3!} = 20$ 通りである。すると、残りの 3 人は自動的にすみれ組である。よって $84 \times 20 = 1680$ 通りとなる。

問 5（44 ページ）

(1) 一辺 1 の正方形は 4^2 個、一辺 2 の正方形は 3^2 個、一辺 3 の正方形は 2^2 個、一辺 4 の正方形は 1 個ある。よって、全部加えると 30 個になる。

(2) 縦線 2 本と横線 2 本で 1 つの長方形が決るので、
$_5C_2 \times _5C_2 = 10 \times 10 = 100$ 個になる。

- 集合

    問1（49ページ）

    (1) ネコは好きだが、イヌは好きでない者は、
    $n(C \cap \overline{D}) = n(C) - n(C \cap D) = 60 - 15 = 45 (人)$

    (2) ネコとイヌのどちらか一方を好きな者は、
    $n(C \cup D) - n(C \cap D) = 90 - 15 = 75 (人)$

    (3)「両方とも好き」というわけでない者は、
    $n(U) - n(C \cap D) = 100 - 15 = 85 (人)$

(5) 整数

- 素数の魅力

    問1（51ページ）

    53ページの2500までの素数の表で確かめてください。

    問2（52ページ）

    53ページの2500までの素数の表で確かめてください。

    問3（54ページ）

    略

- パスカルの三角形で遊ぼう

    問1（57ページ）

    $(a+b)^{10} = a^{10} + 10a^9b + 45a^8b^2 + 120a^7b^3 + 210a^6b^4 + 252a^5b^5 + 210a^4b^6 + 120a^3b^7 + 45a^2b^8 + 10ab^9 + b^{10}$

    問2（57ページ）

    二項定理の a と b に 1 を代入すると
    $2^n = {}_nC_0 + {}_nC_1 + {}_nC_2 + \cdots + {}_nC_r + \cdots + {}_nC_{n-1} + {}_nC_n$ となる。

問3（58ページ）

略

問4（61ページ）

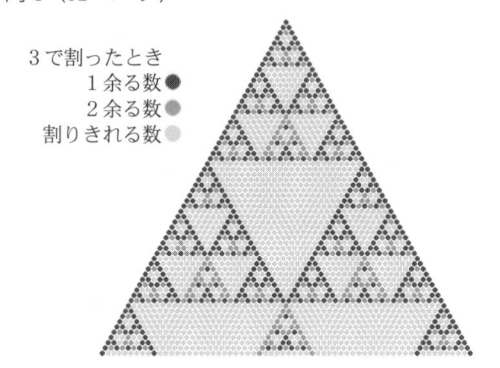

3で割ったとき
　1余る数●
　2余る数●
　割りきれる数●

第2章　三角比と幾何

(1) 三角比

- 三角比

問1（70ページ）

読み取った数値と三角比の表の数値を比較しなさい。

問2（71ページ）

① $\dfrac{1}{\sqrt{2}}$　② $\dfrac{1}{\sqrt{2}}$　③ $\dfrac{1}{2}$　④ $\dfrac{\sqrt{3}}{2}$　⑤ $\dfrac{\sqrt{3}}{2}$　⑥ $\dfrac{1}{2}$

⑦ $\dfrac{\sqrt{3}}{2}$　⑧ $-\dfrac{1}{2}$　⑨ $\dfrac{1}{\sqrt{2}}$　⑩ $-\dfrac{1}{\sqrt{2}}$　⑪ $\dfrac{1}{2}$　⑫ $-\dfrac{\sqrt{3}}{2}$

問 3（71 ページ）

$\sin(180° - \theta) = \sin\theta$, $\cos(180° - \theta) = -\cos\theta$ を図で示す。

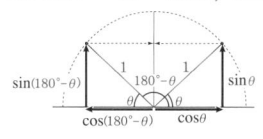

問 4（73 ページ）

読み取った数値と三角比の表の数値を比較しなさい。

問 5（73 ページ）

略

(2) 正弦定理・余弦定理

● 正弦定理・余弦定理とその応用

問 1（77 ページ）

各辺を 10 でわった三角形で考える。

AB を 10 でわった長さを x とすると
$x^2 = 3^2 + 8^2 - 2 \times 3 \times 8 \times \cos 60°$
$ = 9 + 64 - 24 = 49$
$x = 7$　よって AB $= 70$m

(3) 図形の計量

● 相似な図形

問 1（82 ページ）

B5 判と B4 判の面積比は $1:2$ であるので、相似比は $1:\sqrt{2}$、つまり倍率は $\sqrt{2}$ 倍である。

B4 判と A4 判の面積比は $1.5:1 = 3:2$ であるので、相似比は $\sqrt{3}:\sqrt{2}$、つまり倍率は $\dfrac{\sqrt{2}}{\sqrt{3}}$ 倍である。

よって、B5 判と A4 判の相似比の倍率は、

$$\sqrt{2} \times \frac{\sqrt{2}}{\sqrt{3}} = \frac{2}{\sqrt{3}} = \frac{2\sqrt{3}}{3} = \frac{2 \times 1.732}{3} \fallingdotseq 1.15 \text{ すなわち約 } 115\%$$

問 2（82 ページ）

相似比は $50:63$ であるので、体積比は $50^3:63^3$ である。

体積比の倍率は、$\frac{63^3}{50^3} = \left(\frac{63}{50}\right)^3 = 1.26^3 = 2.000376$

体重は、体積に比例すると考えると体重は約 2 倍になる。

(4) 図形の性質

● 三角形の性質

問 1（86 ページ）

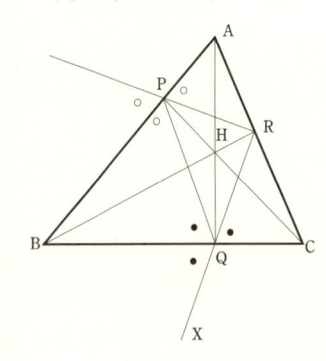

△PQR の内心が H なので BR は∠R の二等分線である。…①

∠PQB $= 90° - $∠AQP $= 90° - $∠AQR
　　　　$= $∠RQC

また、∠RQC $= $∠BQX（対頂角）なので

∠PQB $= $∠BQX

つまり BQ は△PQR の∠Q の外角の二等分線である。…②

∠P についても同様に考えると、BP は△PQR の∠P の外角の二等分線であることがわかる。…③

①②③より B は 1 内角と 2 外角の二等分線の交点なので、△PQR の傍心である。

A、C についても同様に考えて、△PQR の傍心であることがわかる。

● 円

問1（89ページ）

中心角∠AOB ＝△＋△－○－○。円周角∠APB ＝△－○。よって、円周角＝中心角÷2で一定。

問2（92ページ）

底辺$2\pi r$で高さrの三角形の面積に近づくので、面積はπr^2となる。

(5) エクスカーション

● 球面三角法

問1（97ページ）

北極を点A、東京を点B、ウエリントンを点Cとする球面三角形を考える。

東京（北緯36°，東経140°）

ウエリントン（南緯39°，東経175°）

緯度、経度の関係より、

$b = 90° + 39° = 129°$

$c = 90° - 36° = 54°$

$A = 175° - 140° = 35°$

となる。余弦定理②にあてはめ、三角比の表、または関数電卓で計算すれば、

$\cos a = \cos 129° \cos 54° + \sin 129° \sin 54° \cos 35°$

$= -0.6293 \times 0.5878 + 0.7771 \times 0.8090 \times 0.8192 = 0.1451$

よって、$a ≒ 82°$

これより、東京、ウエリントン間の球面上の距離BCは、およそ

$BC = \dfrac{3.14 \times 6370 \times 82°}{180°} ≒ 9100 \,(\text{km})$

である。

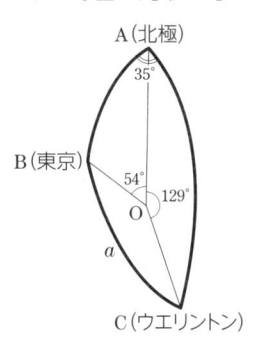

第3章　関数

(1) 関数の発明

　● 関数の歴史・関数の合成と逆

　問1（104ページ）

　$y = f(x) = 3x - 2$

　(1) $(f \circ f)(x) = f(f(x)) = f(3x-2) = 3(3x-2) - 2 = 9x - 8$

　(2) x について解くと、$x = \dfrac{1}{3}y + \dfrac{2}{3}$

　よって、$x = f^{-1}(y) = \dfrac{1}{3}x + \dfrac{2}{3}$

　したがって、$f^{-1}(x) = \dfrac{1}{3}x + \dfrac{2}{3}$

(2) 関数で見る世界

　● 三角関数

　問1（110ページ）

　　読み取った数値と三角関数表の数値を比較しなさい。

　問2（113ページ）

　　実際に作ると、感動します。

問3（114ページ）

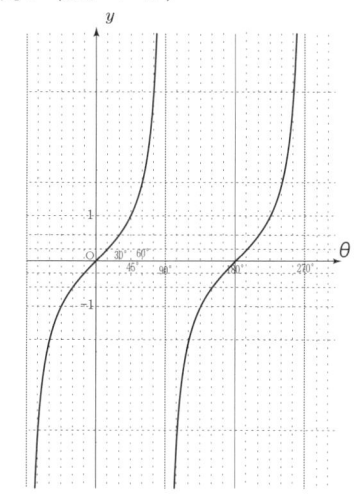

[グラフ: $y = \tan\theta$ のグラフ]

● 指数関数

問1（119ページ）

① $\left(\dfrac{1}{a}\right)^{-1} = (a^{-1})^{-1} = a^{(-1)\times(-1)} = a^1 = a$

② $\sqrt[3]{a} \times \sqrt{a} \times \sqrt[6]{a} = a^{\frac{1}{3}} \times a^{\frac{1}{2}} \times a^{\frac{1}{6}} = a^{\frac{1}{3}+\frac{1}{2}+\frac{1}{6}} = a^1 = a$

③ $\sqrt{a \times \sqrt[3]{a}} = (a^1 \times a^{\frac{1}{3}})^{\frac{1}{2}} = (a^{1+\frac{1}{3}})^{\frac{1}{2}} = (a^{\frac{4}{3}})^{\frac{1}{2}} = a^{\frac{4}{3} \times \frac{1}{2}} = a^{\frac{2}{3}} = \sqrt[3]{a^2}$

問2（119ページ）

8年で2倍なので、1年で α 倍とすると、

$\alpha^8 = 2$　すなわち　$\alpha = 2^{\frac{1}{8}}$

これより、x 年後に y 倍になったとすると、

$y = \left(2^{\frac{1}{8}}\right)^x = 2^{\frac{x}{8}}$

と書ける。よって、

$x = 16$(年後)のときは、$y = 2^{\frac{16}{8}} = 2^2 = 4$(倍)

$x = 24$(年後)のときは、$y = 2^{\frac{24}{8}} = 2^3 = 8$(倍)

$x = 12$(年後)のときは、$y = 2^{\frac{12}{8}} = 2^{\frac{3}{2}} = (2^{\frac{1}{2}})^3 = (\sqrt{2})^3 = 2\sqrt{2}$　約 2.8(倍)

● 対数法則

問1（123ページ）

$\log_{10} 2^n = n \log_{10} 2$ の値を $n = 1$ から $n = 100$ まで計算してみたのが次の表である。最高位の数が9となるのは、$n = 63, 73, 83, 93$ の4つだけである。

n	$n \log 2$	整数部分	小数部分	桁	最高位の数	n	$n \log 2$	整数部分	小数部分	桁	最高位の数
1	0.3010	0	0.3010	1	2	51	15.3510	15	0.3510	16	2
2	0.6020	0	0.6020	1	4	52	15.6520	15	0.6520	16	4
3	0.9030	0	0.9030	1	8	53	15.9530	15	0.9530	16	8
4	1.2040	1	0.2040	2	1	54	16.2540	16	0.2540	17	1
5	1.5050	1	0.5050	2	3	55	16.5550	16	0.5550	17	3
6	1.8060	1	0.8060	2	6	56	16.8560	16	0.8560	17	7
7	2.1070	2	0.1070	3	1	57	17.1570	17	0.1570	18	1
8	2.4080	2	0.4080	3	2	58	17.4580	17	0.4580	18	2
9	2.7090	2	0.7090	3	5	59	17.7590	17	0.7590	18	5
10	3.0100	3	0.0100	4	1	60	18.0600	18	0.0600	19	1
11	3.3110	3	0.3110	4	2	61	18.3610	18	0.3610	19	2
12	3.6120	3	0.6120	4	4	62	18.6620	18	0.6620	19	4
13	3.9130	3	0.9130	4	8	63	18.9630	18	0.9630	19	9
14	4.2140	4	0.2140	5	1	64	19.2640	19	0.2640	20	1
15	4.5150	4	0.5150	5	3	65	19.5650	19	0.5650	20	3
16	4.8160	4	0.8160	5	6	66	19.8660	19	0.8660	20	7
17	5.1170	5	0.1170	6	1	67	20.1670	20	0.1670	21	1
18	5.4180	5	0.4180	6	2	68	20.4680	20	0.4680	21	2
19	5.7190	5	0.7190	6	5	69	20.7690	20	0.7690	21	5
20	6.0200	6	0.0200	7	1	70	21.0700	21	0.0700	22	1
21	6.3210	6	0.3210	7	2	71	21.3710	21	0.3710	22	2
22	6.6220	6	0.6220	7	4	72	21.6720	21	0.6720	22	4
23	6.9230	6	0.9230	7	8	73	21.9730	21	0.9730	22	9
24	7.2240	7	0.2240	8	1	74	22.2740	22	0.2740	23	1
25	7.5250	7	0.5250	8	3	75	22.5750	22	0.5750	23	3
26	7.8260	7	0.8260	8	6	76	22.8760	22	0.8760	23	7
27	8.1270	8	0.1270	9	1	77	23.1770	23	0.1770	24	1
28	8.4280	8	0.4280	9	2	78	23.4780	23	0.4780	24	3
29	8.7290	8	0.7290	9	5	79	23.7790	23	0.7790	24	6
30	9.0300	9	0.0300	10	1	80	24.0800	24	0.0800	25	1
31	9.3310	9	0.3310	10	2	81	24.3810	24	0.3810	25	2
32	9.6320	9	0.6320	10	4	82	24.6820	24	0.6820	25	4
33	9.9330	9	0.9330	10	8	83	24.9830	24	0.9830	25	9
34	10.2340	10	0.2340	11	1	84	25.2840	25	0.2840	26	1
35	10.5350	10	0.5350	11	3	85	25.5850	25	0.5850	26	4
36	10.8360	10	0.8360	11	6	86	25.8860	25	0.8860	26	7
37	11.1370	11	0.1370	12	1	87	26.1870	26	0.1870	27	1
38	11.4380	11	0.4380	12	2	88	26.4880	26	0.4880	27	3
39	11.7390	11	0.7390	12	5	89	26.7890	26	0.7890	27	6
40	12.0400	12	0.0400	13	1	90	27.0900	27	0.0900	28	1
41	12.3410	12	0.3410	13	2	91	27.3910	27	0.3910	28	2
42	12.6420	12	0.6420	13	4	92	27.6920	27	0.6920	28	4
43	12.9430	12	0.9430	13	8	93	27.9930	27	0.9930	28	9
44	13.2440	13	0.2440	14	1	94	28.2940	28	0.2940	29	1
45	13.5450	13	0.5450	14	3	95	28.5950	28	0.5950	29	3
46	13.8460	13	0.8460	14	7	96	28.8960	28	0.8960	29	7
47	14.1470	14	0.1470	15	1	97	29.1970	29	0.1970	30	1
48	14.4480	14	0.4480	15	2	98	29.4980	29	0.4980	30	3
49	14.7490	14	0.7490	15	5	99	29.7990	29	0.7990	30	6
50	15.0500	15	0.0500	16	1	100	30.1000	30	0.1000	31	1

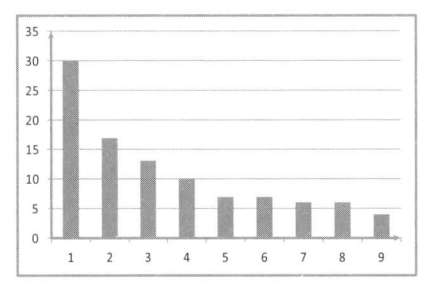

2^n の最高位の数に $1 \sim 9$ が現れる頻度を調べると，$n = 100$ までの場合は上のようになっている．

(3) エクスカーション

● 整数論的関数

問1（128 ページ）

(1) 与えられた実数を x とすると求める関数は $f(x) = \dfrac{[10x]}{10}$ と書ける．

例えば，$f(3.16) = \dfrac{[10 \times 3.16]}{10} = \dfrac{[31.6]}{10} = \dfrac{31}{10} = 3.1$ となる．

(2) ① 自然数 n が素数とすると，約数は 1 と n のみであり，$S(n) = n + 1$ となる．逆に，$S(n) = n + 1$ とすると，この自然数 n は約数 1 と n しか持てないので素数である．よって，

$$n \text{ が素数} \iff S(n) = n + 1$$

② 自然数 p が素数とすると，p^2 の約数は 1, p, p^2 の 3 個であり，$T(p^2) = 3$ となる．逆に，$T(n) = 3$ とすると，(1) から n は素数ではなく，$n = a \times b (a, b > 1)$ と表せる．もし $a \neq b$ なら n は 1, a, b, n という 4 つの約数をもつので $a = b$ でなければならない．またその a が素数でなければ，やはり $T(n) > 3$ になってしまう．したがって $n = p^2$ で，p は素数でなければならない．よって，

$$n = p^2 (p \text{ が素数}) \iff T(n) = 3$$

第4章 座標

(2) 図形と方程式

● 直線と円

問 1 (137 ページ)

垂直な直線は $-3x - 2y = c$ と書ける。点 $(2, -3)$ を通るので、$c = 0$。よって、$3x + 2y = 0$ となる。

問 2 (138 ページ)

$$h = \frac{15}{\sqrt{3^2 + 4^2}} = 3$$

問 3 (139 ページ)

距離は $\dfrac{|3 \cdot (-3) + 4 \cdot (-2) - 15|}{\sqrt{3^2 + 4^2}} = \dfrac{32}{5}$

問 4 (140 ページ)

$x^2 + 4x + 4 + y^2 - 2y + 1 = 4$ から、$(x+2)^2 + (y-1)^2 = 2^2$ と変形。よって、中心は $(-2, 1)$ で半径は 2。

問 5 (140 ページ)

$-4x + 3y = 25$

(3) 不等式

● 1 元不等式

問 1 (148 ページ)

(1) 2次不等式なので $a \neq 0$ と考えてよい。
$ax^2 + bx + c > 0$ が「解なし」となるためには、$y = ax^2 + bx + c$ のグラフが図のようになっていればよい。

　　つまり、グラフが上に凸で、x 軸と交わらなければよい。

よって，a, b, c が，$a < 0$ かつ $b^2 - 4ac < 0$ という条件をみたせばよい．

(2) 3次関数 $y = x(x-1)(x-2)$ は図のような曲線であることから
$x(x-1)(x-2) < 0$ の解は，
$x < 0$, $1 < x < 2$

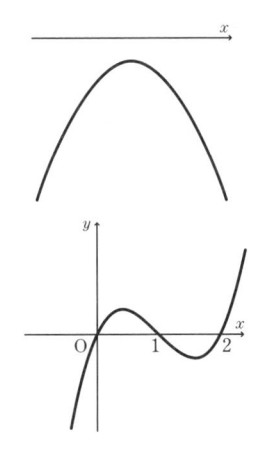

● 2元不等式

問1（153ページ）

(1) 境界は，$f(x) = xy(x+y-1) = 0$
すなわち，直線 $x = 0$、または $y = 0$、または $x + y - 1 = 0$
これより、平面全体は図のように7つの領域に分割される。
$f(1, 1) = 1 \times 1 \times (1 + 1 - 1) = 1 > 0$
より、点 $(1, 1)$ を含む領域は正領域。
同様にして、図の斜線部が求める正領域である。ただし、境界は含まない。

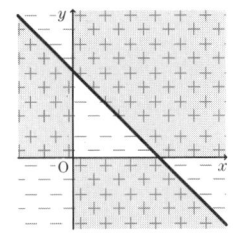

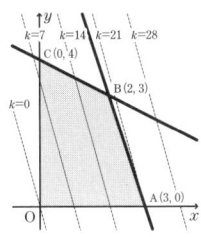

(2) $7x + 2y = k$ とおき，$y = -\dfrac{7}{2}x + \dfrac{k}{2}$ とする。

図のように高さ k の等高線は、傾き $-\dfrac{7}{2}$ の直線の群れになる。すると、A$(3, 0)$ を通る等高線が最大値を与えることがわかる。よって、
$x = 3$, $y = 0$ のとき、最大値 $k = 7 \times 3 + 2 \times 0 = 21$

(4) エクスカーション

● 座標変換

問 1（158 ページ）

$y = \sin x \cdots$ ①

x 軸方向に $\dfrac{1}{2}$ 倍に縮小するので、$X = \dfrac{x}{2}$

y 軸方向に 2 倍に縮小するので、$Y = 2y$

よって、

$x = 2X,\ y = \dfrac{Y}{2} \cdots$ ②

①に代入して、

$\dfrac{Y}{2} = \sin 2X$　すなわち　$Y = 2 \sin 2X$

したがって、求める曲線の方程式は

$y = 2 \sin 2x$

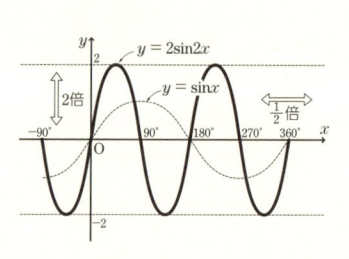

第 5 章　数列

(1) 数列

● 等差数列・等比数列

問 1（161 ページ）

①初項 -5、公差 5 だから、$a_{101} = -5 + (101 - 1)5 = 495$

$a_n = -5 + (n - 1)5 = 5n - 10$

②初項 8、公差 -3 だから、$a_{101} = 8 + (101 - 1) \cdot (-3) = -292$

$a_n = 8 + (n - 1) \cdot (-3) = -3n + 11$

③初項 50、公差 1 だから、$a_{101} = 50 + (101 - 1) \cdot 1 = 150$

$a_n = 50 + (n - 1) \cdot 1 = n + 49$

問2（163ページ）

① $S_{101} = \dfrac{101(-5+495)}{2} = 24745$、$S_n = \dfrac{n(5n-15)}{2}$

② $S_{101} = \dfrac{101(8-292)}{2} = -14342$、$S_n = \dfrac{n(-3n+19)}{2}$

③ $S_{101} = \dfrac{101(50+150)}{2} = 10100$、$S_n = \dfrac{n(n+99)}{2}$

問3（164ページ）

$0.3 \times 2^{23} = 2516582.4\,(\mathrm{mm})$ となる。これは約 2517m になる。しかし実際には厚さがタテ‐ヨコより大きくなってしまうので、実行不可能。

問4（165ページ）

①初項 3、公比 2 だから $3\dfrac{2^{10}-1}{2-1} = 3069$

②初項 1、公比 $\dfrac{1}{3}$ だから $\dfrac{1-\left(\dfrac{1}{3}\right)^{11}}{1-\dfrac{1}{3}} = \dfrac{3-\left(\dfrac{1}{3}\right)^{10}}{2}$

③初項 8、公比 -3 だから $8\dfrac{1-(-3)^{10}}{1-(-3)} = -118096$

問5（165ページ）

給料の総額 $= \dfrac{2^{36}-1}{2-1} = 68719476735$ で 680 億円を超える。

(2) いろいろな数列とその和

● Σ記号とn乗和

問1（170ページ）

$\displaystyle\sum_{k=1}^{n} k^4 = \dfrac{1}{30}n(n+1)(2n+1)(3n^2+3n-1)$

問2（170ページ）

① $\dfrac{1}{3}n(n+1)(n+2)$　　② $\dfrac{1}{3}n(2n-1)(2n+1)$

(3) 漸化式

● 漸化式

問1（175 ページ）

n 枚の円板を他のバーに移動する最短手数を a_n とする。
次のように考える。

① 一番下の円板を除いた $n-1$ 枚の円板を A のバーから B のバーに移動する。移動手数は a_{n-1} である。

② 次に、一番下にあった円板を A のバーから C のバーに移動する。移動手数は 1 手である。

③ B にある $n-1$ 枚の円板を B のバーから C のバーに移動する。移動手数は a_{n-1} である。

①②③で n 枚の円板は A から C のバーに移された。

これを漸化式で書くと、$a_n = a_{n-1} + 1 + a_{n-1} = 2a_{n-1} + 1 \quad (a_1 = 1)$
この漸化式は $a_n + 1 = 2(a_{n-1} + 1)$ と変形できるので、$\{a_n + 1\}$ は初項 2、公比 2 の等比数列であることがわかる。よって、$a_n = 2^n - 1$

(4) 数列の極限

● 無限級数

問1（180 ページ）

① $\displaystyle\lim_{n\to\infty} \frac{2^n}{3^n - 2^n} = \lim_{n\to\infty} \frac{\left(\frac{2}{3}\right)^n}{1 - \left(\frac{2}{3}\right)^n} = \frac{0}{1-0} = 0$

② $\displaystyle\lim_{n\to\infty} \frac{3^n - 2^n}{3^n + 2^n} = \lim_{n\to\infty} \frac{1 - \left(\frac{2}{3}\right)^n}{1 + \left(\frac{2}{3}\right)^n} = \frac{1-0}{1+0} = 1$

（注意）式変形をしないで極限をとると、$\dfrac{\infty}{\infty - \infty}$, $\dfrac{\infty - \infty}{\infty + \infty}$ となって値が求められなくなる。

問 2（180 ページ）

図をじっと眺めて納得してください。

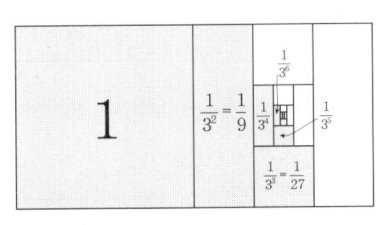

問 3（180 ページ）

銀行の預金通貨は、銀行と企業の間を往復しながら、次のように増えていく。

① 10（億円）

② $10 + 10 \times 0.9 = 19$（億円）

③ $10 + 10 \times 0.9 + 10 \times 0.9^2 = 27.1$（億円）

よって、次の無限等比級数の和を求めればよい。

$$S = 10 + 10 \times 0.9 + 10 \times 0.9^2 + 10 \times 0.9^3 + \cdots$$

この級数は、公比が 0.9 なので収束し、その和は

$S = \dfrac{10}{1 - 0.9} = \dfrac{10}{0.1} = 100$（億円）

となる。

第 6 章　微積分

(1) 微積分の発明

● 微分学への道・積分学への道

問 1（192 ページ）

$$S = 1 + \frac{1}{4} + \frac{1}{16} + \frac{1}{64} + \cdots = 1 + \frac{1}{4} + \left(\frac{1}{4}\right)^2 + \left(\frac{1}{4}\right)^3 + \cdots$$

この級数は、公比が $\dfrac{1}{4}$ であるので収束し、その和は

$S = \dfrac{1}{1 - \dfrac{1}{4}} = \dfrac{4}{3}$

(2) 微分法の展開

●微分を手作業で

問1 (199 ページ)

2 次関数のグラフになります。

問2 (201 ページ)

$y = \cos x$ のグラフになります。

問3 (201 ページ)

この指数関数は $y = e^x$ なので、同じ曲線が出てきます。

●いろいろな微分法

問1 (205 ページ)

(1) $y = x^3 - 4x^2 - x + 2$

$y' = (x^3)' - 4(x^2)' - (x)' + (2)' = 3x^2 - 8x - 1$

(2) $y = (3x - 2)^4$

$u = 3x - 2$ とすると $y = u^4$

$\dfrac{dy}{dx} = \dfrac{dy}{du} \cdot \dfrac{du}{dx} = 4u^3 \cdot 3 = 12u^3 = 12(3x-2)^3$

(3) $y = \sin^2 x - 2\sin x + 1$

$u = \sin x$ とすると $y = u^2 - 2u + 1$

$\dfrac{dy}{dx} = \dfrac{dy}{du} \cdot \dfrac{du}{dx} = (2u - 2) \cdot \cos x = 2(\sin x - 1)\cos x$

(4) $y = e^x \sin x$

$y' = (e^x)' \sin x + e^x (\sin x)' = e^x \sin x + e^x \cos x = e^x (\sin x + \cos x)$

(5) $y = \tan x = \dfrac{\sin x}{\cos x}$

$y' = \dfrac{(\sin x)' \cos x - \sin x (\cos x)'}{\cos^2 x} = \dfrac{\cos^2 x + \sin^2 x}{\cos^2 x} = \dfrac{1}{\cos^2 x}$

(4) 関数のべき展開

● 関数のべき展開

問1（214ページ）

$f(x) = x^3 - 6x^2 + 11x - 3$

(1) 組立除法で右のように $x-1$ で次々わって求める。

$f(x) = (x-1)^3 - 3(x-1)^2 + 2(x-1) + 3$

```
1 | 1,  -6, 11,  -3
      1,  -5,   6
  1 | 1,  -5,  6,    | 3
        1,  -4
    1 | 1,  -4,    | 2
          1
      1, | -3
```

(2) $x=1$ における1次近似関数は、

$y = 2(x-1) + 3$

$x=1$ における2次近似関数は、

$y = -3(x-1)^2 + 2(x-1) + 3$

● テーラー展開と近似値

問1（218ページ）

$f'(x) = -42 + 102x - 51x^2 + 8x^3$

$f''(x) = 102 - 102x + 24x^2$

$f'''(x) = -102 + 48x$

$f^{(4)}(x) = 48$

$f(2) = 17$

$f'(2) = 22$

$f''(2) = -6$

$f'''(2) = -6$

$f^{(4)}(2) = 48$

より、

$$f(x) = 17 + 22(x-2) - 3(x-2)^2 - (x-2)^3 + 2(x-2)^4$$

問2（219ページ）
$$\cos x = 1 - \frac{x^2}{2!} + \frac{x^4}{4!} - \frac{x^6}{6!} + \frac{x^8}{8!} - \frac{x^{10}}{10!} + \cdots$$

問3（219ページ）
略

(5) 積分法の展開

●定積分

問1（223ページ）

グラフを描くと $\int_0^b 1 dx$ は長方形の面積だから $\int_0^b 1 dx = b$、$\int_0^b x dx$ は正方形の半分の面積だから、$\int_0^b x dx = \dfrac{b^2}{2}$

問2（223ページ）
略

●微積分学の基本定理

問1（229ページ）

$A = \int_0^2 (4-x^2)\,dx = \left[4x - \dfrac{1}{3}x^3\right]_0^2 = 8 - \dfrac{8}{3} = \dfrac{16}{3}$

$B = \int_{-2}^0 \{4-(-x+2)\}\,dx = \left[2x + \dfrac{1}{2}x^2\right]_{-2}^0 = 2$

$C = \int_{-1}^0 (x+2-x^2)\,dx = \left[\dfrac{1}{2}x^2 + 2x - \dfrac{1}{3}x^3\right]_{-1}^0 = \dfrac{7}{6}$

よって、求める面積は、$A + B + C = \dfrac{32+12+7}{6} = \dfrac{17}{2}$

ところで、このようにいくつかの曲線で囲まれた閉じた図形を閉曲線という。この場合、図形の内部を右に見ながら曲線に沿ってぐるっと一周まわるように積分していっても面積は求められる。

$$S = \int_0^{-1} x^2 dx + \int_{-1}^0 (x+2)\,dx + \int_0^{-2}(-x+2)\,dx + \int_{-2}^2 4dx + \int_2^0 x^2 dx = \frac{17}{2}$$

● 積分の計算

問 1 （233 ページ）

① 1　　② 0　　③ -2

問 2 （234 ページ）

$\dfrac{999}{1000}$

問 3 （234 ページ）

① 1　　② 4　　③ 100

● いろいろな積分法

問 1 （239 ページ）

(1) $I = \int_0^{\frac{\pi}{2}} \cos^3 x \sin x \, dx$ とおく。

$u = \cos x$ とすると

$\dfrac{du}{dx} = -\sin x$　すなわち　$dx = -\dfrac{du}{\sin x}$

x	0	→	$\dfrac{\pi}{2}$
u	1	→	0

$I = \int_1^0 u^3 \sin x \cdot \left(-\dfrac{du}{\sin x}\right) = \int_1^0 (-u^3\,du) = \int_0^1 u^3 du$

$= \left[\dfrac{u^4}{4}\right]_0^1 = \dfrac{1}{4} - 0 = \dfrac{1}{4}$

(2) $\int_1^2 x \log_e x\, dx$

$f'(x) = x,\ g(x) = \log_e x$

$f(x) = \dfrac{x^2}{2},\ g'(x) = \dfrac{1}{x}$

$$= \left[\frac{x^2}{2}\log_e x\right]_1^2 - \int_1^2 \frac{x^2}{2} \cdot \frac{1}{x} dx$$

$$= \left[\frac{x^2}{2}\log_e x\right]_1^2 - \int_1^2 \frac{x}{2} dx = \left[\frac{x^2}{2}\log_e x\right]_1^2 - \left[\frac{x^2}{4}\right]_1^2$$

$$= (2\log_e 2 - 0) - \left(1 - \frac{1}{4}\right) = 2\log_e 2 - \frac{3}{4}$$

(7) エクスカーション

● 微分方程式

問1 (249 ページ)

(1) $x = (v_0 \cos\theta) t,\ y = -\frac{1}{2}gt^2 + (v_0 \sin\theta) t$

ボールが再び地面に戻る時刻は、上の式で $y=0$ として

$$t = \frac{2v_0 \sin\theta}{g}$$

この半分の時刻 $t = \dfrac{v_0 \sin\theta}{g}$ のときボールは最高点にあるので、

$$y = -\frac{1}{2}g\left(\frac{v_0 \sin\theta}{g}\right)^2 + v_0 \sin\theta \cdot \frac{v_0 \sin\theta}{g} = -\frac{v_0^2 \sin^2\theta}{2g} + \frac{v_0^2 \sin^2\theta}{g} = \frac{v_0^2 \sin^2\theta}{2g}$$

(2) 発射角が ϕ のときの、到達距離は、

$$x_1 = \frac{v_0^2 \sin 2\phi}{g}$$

また、発射角が、$90°-\phi$ のときの、到達距離は、

$$x_2 = \frac{v_0^2 \sin 2(90°-\phi)}{g}$$

$$= \frac{v_0^2 \sin(180°-2\phi)}{g} = \frac{v_0^2 \sin 2\phi}{g}$$

であるので $x_1 = x_2$ となる。すなわち、同じ初速で、発射角 ϕ と発射角 $90°-\phi$ で飛ばしたボールは同一地点に落ちることがわかる。

第7章　線形代数

(1) ベクトルの発見

● 数ベクトル・矢線ベクトル

問1（256ページ）

① $|\vec{a}| = 2\sqrt{2}$，$|\vec{b}| = \sqrt{2}$ となるので，$\cos\theta = \dfrac{\vec{a}\cdot\vec{b}}{|\vec{a}||\vec{b}|} = \dfrac{2}{4} = \dfrac{1}{2}$ である。

よって $\theta = 60°$

② $|\vec{a}| = \sqrt{14}$，$|\vec{b}| = \sqrt{14}$ となるので，$\cos\theta = \dfrac{\vec{a}\cdot\vec{b}}{|\vec{a}||\vec{b}|} = \dfrac{-7}{14} = -\dfrac{1}{2}$ である。よって $\theta = 120°$

(2) ベクトルと幾何

● 1次独立

問1（261ページ）

$\overrightarrow{OI} = \dfrac{1}{2}\vec{a}$，$\overrightarrow{OJ} = \dfrac{1}{3}\vec{b}$，$\overrightarrow{OR} = x\vec{a} + y\vec{b}$ とすると、

$AJ : x + 3y = 1 \cdots$①

$BI : 2x + y = 1 \cdots$②

①、②を連立して解いて

$x = \dfrac{2}{5}$，$y = \dfrac{1}{5}$

よって、

$\overrightarrow{OR} = \dfrac{2}{5}\vec{a} + \dfrac{1}{5}\vec{b}$

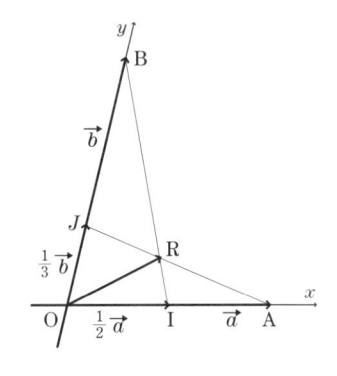

(3) 行列

● 行列・連立方程式

問1（268ページ）

① $\begin{pmatrix} 4 & 4 \\ 10 & 12 \end{pmatrix}$　② $\begin{pmatrix} 1 & 0 \\ 0 & 1 \end{pmatrix}$　③ $\begin{pmatrix} 1 & 2 & 3 & 4 \\ 7 & 6 & 5 & 4 \\ 1 & 1 & 1 & 1 \end{pmatrix}$

問2（270ページ）

① 連立方程式は、$\begin{pmatrix} 1 & 3 \\ 2 & 1 \end{pmatrix}\begin{pmatrix} x \\ y \end{pmatrix} = \begin{pmatrix} 2 \\ 1 \end{pmatrix}$ と書ける。$A = \begin{pmatrix} 1 & 3 \\ 2 & 1 \end{pmatrix}$ の逆行列は $A^{-1} = \dfrac{-1}{5}\begin{pmatrix} 1 & -3 \\ -2 & 1 \end{pmatrix}$ なので、$\begin{pmatrix} x \\ y \end{pmatrix} = \dfrac{-1}{5}\begin{pmatrix} 1 & -3 \\ -2 & 1 \end{pmatrix}\begin{pmatrix} 2 \\ 1 \end{pmatrix} = \begin{pmatrix} \frac{1}{5} \\ \frac{3}{5} \end{pmatrix}$。

よって、$x = \dfrac{1}{5},\ y = \dfrac{3}{5}$

② 連立方程式は、$\begin{pmatrix} 1 & 2 \\ 3 & 5 \end{pmatrix}\begin{pmatrix} x \\ y \end{pmatrix} = \begin{pmatrix} 4 \\ 11 \end{pmatrix}$ と書ける。$A = \begin{pmatrix} 1 & 2 \\ 3 & 5 \end{pmatrix}$ の逆行列は $A^{-1} = \begin{pmatrix} -5 & 2 \\ 3 & -1 \end{pmatrix}$ なので、$\begin{pmatrix} x \\ y \end{pmatrix} = \begin{pmatrix} -5 & 2 \\ 3 & -1 \end{pmatrix}\begin{pmatrix} 4 \\ 11 \end{pmatrix} = \begin{pmatrix} 2 \\ 1 \end{pmatrix}$。よって、$x = 2,\ y = 1$

問3（270ページ）

① $A = \begin{pmatrix} 1 & 3 \\ 3 & 9 \end{pmatrix}$ は $ad - bc = 0$ なので逆行列はない。下の式を3でわると $\begin{cases} x + 3y = 2 \\ x + 3y = 4 \end{cases}$ となり、2つの直線で考えると、平行で交点はないので、解はない。

② ①と同様に逆行列はない。下の式を3でわると $\begin{cases} x + 3y = 4 \\ x + 3y = 4 \end{cases}$ となり、2つの直線は、重なってしまう。よって、$x + 3y = 4$ を満たす x、y がすべて解である。

(4) 1次変換

- **1次変換で遊ぼう**

  問1 （276ページ）

  $u + vi = (x + iy)(a + bi)$ とおくと

  $u + vi (ax - by) + (bx + ay)i$ より

  $\begin{cases} u = ax - by \\ v = bx + ay \end{cases}$ これを行列を用いて表せば

  $\begin{pmatrix} u \\ v \end{pmatrix} = \begin{pmatrix} a & -b \\ b & a \end{pmatrix} \begin{pmatrix} x \\ y \end{pmatrix}$ よって $\begin{pmatrix} a & -b \\ b & a \end{pmatrix}$ という

  行列をかけることに対応している。

  ところで、$a + bi = \sqrt{a^2+b^2} \left(\dfrac{a}{\sqrt{a^2+b^2}} + \dfrac{b}{\sqrt{a^2+b^2}} i \right)$ と変形すると、

  これは、原点を相似の中心とした、$\sqrt{a^2+b^2}$ の拡大縮小（相似変換）と、原点のまわり

  θ （θ は $\cos\theta = \dfrac{a}{\sqrt{a^2+b^2}}$, $\sin\theta = \dfrac{b}{\sqrt{a^2+b^2}}$ を満たす角）の回転の合成

  なので、これを1次変換で書くと、

  $\begin{pmatrix} \cos\theta & -\sin\theta \\ \sin\theta & \cos\theta \end{pmatrix} \begin{pmatrix} \sqrt{a^2+b^2} & 0 \\ 0 & \sqrt{a^2+b^2} \end{pmatrix}$

  $= \begin{pmatrix} \dfrac{a}{\sqrt{a^2+b^2}} & -\dfrac{b}{\sqrt{a^2+b^2}} \\ \dfrac{b}{\sqrt{a^2+b^2}} & \dfrac{a}{\sqrt{a^2+b^2}} \end{pmatrix} \begin{pmatrix} \sqrt{a^2+b^2} & 0 \\ 0 & \sqrt{a^2+b^2} \end{pmatrix} = \begin{pmatrix} a & -b \\ b & a \end{pmatrix}$ 1.5

(5) エクスカーション

● 変換と幾何学

問 1（280 ページ）

図のような 30°、60°、90° の直角三角形の 3 辺の比は、

$$2 : 1 : \sqrt{3}$$

である。

正三角形 ABC において、BC, CA の中点をそれぞれ D, E とする。また、AD と BE の交点を G とする。中線 AD, BE は、垂直 2 等分線かつ頂角の 2 等分線である。よって、

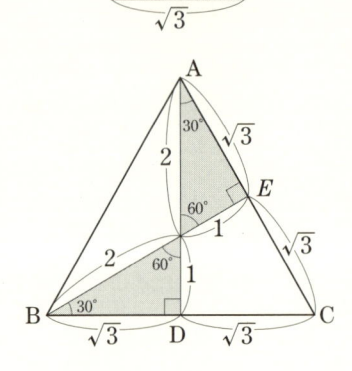

$$AE = BD = \sqrt{3}, \ EG = DG = 1, \ AG = BG = 2$$

であるので、

$$AG : GD = 2 : 1$$

△ABC は、アファイン変換で任意の三角形に変換でき、線分の比は変わらないので、一般の三角形についても同じ関係が成り立つ。

第8章　統計・確率

(1) 統計

● 代表値

問1（286 ページ）

度数分布表より、平均は、次のように計算する。

$$\frac{2.5 \times 56 + 7.5 \times 10 + 12.5 \times 3 + 17.5 \times 2 + 22.5 \times 1 + 27.5 \times 8 + 32.5 \times 20}{100} = 11.8(年)$$

モードは、最多度数の区間の階級値であるので、2.5（年）

メジアンは、総度数を半分にする値なので、0 年以上 5 年未満の区間の度数 56 を 50 : 6 = 25 : 3 に内分する値を求めればよい。すなわち、$\dfrac{3 \times 0 + 25 \times 5}{25 + 3} ≒ 4.5$（年）となる。

● ちらばり具合

問1（289 ページ）

表を完成させてイトウ君の重さの 2 乗の和を求めると 138072 になるので、
$V_{イト} = (2 乗の平均) - (平均)^2 = \dfrac{138072}{30} - 67.8^2 = 5.56$ となる。

問2（291 ページ）

44 人の学生に「テープの 10cm 切り」をしてもらったら、個々人の平均、分散は大いに違い、千差万別だった。しかし、全員分を集めたら、キレイな山型分布になり、平均はほぼ 10cm になった。下の表がその結果。

人数	総本数	平均(cm)	かたより(cm)	標準偏差
44	2356	10.13	0.132	1.65

(2) 確率

● サイコロに記憶力なし〜確率って何〜

問1（297ページ）

略

問2（299ページ）

厚紙で20mm × 20mm × 30mmのサイドタをたくさん作り、学生に実験してもらった結果が下記です。

厚紙で作った20mm×20mm×30mm
サイドタの各目の相対度数
（15600回中）

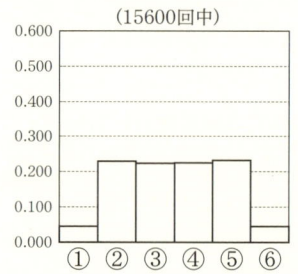

	①	②	③	④	⑤	⑥	計
合計	708	3581	3489	3507	3616	699	15600
相対度数	0.045	0.230	0.224	0.225	0.232	0.045	1.000

● 確率の計算

問1（300ページ）

略

問2（302ページ）

表計算ソフトExcelはいろいろ機能があります。使いやすいかどうかは、人によって評価が分かれます。

問3（304ページ）

筆者の経験では、2人目に引きたいという人が圧倒的に多かった。

問4（305ページ）

＜1＞のくじの場合、2人以上当たることもあるが、誰も当たらないこともある。＜2＞のくじの場合は2人しか当たらないが、必ず2人は当たる。

● ベイズの定理

問1（310ページ）

(1) 無罪判定の中に本当は有罪の人がどれだけ発生するか。
$$P_{\bar{s}}(K) = \frac{0.8 \times 0.2}{0.8 \times 0.2 + 0.2 \times 0.8} = \frac{0.16}{0.32} = 0.5$$

つまり、50%と見積もれる。

(2) 無罪判定の中に本当は有罪の人がどれだけ発生するか。検察のジャッジの精度が80%のままで、裁判所のジャッジの精度が0.9に上がると。

$$P_{\bar{s}}(K) = \frac{0.8 \times 0.1}{0.8 \times 0.1 + 0.2 \times 0.9} = \frac{0.08}{0.26} = 0.307\cdots$$

つまり、30%と見積もれる。
だいぶ改善される。

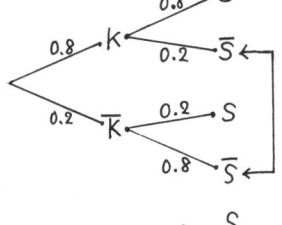

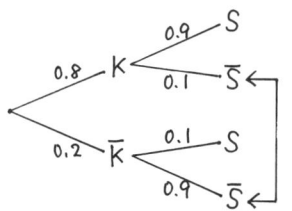

(4) 期待値

● 期待値と分散

問1（319ページ）

① 信心に賭けた場合

X(兆円)	1	0	計
P(確率)	0.001	0.999	1

期待値 $E_1 = -1 \times 0.001 + 0 \times 0.999 = 0.001$　すなわち　10億円

② 不信心に賭けた場合

X(兆円)	−1	0	計
P(確率)	0.001	0.999	1

期待値 $E_2 = -1 \times 0.001 + 0 \times 0.999 = -0.001$　すなわち -10 億円

$E_1 > E_2$ より、信心に賭けた方が(断然)得である。ただし、これは「仮定がすべて正しい」としての話なので、結論自体が数学的に正しいわけではない。

問2（319 ページ）

① 100 円硬貨を 1 枚投げた場合

X(円)	100	0	計
P(確率)	$\frac{1}{2}$	$\frac{1}{2}$	1

期待値 $E_1 = 100 \times \frac{1}{2} + 0 \times \frac{1}{2} = 50$ (円)

分散 $V_1 = (100 - 50)^2 \times \frac{1}{2} + (0 - 50)^2 \times \frac{1}{2} = 2500$

② 100 円硬貨を 3 枚投げた場合

X(円)	300	200	100	0	計
P(確率)	$\frac{1}{8}$	$\frac{3}{8}$	$\frac{3}{8}$	$\frac{1}{8}$	1

期待値 $E_2 = 300 \times \frac{1}{8} + 200 \times \frac{3}{8} + 100 \times \frac{3}{8} + 0 \times \frac{1}{8} = 150$ (円)

分散 $V_2 = (300 - 150)^2 \times \frac{1}{8} + (200 - 150)^2 \times \frac{3}{8} + (100 - 150)^2 \times \frac{3}{8}$
$\qquad + (0 - 150)^2 \times \frac{1}{8} = 7500$ (円)

第9章 数学と論証

(1) 論理と証明

● 論理

問1（325ページ）

ルールは「50以上の数字⇒合格」なので、「68」を裏返して、「合格」と書かれているか確かめることが必要である。

また、「50以上の数字⇒合格」の対偶は「不合格⇒50未満」なので、「不合格」のカードを裏返して50未満の数が書かれていることを確かめなければならない。「50以上の数字⇒合格」の逆である「合格⇒50以上の数字」や、その対偶「50未満の数⇒不合格」は必ずしも真ではないので、「合格」や「45」の裏は確かめなくてもよい。

問2（325ページ）

(1) A君は、B君の帽子の色が白であるのを見て、もし自分が白ならば、少なくとも1つは赤い帽子であることに反するので、自分の帽子の色は赤であると判断した。

(2) (1)を経験したA君は次のように思った。
「自分の帽子が白である⇒B君は手をあげる」は正しい。
するとその対偶
「B君は手をあげない⇒自分の帽子は白ではない」も正しい。
さて、今B君は手をあげない。ならば自分の帽子は赤である。
B君もA君と同じように考えたので、2人は自分の帽子が赤であることを確信して同時に手をあげた。

● 背理法と数学的帰納法

問1（330ページ）

(1) $1 + 2 + 2^2 + 2^3 + \cdots + 2^{n-1} = 2^n - 1$

(証明)

(Ⅰ) $n=1$ のとき、(左辺) $=1$、(右辺) $=2^1-1=1$

より (左辺) $=$ (右辺)

(Ⅱ) $n=k$ のとき成立したと仮定すると、

$$1+2+2^2+\cdots+2^{k-1}=2^k-1\cdots①$$

これを使って $n=k+1$ のとき成立することを示す。

①の両辺に 2^k を加えると

$$1+2+2^2+\cdots+2^{k-1}+2^k=2^k-1+2^k$$
$$=2\cdot 2^k-1$$
$$=2^{k+1}-1$$

よって、$n=k+1$ のときも成立する。

(Ⅰ)、(Ⅱ)より、すべての自然数 n について成立する。

(2)

(証明) n を自然数とすると、$n^3+(n+1)^3+(n+2)^3$ は9の倍数であることを示す。

(Ⅰ) $n=1$ のとき、$1^3+2^3+3^3=36=9\cdot 4$ は、9の倍数である。

(Ⅱ) $n=k$ のとき成立すると仮定すると、

$$k^3+(k+1)^3+(k+2)^3=9m\ (m\text{ は自然数})\cdots①$$

これを使って $n=k+1$ のとき成立することを示す。

①の両辺に $(k+3)^3$ をたすと

$$k^3+(k+1)^3+(k+2)^3+(k+3)^3=9m+(k+3)^3$$

移項して整理する

$$(k+1)^3+(k+2)^3+(k+3)^3=9m+(k+3)^3-k^3$$
$$=9m+k^3+9k^2+27k+27-k^3$$
$$=9m+9k^2+27k+27$$
$$=9m(m+k^2+3k+3)$$

$m+k^2+3k+3$ が自然数なので、この数は9の倍数である。

よって $n=k+1$ のときも成立する。

（Ⅰ）、（Ⅱ）により、すべての自然数 n について成立する。

(2) 公理と定理

● 幾何の公理と定理

問1（335ページ）

吹奏楽部の部員を「点」、演奏する曲を「直線」と置き換え次のような幾何の問題に置き換えてみる。

① すべての点は2つの直線上にある（どの部員も2曲担当する）。

② 1つの点は3つ以上の直線上にない（3曲以上担当しない）。

③ どの2直線も交点はただ1つある（どの2曲にも共通の担当者が1人いる）。

④ 直線は4本である（演奏する曲は全部で4曲である）。

⑤ 点の数は6個である（部員は全員で6人である）。

①～⑤を満たすように作図すると、下のようになる。

その結果、例えば

曲1：ABC　曲2：ADE　曲3：BEF　曲4：CDF

と決めれば公平な組分けと考えることができる。

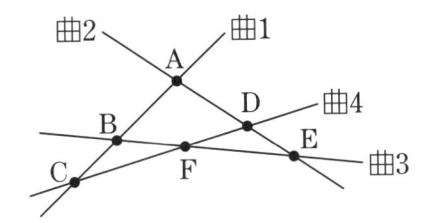

三角比の表 (三角関数表)

角	sin	cos	tan	角	sin	cos	tan
0°	0.0000	1.0000	0.0000	45°	0.7071	0.7071	1.0000
1°	0.0175	0.9998	0.0175	46°	0.7193	0.6947	1.0355
2°	0.0349	0.9994	0.0349	47°	0.7314	0.6820	1.0724
3°	0.0523	0.9986	0.0524	48°	0.7431	0.6691	1.1106
4°	0.0698	0.9976	0.0699	49°	0.7547	0.6561	1.1504
5°	0.0872	0.9962	0.0875	50°	0.7660	0.6428	1.1918
6°	0.1045	0.9945	0.1051	51°	0.7771	0.6293	1.2349
7°	0.1219	0.9925	0.1228	52°	0.7880	0.6157	1.2799
8°	0.1392	0.9903	0.1405	53°	0.7986	0.6018	1.3270
9°	0.1564	0.9877	0.1584	54°	0.8090	0.5878	1.3764
10°	0.1736	0.9848	0.1763	55°	0.8192	0.5736	1.4281
11°	0.1908	0.9816	0.1944	56°	0.8290	0.5592	1.4826
12°	0.2079	0.9781	0.2126	57°	0.8387	0.5446	1.5399
13°	0.2250	0.9744	0.2309	58°	0.8480	0.5299	1.6003
14°	0.2419	0.9703	0.2493	59°	0.8572	0.5150	1.6643
15°	0.2588	0.9659	0.2679	60°	0.8660	0.5000	1.7321
16°	0.2756	0.9613	0.2867	61°	0.8746	0.4848	1.8040
17°	0.2924	0.9563	0.3057	62°	0.8829	0.4695	1.8807
18°	0.3090	0.9511	0.3249	63°	0.8910	0.4540	1.9626
19°	0.3256	0.9455	0.3443	64°	0.8988	0.4384	2.0503
20°	0.3420	0.9397	0.3640	65°	0.9063	0.4226	2.1445
21°	0.3584	0.9336	0.3839	66°	0.9135	0.4067	2.2460
22°	0.3746	0.9272	0.4040	67°	0.9205	0.3907	2.3559
23°	0.3907	0.9205	0.4245	68°	0.9272	0.3746	2.4751
24°	0.4067	0.9135	0.4452	69°	0.9336	0.3584	2.6051
25°	0.4226	0.9063	0.4663	70°	0.9397	0.3420	2.7475
26°	0.4384	0.8988	0.4877	71°	0.9455	0.3256	2.9042
27°	0.4540	0.8910	0.5095	72°	0.9511	0.3090	3.0777
28°	0.4695	0.8829	0.5317	73°	0.9563	0.2924	3.2709
29°	0.4848	0.8746	0.5543	74°	0.9613	0.2756	3.4874
30°	0.5000	0.8660	0.5774	75°	0.9659	0.2588	3.7321
31°	0.5150	0.8572	0.6009	76°	0.9703	0.2419	4.0108
32°	0.5299	0.8480	0.6249	77°	0.9744	0.2250	4.3315
33°	0.5446	0.8387	0.6494	78°	0.9781	0.2079	4.7046
34°	0.5592	0.8290	0.6745	79°	0.9816	0.1908	5.1446
35°	0.5736	0.8192	0.7002	80°	0.9848	0.1736	5.6713
36°	0.5878	0.8090	0.7265	81°	0.9877	0.1564	6.3138
37°	0.6018	0.7986	0.7536	82°	0.9903	0.1392	7.1154
38°	0.6157	0.7880	0.7813	83°	0.9925	0.1219	8.1443
39°	0.6293	0.7771	0.8098	84°	0.9945	0.1045	9.5144
40°	0.6428	0.7660	0.8391	85°	0.9962	0.0872	11.4301
41°	0.6561	0.7547	0.8693	86°	0.9976	0.0698	14.3007
42°	0.6691	0.7431	0.9004	87°	0.9986	0.0523	19.0811
43°	0.6820	0.7314	0.9325	88°	0.9994	0.0349	28.6363
44°	0.6947	0.7193	0.9657	89°	0.9998	0.0175	57.2900
45°	0.7071	0.7071	1.0000	90°	1.0000	0.0000	

《監修者》

野﨑　昭弘（のざき　あきひろ）
1936 年　生まれ
1959 年　東京大学理学部数学科卒業
　東京大学、山梨大学、国際基督教大学、大妻女子大学、サイバー大学で教えた。大妻女子大学名誉教授　数学教育協議会前委員長
　数学的センスに感嘆♪　数学とその周辺の博識さにいつもビックリ！　数学には厳しいが人にはやさしい。今回は、飛び跳ねる3人の著者の目付役として大いに苦労。
【著書】『πの話』（岩波書店）『詭弁論理学』（中公新書）『数学的センス』（日本評論社）『赤いぼうし』（童話屋）『高等学校の確率・統計』（ちくま学芸文庫）共著『ゲーデル、エッシャー、バッハ』（白揚社）共訳『意味がわかれば数学の風景が見えてくる』（ベレ出版）共著、ほか多数

《著者》

何森　仁（いずもり　ひとし）
1945 年　生まれ
1970 年　横浜市立大学文理学部数学科卒業
　会社員、私立高校教諭、塾講師、高等学校理事長を経て、現在は神奈川大学特任教授。数学教育協議会会員
　数学の勘所の押さえ方に驚嘆♪　そしてユニークな視点はいつもビックリ！　数学だけでなく人にも大きな度量で接する。今回は、ゆったり楽しく執筆。
【著書】『サイコロで人生は語れるか』（こう書房）『ステレオグラムをつくろう』（日本評論社）『数学がまるごと8時間でわかる』（明日香出版社）共著『数と図形の歴史70話』（日本評論社）共著『意味がわかれば数学の風景が見えてくる』（ベレ出版）共著、その他

伊藤　潤一（いとう　じゅんいち）
1947 年　生まれ
1970 年　岩手大学教育学部数学科卒業
　岩手県立の高校教諭として年輪を重ね、現在は盛岡白百合学園で非常勤講師。数学教育協議会副委員長
　八方破れの授業スタイルに感嘆♪　なんと数学の伝道者ザビエルと名乗ったこともある！　数学も生徒も酒も大好き。今回は、真面目に執筆しようと思ったが…。
【著書】高等学校教科書（三省堂）共著『意味がわかれば数学の風景が見えてくる』（ベレ出版）共著

下町　壽男（しもまち　ひさお）
1957 年　生まれ
1980 年　電気通信大学情報数理工学科卒業
　岩手県、青森県立の高校教諭として活躍を続け、現在は岩手県教育委員会学校教育室主任指導主事。数学教育協議会会員
　面白数学の展開力に感嘆♪　当意即妙の授業はまさにジャズコンサート！　数学を愛しながらも趣味は多岐にわたる。今回は、斬新なアイデアをちりばめリキを入れて執筆。

	つながる高校数学
	2012年3月25日　初版発行
監修	野﨑 昭弘（のざき あきひろ）
著者	何森 仁（いずもり ひとし）・伊藤 潤一（いとう じゅんいち）・下町 壽男（しもまち ひさお）
DTP	WAVE 清水 康広
校正	高橋 徹
カバーデザイン	小口 翔平（tobufune）
カバーイラスト	タケウマ

©Akihiro Nozaki / Hitoshi Izumori / Jun'ichi Ito / Hisao Shimomachi 2012. Printed in Japan

発行者	内田 眞吾
発行・発売	ベレ出版
	〒162-0832　東京都新宿区岩戸町12 レベッカビル
	TEL.03-5225-4790　FAX.03-5225-4795
	ホームページ　http://www.beret.co.jp/
	振替 00180-7-104058
印刷	株式会社文昇堂
製本	根本製本株式会社

落丁本・乱丁本は小社編集部あてにお送りください。送料小社負担にてお取り替えします。

本書の無断複写は著作権法上での例外を除き禁じられています。
購入者以外の第三者による本書のいかなる電子複製も一切認められておりません。

ISBN 978-4-86064-312-6 C2041　　　　　　編集担当　永瀬 敏章

大好評発売中

**意味がわかれば
数学の風景が見えてくる**

野﨑昭弘／何森仁／
伊藤潤一／小沢健一 著
A5 並製／本体 2900 円
752 ページ

> 多くの読者の声にお応えして「数学の風景が見える」シリーズ4冊を1冊にまとめました！ 新規原稿を加えるなどして新しく生まれ変わった本書は、700ページを超えるボリュームですが、わかりやすい文章と見開き完結のスタイルでスラスラ読めます。「微分積分」「数と計算」「図形空間」「統計確率」の4部構成で、どちらから読んでもOK。本書を読めば、数学が今までとは違ったものに見えてくるでしょう。

㊗㊙㊚㊛㊜ 絶賛発売中

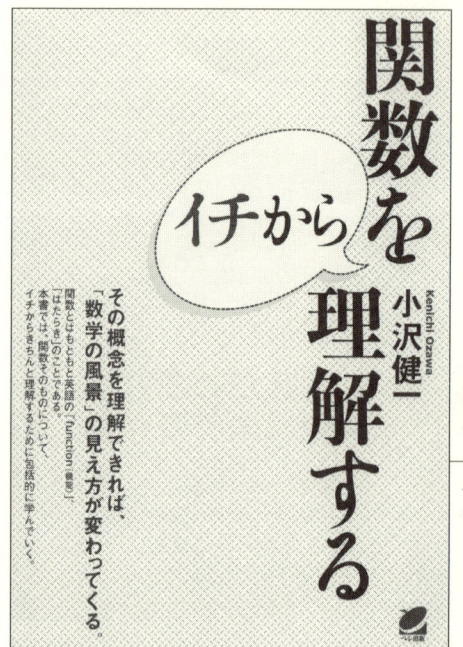

関数を イチから 理解する

小沢健一 著
四六並製／本体 1600 円
176 ページ

関数といえば、中学で学び始め、その後かなりの時間をかけて学んだはずのものです。ところが「関数とは?」とあらたまって問われると答えに窮してしまいます。関数とは数の種類の一つではありません。関数とはもともと英語の「function（機能）」の音訳です。関数とは「はたらき」のことなのです。本書では、関数そのものについて、イチからきちんと理解するために包括的に学んでいきます。